设计师自救指南：
Stable Diffusion 实用教程

陈英　马洪涛　著

中国水利水电出版社
www.waterpub.com.cn
·北京·

内 容 提 要

　　Stable Diffusion 作为 AI 绘画最为重要的开源力量，将为 AIGC 带来爆炸式的增长机遇。本书主要介绍了 Stable Diffusion 图像生成技术及其在美术设计、服装设计、工业设计、建筑设计等领域的应用，主要内容包括引言、Stable Diffusion WebUI 的安装与配置、Stable Diffusion WebUI 简介、提示词、模型、ControlNet 插件、Stable Diffusion 应用案例及 SDXL 90 种风格提示词宝典。

　　通过本书，读者可以系统学习并熟练掌握 Stable Diffusion 这一 AI 技术工具，提高艺术创新能力和综合素质，帮助读者完美驾驭任何角色和从事逻辑性较强的绘制，从色彩、细节、笔触、合理性等多个方面来增强和提高绘画技能，并大幅提高工作效率。

　　本书既适合各设计领域的从业者，也适合非设计领域的小白、非绘画领域但想提高自己绘画能力的企业管理人员、市场运营人员等跨界学习 AI 绘画技术。

图书在版编目（ＣＩＰ）数据

设计师自救指南 ：Stable Diffusion实用教程 / 陈
英，马洪涛著. -- 北京 ：中国水利水电出版社，2024.6
ISBN 978-7-5226-2473-0

Ⅰ. ①设… Ⅱ. ①陈… ②马… Ⅲ. ①图像处理软件
—专著 Ⅳ. ①TP391.413-62

中国国家版本馆CIP数据核字(2024)第107109号

书　　名	设计师自救指南：Stable Diffusion 实用教程 SHEJISHI ZIJIU ZHINAN: Stable Diffusion SHIYONG JIAOCHENG	
作　　者	陈英 马洪涛 著	
出版发行	中国水利水电出版社 （北京市海淀区玉渊潭南路 1 号 D 座 100038） 网址：www.waterpub.com.cn E-mail：zhiboshangshu@163.com 电话：（010）62572966-2205/2266/2201（营销中心）	
经　　销	北京科水图书销售有限公司 电话：（010）68545874、63202643 全国各地新华书店和相关出版物销售网点	
排　　版	北京智博尚书文化传媒有限公司	
印　　刷	河北文福旺印刷有限公司	
规　　格	170mm×240mm　16 开本　21.75 印张　481 千字	
版　　次	2024 年 6 月第 1 版　2024 年 6 月第 1 次印刷	
印　　数	0001—2000 册	
定　　价	89.80 元	

前　言

AIGC（Artificial Intelligence Generated Content，生成式人工智能）作为新兴的人工智能（AI）生产力引擎，从感知世界、理解世界，到创造世界、生成世界，AI技术正在引领全球性的产业新格局。AIGC在艺术设计专业领域中的应用备受瞩目，利用机器学习和深度学习技术，自动生成各种形式的内容，包括图像、文字、音频等，并逐渐成为艺术设计专业师生进行创作的重要辅助工具。

在数字艺术和设计的世界，技术的进步不断推动着我们的创作边界。其中，Stable Diffusion作为一种革命性的AI绘画生成工具，为设计师们打开了一扇全新的创意之门。但是，如何正确、高效地使用这一强大工具？如何将Stable Diffusion融入我们的设计工作中，提升创作效率，释放无限创意？这就是《设计师自救指南：Stable Diffusion实用教程》诞生的初衷。

本书旨在为广大设计师提供一个全方位、多层次的Stable Diffusion学习与应用平台，将从基础知识入手，逐步深入解析Stable Diffusion的技术原理、应用场景及实战技巧，旨在帮助设计师们充分发挥这一文本到图像生成模型的潜力，提升设计创作能力，拓展无限创意空间。

本书共8章，内容循序渐进，层次分明，适合不同程度的设计师学习。以下是各章节主要内容概述。

第1章：引言。本章将简要介绍Stable Diffusion的诞生背景、技术特点，其在数字艺术与设计领域的应用前景，以及AI绘画的未来发展趋势与挑战，使读者对Stable Diffusion有一个宏观的认识。

第2章：Stable Diffusion WebUI的安装与配置。本章将详细介绍Stable Diffusion WebUI的安装流程，以及在配置过程中需要注意的参数和设置，确保读者能够顺利开启Stable Diffusion的学习和实践之旅。

第3章：Stable Diffusion WebUI简介。本章将简要介绍Stable Diffusion WebUI软件的功能，包括模型及选项卡、文生图、图生图、其他功能界面、设置及扩展的具体功能应用，使读者熟悉Stable Diffusion WebUI软件的用法，使用起来得心应手。

第4章：提示词。本章将重点讲解如何在Stable Diffusion中输入文本、调整参数以实现高质量的图像生成。通过丰富的实例演示，教会读者如何运用Stable Diffusion进行平面设计、UI设计、插画创作等，让读者在实际操作中掌握这一工具的基本用法。

第5章：模型。本章将介绍一些Stable Diffusion中的官方模型和常用模型，讲解如何利用Stable Diffusion进行图像融合、风格迁移等，并分享一些实用的优化策略，提高图像的生成质量和效率。

第6章：ControlNet插件。本章将详细介绍ControlNet插件，包括ControlNet原理、ControlNet的功能、ControlNet的下载与安装、ControlNet 1.1模型及预处理器，以及

ControlNet 子模型的功能，使读者能够更加准确地控制 AI 绘画的效果，从而更好地实现自己的创意和想法。

第 7 章：Stable Diffusion 应用案例。本章将探讨 Stable Diffusion 在动漫人物创意设计、工艺品创意设计、服饰珠宝创意设计、建筑和室内创意设计、服装展示人台变真人创意设计、万圣节创意设计、将汽车白模生成真车实景创意设计、产品包装创意设计等方面的应用前景，为设计师提供更多创新思路。

第 8 章：SDXL 90 种风格提示词宝典。本章详细列举了最新版 Stable Diffusion XL 的 90 种风格提示词，帮助读者更好地使用 Stable Diffusion。

学习本教程的必要性包括但不限于以下几个方面。

● 培养创新思维和创造力：Stable Diffusion 作为一种新的图像生成工具，可以帮助读者开拓创新思维和创造力，掌握一种全新的创作方法和技巧，从而在艺术创作领域发挥更大的创造力。

● 适应行业发展趋势：随着数字技术的不断发展，传统的手工绘画和设计已经难以满足现代社会的需求。Stable Diffusion 技术的出现和发展改变了传统的设计模式和流程，提高了设计效率和质量。

● 增强竞争力：掌握 Stable Diffusion 技术可以帮助用户提高在美术设计、服装设计、工业设计、建筑设计等领域的竞争力，同时可以与其他学科进行交叉融合，提高设计的质量与标准。

● 实践环节：本书通过大量案例，一步一步地详细操作，力图教会读者如何用好这一跨时代的工具。

通过系统学习本教程，读者可以掌握 Stable Diffusion 技术，实现弯道超车。艺术与科技相结合，可以突破创意难关，高效释放创造力。

为了便于读者更好地学习 AI 绘画技术，本书赠送 AI 绘画分类提示词电子书，包含了人物、食物、自然景观、建筑、室内等不同种类，以及制图、镜头、色彩、角色、构图、光影等不同效果的提示词，便于读者深入学习 AI 绘画和进行艺术创作。

本书由资深学者陈英领衔撰写，陈英目前执教于浙江科技大学艺术设计与服装学院，拥有浙江大学计算机技术领域的工程硕士学位，并在数据库应用与网络工程领域获得专业资质。她深耕于艺术设计与扩散模型算法技术的创新融合，并在其最新论文《AIGC 在艺术设计专业领域的神助攻——以 Stable Diffusion 为例》中前瞻性地提出了 AIGC 科技与艺术设计结合的未来趋势。此外，本书的编撰工作得到了杭州市公安局马洪涛先生的积极参与和贡献，使内容更加丰富和全面。

本书不仅深入探讨了扩散模型算法在艺术设计专业中的前沿应用，还对未来艺术与科技的结合趋势进行了展望。陈英凭借丰富的实践经验和深厚的学术造诣，将复杂的技术概念转化为通俗易懂的语言，使本书既具有学术价值，又具备实践指导意义。在编撰过程中，陈英广泛借鉴了国内外研究文献，并与业界专家进行了深入的交流研讨，确保了本书内容的前沿性和实用性，为读者提供了宝贵的参考和启示。

本书的编撰得到了浙江科技大学郑林欣教授、宋眉教授的精心指导，以及艺术学院实验教学中心的大力支持。同时，众多同行和前辈的宝贵意见和建议也对本书的完善和提高起到了重要作用。在此，我们向所有为本书付出努力和贡献的人士表示衷心的感谢。

中国水利水电出版社的编辑团队以专业严谨、精益求精的工作态度，确保了本书的质量。我们对所有关心和支持本书编写的各界人士表示诚挚的谢意。

尽管我们力求完美，但书中难免存在不足之处。我们真诚地欢迎广大读者和专家提出宝贵的意见和建议。读者可通过指定的 QO 群（711088435）与我们交流，并获取相关案例资源。我们期待与您共同探讨，共同推动本书不断完善。

最后，期望通过本书的出版，能够激发更多人对艺术与科技结合领域的兴趣和热情，推动这一领域的不断发展和创新。同时，也期待广大读者和专家能够继续给予我们宝贵的反馈和建议，共同推动本书的不断完善和提高。再次感谢所有关心和支持本书编写工作的人士，也感谢所有读者对本书的关注和阅读。我们将继续努力，为广大读者提供更多有价值的内容和服务。

陈　英

目　录

第1章 引 言

AIGC（Artificial Intelligence Generated Content，生成式人工智能）作为新兴的人工智能（AI）生产力引擎，代表了新时代科技进步的崭新面貌，从感知、理解世界到创造、生成世界，AI技术的底层技术和产业生态已形成全球性的崭新格局。AIGC在艺术与设计专业领域的应用中备受瞩目，利用机器学习和深度学习技术，能自动生成各种形式的内容，包括图像、文字、音频等，已经逐渐成为艺术设计专业师生进行创作的重要辅助工具。接下来通过 Stable Diffusion 实例介绍 AIGC 如何帮助学生或设计师快速获取灵感、提高创作效率，以及增强作品的独特性和创新性。

首先，艺术设计中常常会面临创作灵感枯竭的困境，而 AIGC 能快速生成大量创意和灵感。例如，通过使用图像生成算法，Stable Diffusion 能自动生成与艺术作品主题相关的各种不同艺术风格的图像，帮助学生或设计师迅速获取灵感并拓展创作思路。

其次，在艺术与设计专业领域，完成作品需要投入大量的时间和精力，而 Stable Diffusion 能自动完成一些烦琐的任务，如线稿上色、手绘转 3D 模型等。学生或设计师可以将更多的时间和精力投入到创意和构思上，以及后期的精细化处理过程，从而提高创作效率。

此外，Stable Diffusion 生成的创意和灵感是基于算法和数据集得到的，因此能产生一些独特的、创新的内容。这些内容往往能够为艺术与设计作品带来更多的想象力和表现力，使作品更加吸引眼球。

总的来说，AIGC 在艺术与设计专业领域中发挥着越来越重要的作用。它不仅可以帮助学生或设计师快速获取灵感和提高创作效率，还能够增强作品的独特性和创新性，已逐渐成为艺术创作的重要辅助力量。AI 可以模仿人类艺术家的创作过程，但AI 本身是没有创作能力的，它无法像人类那样融入自身的情感、灵性和创新思维。因此，AI 并不会淘汰艺术设计师，反而会成为艺术设计师的得力助手。可以预见，AIGC 与艺术设计师的结合是艺术与设计专业领域的必然趋势，这种融合将为艺术创作带来更为广阔的舞台。

1.1 AI 绘画是什么

1.1.1 AIGC 热浪来袭

2022 年，百度 AIGC 与百度大脑 7.0 核心技术的结合使得数字主持人"度晓晓"正式亮相，该数字主持人具备 3D 数字人建模、AI 翻译、语音识别及自然语言处理等多项功能，同时拥有强大的 AI 交互和 AIGC 功能，能为观众带来既温馨又充满科学魅力的观看体验。在 2022 年北京冬奥会期间，国内多家媒体采用了百度百家号的图文转视频 AI 技术，通过 AI 技术驱动内容生产，并持续发布以实时赛况为主题的短视频作品，为国内外观众呈现了北京冬奥会的最新进展。北京冬奥会作为全球范围内的重要体育赛事，吸引了大量观众的关注。而这一应用场景充分展示了 AIGC 技术的巨大发展空间和潜力。作为中央广播电视总台的智能创新中枢，AIGC 人工智能编辑部致力于打造"云、数、智"全链条的媒介资源，凭借"内容为王＋平台制胜＋技术领先"的强大影响力，促进多元文化的交流与互联网的共享，为实现社会经济的智能化提供有力的支持。此外，2022 年可被誉为 AI 绘图的元年，而 2023 年则被称作 ChatGPT 元年。AIGC 技术凭借其大模型的跨模态综合技术能力，必然会激发设计师的创作灵感，促进创作内容的多样性，降低制作成本，引发大规模的应用热潮。

1.1.2　AI 堪比人类设计师

2022 年，AI 绘画热潮在海外迅速升温，得益于 AI 技术在图像生成领域取得的革命性进步。在这个潮流中，以 Disco Diffusion、Stable Diffusion、Midjourney 等为代表的扩散模型在数字艺术领域大放异彩，引领着 AI 绘画的发展。那么 AI 绘画究竟能做什么呢？

随着 AI 绘画技术的不断进步，AI 具备的角色塑造能力越来越出色，尤其擅长处理逻辑性较强的绘画任务。在色彩、细节、笔触和合理性等方面，AI 的表现已经能够与人类设计师相媲美。图 1.1 ～图 1.17 为几组用 Stable Diffusion 直接生成的 AI 图像。

图 1.1　鬼混 MIX 风格

图 1.2　Niji 可爱风格

图 1.3　原宿 PVC 少女风格

图 1.4　油画少女风格

图 1.5　机甲女孩风格

　　AI 绘画技术不仅在艺术领域大放异彩，还具有广泛的应用前景，可以扩展到其他领域，如城市规划、建筑设计等。通过这种技术，可以更加深入地探索各种可能性，为未来的发展提供更多的灵感和思路。

图 1.6　传统中式客厅设计

图 1.7　雅致风卧室设计

图 1.8　极简前台设计

图 1.9　洞穴风民宿设计

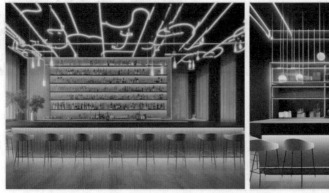

图 1.10　炫酷酒吧设计

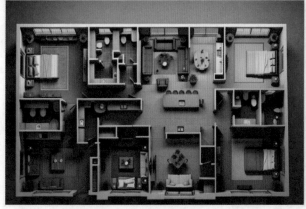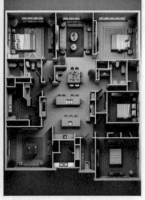

图 1.11 彩色平面鸟瞰图设计

图 1.12 现代时尚风格建筑设计

图 1.13 幻想世界概念艺术建筑设计

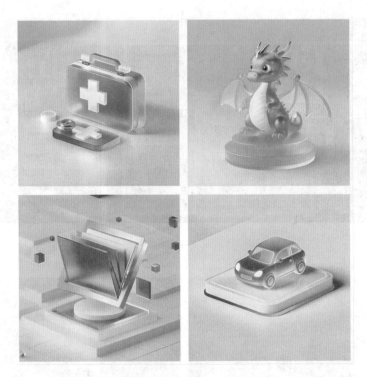

图 1.14   三维 Logo 设计

图 1.15   包装设计

图 1.16　茶壶设计

图 1.17　食品广告设计

　　此外，来自各行业的高质量图像素材不断加入大规模训练数据集，使 AI 可以轻松生成高质量的设计作品，不限于室内设计、建筑设计、Logo 设计、时尚设计、商品设计、工业设计等。这些高质量的作品不仅具有极高的审美价值，还能够满足不同行业的需求，为各行业的发展提供强大的支持。AI 绘画技术的不断发展，也进一步证明了 AI 技术在未来发展中的潜力和价值。随着技术的不断进步和应用场景的不断扩展，AI 技术将会成为未来社会不可或缺的一部分。

1.1.3　AIGC 产业前景

　　2023 年 3 月 29 日，首届中国 AIGC 产业峰会在北京国家会议中心盛大举行。这场由众多知名企业和机构共同参与的盛会，聚焦于包括大模型、生成式 AI 及 ChatGPT 等当前最热门的技术话题。来自各地的行业领袖、专家学者和企业代表共同交流和分享了 AIGC 产业的最新发展成果、技术创新和未来趋势。

　　在这次峰会上，量子位发布了首份《中国 AIGC 产业全景报告》。这份报告详细地介绍了中国 AIGC 产业的现状、产业链情况、国内外市场竞争格局，以及未来发展趋势等。同时，该报告还对当前市场进行了深入的分析，并给出了预测：预计到 2030年，中国 AIGC 市场将达到 1.15 万亿元规模，这是一个极具吸引力的市场前景。

该报告显示，中国 AIGC 产业的发展速度正在不断加快。随着技术的不断进步和应用场景的不断扩展，越来越多的企业开始进入这个领域，并加大了研发投入和产业布局。同时，政府也加强了对 AIGC 产业的支持和引导，出台了多项政策措施，为产业发展提供了强有力的保障。

此外，报告还指出，随着市场规模的不断扩大，中国 AIGC 产业的发展也将带来一系列的社会效益和经济效益。例如，AIGC 技术的应用将有助于提高生产效率、降低成本、改善生产环境等，为企业带来更多的商业机会和发展空间。同时，AIGC 技术还将催生新的产业链和就业机会，推动经济的持续发展和社会的不断进步。

总的来说，首届中国 AIGC 产业峰会为行业提供了一个交流和学习的平台，展示了中国 AIGC 产业的最新成果和发展趋势。通过深入探讨大模型、生成式 AI、ChatGPT 等技术话题，与会者们共同探讨了如何把握市场机遇和发展趋势，来推动中国 AIGC 产业的健康、快速发展。

下面通过几组数据，展示 AI 绘画潮流的火热程度。

（1）Midjourney 于 2022 年夏季开始在 Discord 上创建了全球首个集中的 AI 创作者社区。短短两三个月的时间，通过这种自发的传播方式，该社区成员数量迅速突破了 100 万，该社区也成为 Discord 有史以来最大的社区。截至 2023 年 2 月，Midjourney 的社区成员数量已超过 1000 万，其年度营收约为 1 亿美元。

（2）Stable Diffusion 的创业公司 Stability AI 在 2022 年 10 月 17 日融资 1 亿美元，估值达 10 亿美元。Stability AI 公司是新晋的"独角兽"，而这一切距离其开源技术发布不到两个月。

（3）2022 年 11 月在抖音平台上爆发的国内 AI 绘画潮流（俗称"照改漫"），使多个头部 AI 绘画创业平台在不到一个月的时间内吸引了上百万甚至上千万用户。

这些数据和事例都表明，AI 绘画潮流正在全球范围内迅速蔓延，反映出人们对此类技术的强烈兴趣和高度关注。

1.2 AI 绘画发展历程

1.2.1 AI 绘画的起源

AI 绘画技术的发展日新月异，它不仅改变了艺术创作的方式，还引领了数字艺术领域的新潮流。那么它是怎么出现的？其实 AI 绘画的起源可以追溯到 20 世纪 50 年代。当时，科学家和艺术家开始尝试使用计算机进行艺术创作，然而由于技术条件的限制，早期的 AI 绘画作品相对简单，缺乏深度和艺术性。随着深度学习和神经网络技术的突破，AI 绘画逐渐从简单的图案生成发展成为能够创作出具有高度真实感和艺术价值的作品。

1.2.2 AI 绘画技术的发展

AI 绘画技术的发展分为两个历程。

（1）机器学习时代：进入 21 世纪，机器学习算法开始应用于艺术创作领域。其中，风格迁移技术使得 AI 能够将一幅图像的风格应用到另一幅图像上，生成具有新风格的作品。此外，神经网络技术也使得 AI 能够识别和生成复杂的图像，如人脸、景、物等。这一时期的代表技术包括 DeepArt、GANs 等。

（2）深度生成模型时代：随着深度学习技术的进步，深度生成模型开始广泛应用于 AI 绘画领域。其中，Pix2Pix、CycleGAN 等模型能够将一张图像转换为另一张完全不同的图像，如将照片转换为油画、水彩画等。这一时期的代表技术包括 DreamFields、NightmareGAN 等。

AI 绘画技术的发展如图 1.18 所示。

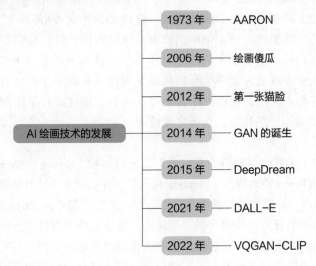

图 1.18　AI 绘画技术的发展

1. AARON（1973 年）

计算机艺术家弗里德·纳克（Frieder Nake）曾评价"他"说：他——是基于规则的算法艺术的孤独岩石，世界上没有人像他一样勇敢、大胆和成功，他的方法在各个方面都是独一无二的，他丰富的作品无与伦比。

计算机艺术家兼理论家斯蒂芬·威尔森（Stephen Wilson）曾在《信息艺术：艺术、科学与科技的交叉》（*Information Arts*：*Intersections of Art, Science, and Technology*）一书中评价"他"说：他——强调的是计算机的"原生的自己做决定的能力"，这已经超出了普通计算机艺术而进入 AI 艺术的范畴了。

那么，这些艺术家口中传奇的"他"究竟是谁，"他"又到底做了什么？

哈罗德·科恩（Harold Cohen）（1928 年 5 月 1 日—2016 年 4 月 27 日）：计算机艺术、算法艺术和生成艺术的先驱，出生于英国，1950 年毕业于伦敦大学学院斯莱德美术学院，其作品风格属于抽象色彩，曾代表英国参加了欧洲最负盛名的两个艺术节——威尼斯双年展和巴黎双年展。哈罗德·科恩在 20 世纪 60 年代后期加入了加州大学圣地亚哥分校的艺术系工作，并且开始打造计算机程序 AARON 进行绘画创作，其色彩以纯色居多，搭配比较和谐，而线条多以斜线为主，图形多为不规则的图像，有些图形类似于植物树叶，颇具康定斯基以来的冷抽象风格。该程序所绘制的作品曾经在伦敦泰德画廊（Tate Gallery）展出，并被旧金山艺术宫收藏。

AARON 的创作方式和 AI 绘画输出的数字作品有所不同，它是通过控制一个真实的机械臂来作画的，并且能够自主创作图像。哈罗德·科恩使用词语"对话"来描述他与 AARON 之间的合作过程：AARON 会提出一些意想不到的解决方案，但在有些方面是自己可以控制的（如染料干燥的速度）。20 世纪 80 年代，AARON "掌握"了三维物体的绘制方法；90 年代时，AARON 能够使用多种颜色进行绘画。据称直至现在，AARON 仍然在创作。不过，AARON 的代码没有开源，所以其作画的细节无从知晓，但可以猜测，AARON 只是以一种复杂的编程方式描述了作者哈罗德·科恩本人对绘画的理解，这也是为什么 AARON 经过几十年的学习迭代，最后仍然只能产生色彩艳丽的抽象派风格画作，这正是哈罗德·科恩本人的抽象色彩绘画风格。哈罗德·科恩用几十年的时间不断改进 AARON，把自己对艺术的理解和表现方式通过程序指导机械臂呈现在了画布上。暂且不说 AARON 如何智能，单凭它是人类历史上第一个自动作画且真实地在画布上作画的程序，给予它一个"AI 作画鼻祖"的称号，是当之无愧的。

2. 绘画傻瓜（2006 年）

伦敦帝国理工学院计算创造力研究员西蒙·科尔顿（Simon Colton）博士于 2006年创造了图形软件——绘画傻瓜（Painting Fool），并在论文《计算系统中创造力与创造力感知》中强调，如果软件被视为具有创造性，那么它需要表现出真正被称为技巧、欣赏和富有想象力的行为。西蒙·科尔顿认为，如果软件没有技能，它将无法创造任何有价值的东西；如果它不了解它正在做的工作或者其他的工作，它就永远不会理解它的工作价值；如果它没有想象力，它就只能停留在已有的程序和规则内，无法进行创新和突破。西蒙·科尔顿创造的这款绘画傻瓜软件便是基于这样的理念来创建和发展的，它可以观察并提取照片里的颜色信息，模拟物理绘画过程，运用铅笔、油彩等多种风格和技巧进行创作；它还能基于机器视觉检测人的情绪，并以"人性化"的方式进行分析和响应，并且能够理解人类情感的欣赏行为，创造现实中不存在的视觉对象和场景，绘制不同风格的肖像。

绘画傻瓜作为一种生成软件，通过"摄食"和"消化"素材来创作作品，可以"阅读"博客，搜索图像和其他互联网资料，即兴创作一幅新闻故事绘画。AI 和计算机图形学生成技术在画面构建上的应用，使得绘画傻瓜软件能够制作具有重复元素的场景和抽象艺术的作品，甚至能生成虚拟的 3D 对象。

3. 第一张猫脸（2012 年）

2012 年，谷歌公司的吴恩达和杰夫·迪恩（Jef Dean）使用谷歌公司旗下一个网站上的 1000 万张猫脸图像，运用 1.6 万个 CPU 训练 3 天，最终得到了一个当时世界上最大的深度学习网络，用于指导计算机画出一张非常模糊的猫脸图像。

深度学习模型的训练就是利用外部大量标注好的训练数据输入，根据输入和所对应的预期输出，反复调整模型内部参数加以匹配的过程。而让 AI 学会绘画的过程，就是构建已有画作的训练数据，输入 AI 模型进行参数迭代调整的过程。一幅画包含多少信息呢？应该是长 × 宽范围内的 RGB 像素点。人们想让计算机学习绘画的出发点，其实就是制造一个输出有规律像素组合的 AI 模型。但是，RGB 像素组合在一起的并不都是画作，也可能只是噪点。一幅纹理丰富、笔触自然的画作由很多笔画完成，绘画中每一笔的位置、形状、颜色等多个方面的参数形成的组合是非常复杂的。深度学习模型训练的计算复杂度也会随着参数输入组合的增长而急剧增加。所以现在看起来，第一次生成猫脸的模型的训练效率和输出结果都不值一提，然而这在当时的 AI 研究领域，绝对是一次具有突破意义的尝试，并正式开启了由深度学习模型支持的 AI 绘画这个"全新"的研究方向。

4. GAN 的诞生（2014 年）

2014 年，蒙特利尔大学的伊恩·古德费洛（Ian Goodfellow）在 ICLR（International Conference on Learning Representations，国际学习表征会议）上发表论文 *Generative Adversarial Networks*，正式提出了生成对抗网络（Generative Adversarial Networks，GAN），伊恩·古德费洛也因此被誉为"GAN 之父"。正如同其名字"生成对抗网络"，这个深度学习模型的核心理念是让两个内部程序生成器 G（Generator）和判别器 D（Discriminator）互相对抗平衡之后得到结果。GAN 模型的问世在 AI 学术界及多个领域得到了广泛的应用，成为很多 AI 绘画模型的基础框架。其中，生成器用于生成图像，而判别器用于判断生成图像的质量。GAN 的出现大大推动了 AI 绘画技术的发展。但是，用基础的 GAN 模型进行 AI 绘画对输出结果的控制力很弱，容易产生随机图像，且生成图像的分辨率比较低。所以，一种带条件约束的生成对抗网络（Conditional Generative Adversarial Networks）模型被提出，其核心在于将属性信息 y 融入生成器 G 和判别器 D 中，y 可以是任何标签信息，如图像的类别或人脸图像的面部表情等，该模型可以看作无监督的 GAN 向有监督模型转换的一种改进。

5. DeepDream 的诞生（2015 年）

计算机视觉程序——DeepDream 是由谷歌公司苏黎世分部工程师亚历山大·莫尔德温采夫（Alexander Mordvintsev）在 2015 年发布的。DeepDream 应用了模拟人类大脑和神经系统设计的人工神经网络（Artificial Neural Networks，ANN），应用卷积神经网络（Convolutional Neural Networks，CNN）学习和增强图像模式，学会辨别画面中的图形，并生成风格化的图像。

DeepDream 的技术专家介绍："我们不可能只是通过图形结构和色彩就让机器在上亿张不同的图像中准确地辨认每一张图像，所以我们必须创造出一种'机器视角'。"谷歌公司让 DeepDream 把每一张图像拆成 30 层，每一层都是完全独立的图像，这些被"分层"的图像看起来都是极其抽象的，然后 DeepDream 会对每一层图像的细节进行分析识别，从而顺利辨识出目标图像。在给图像分层时，DeepDream 需要有一个数据库作为参照，谷歌公司使用了由斯坦福大学和布里斯托大学联合建立的 imageNet 数据库，这个数据库里有 1400 多万张精准标签化的图像，然而谷歌公司没有使用该数据库的全部数据，只是选出了其中以狗和鸟为主的子类（以狗脸为主），在这些子类里，狗脸和鸟脸都是被精细分析过的，以此作为拆分图像的数据参照。所以 DeepDream 在"看图"时，图像中的所有内容都变成了狗脸或者鸟脸。DeepDream 看起来只是一个有着无限想象力的婴儿 AI，但它的意义并非它所呈现的画面。让 DeepDream 与众不同的是机器学习生成图像的技术，它就好像是人类大脑的一个镜像。

6. 开启质的飞跃 DALL·E（2021 年）

2021 年，人工智能公司 OpenAI 推出了 AI 绘画产品 DALL·E。虽然这个版本的 DALL·E 出图水平很一般，但 AI 开始拥有了一个重要的能力，就是可以按照文字输入提示来进行创作。

2022 年，DALL·E2 版本推出，其出图水平大幅提升，同时 OpenAI 公司开源了 DALL·E 的深度学习模型 CLIP（Contrastive Language-Image Pre-training，语言 - 图像对比预训练）。CLIP 模型在训练 AI 的同时还会做两件事情，其一是理解自然语言，其二是视觉分析。AI 绘画就是从这个阶段开始获得广泛关注，开启飞跃之旅的。

7. AI 绘画奠基者 VQGAN-CLIP（2022 年）

VQGAN-CLIP 是一种结合了 VQGAN（Vector Quantized Generative Adversarial Networks）和 CLIP 的生成模型，用于根据自然语言描述生成图像。VQGAN-CLIP 从一个文本提示开始，使用 GAN 多次迭代生成候选图像，每一步都使用 CLIP 来改进图像，通过处理嵌入候选图像与嵌入文本提示之间的平方球面距离作为损失函数来优化图像。

VQGAN-CLIP 的创始人，计算机数据科学家凯瑟琳·克劳森（Katherine Crowson），是 TTI（Text To Image，文本生成图像）模型的核心开发者，是目前所有 Guided Diffusion 模型的奠基者，她最先将 Disco Diffusion 这一算法整合进了交互式编程环境，并微调改进了一个生成 512px×512px 分辨率图像的扩散模型。利用 CLIP 计算出文字和图像特征值相匹配，把这个匹配验证过程链接到负责生成图像的 AI 模型（如 VQ-GAN），负责生成图像的 AI 模型反过来会推导出一个生成合适的图像的特征值，能通过匹配验证的图像，就是符合文字描述的作品。

这个转型引领了全新一代 AI 图像生成技术的风潮，现在所有的开源 TTI 模型的简介里都会对凯瑟琳·克劳森致谢。至此，一系列基于 CLIP+GAN、CLIP+ 扩散模型的文本生成图像技术的研究和应用如雨后春笋般不断涌现。例如，时下最流行的模型 Stable Diffusion 和 Midjourney，已经能够根据给出的任意一段描述性文字，快速生成（通常在 1 ~ 20min 内）工业级高质量的图像作品，这无疑降低了创作者利用 AI 工具进行创作的门槛，为传统绘画行业带来了巨大机遇与挑战。从输出风格上看，Midjourney 针对人像做了一些优化，细腻讨巧，适合绘制人像风格的图像；而 Stable Diffusion 的作品更加偏向淡雅、艺术化的风格，风格变化更加多样性。

1.2.3　AI 绘画的未来发展趋势与挑战

Stable Diffusion 是一款功能极其强大的基于 AI 技术开发的 AI 绘画生成工具，可以快速创作出高质量的图像，对艺术设计和创作有着强大的助力。那么，这是否意味着 AI 可以取代人类艺术家了呢？

1. AI 引发的艺术创作焦虑

2022 年 8 月底，一部名为《太空歌剧院》的数字绘画作品在美国科罗拉多州的艺术博览会上获得数字艺术类别冠军。该作品由游戏设计师杰森·艾伦（Jason Allen）利用 AI 技术创作，向人们展示了 AI 在艺术创作领域的潜力。

为了创造出这幅作品，艾伦通过多次调整细节描述和比较成像模型，最终从 AI 生成的数百张图像中精心挑选出三张。之后，他运用图像处理技术对这三张图像进行精细的修饰。这些技术手段不仅使 AI 创作出一幅精美绝伦的作品，还给观众带来了深刻的视觉冲击。然而，当人们得知该作品由 AI 创作时，最初的感动逐渐消失，艾伦的获奖也因此受到了广泛质疑。人们不禁开始思考，是否应将比赛的胜利归功于 AI，而将人类在艺术创作方面的表现视为失败？是否能够将 AI 创作的作品纳入艺术品的范畴？在 AI 艺术创作与人类艺术创作之间，又存在哪些异同之处？AI 艺术和人类艺术的目标又是什么？面对这些挑战，人们需要思考如何应对。此外，人类和 AI 之间的关系也引发了人们的思考：人类艺术创作时代是否即将终结？

总之，AI 在艺术创作领域的发展引发了人们对于艺术本质和创作过程的深入思考。在未来，人们需要认真探讨 AI 与人类在艺术创作中的角色定位，以及应对挑战的策略。

绘画是人类最古老的艺术形式之一，其表现形式随着媒介的变化而不断演进。在纸张尚未出现的时代，人类便在石壁上作画，彩陶也见证了先人的无尽艺术创造力。然而，不到一年的时间，DALL·E、Disco Diffusion、Midjourney、Stable Diffusion 等 AI 绘画工具以其相对较低的入门门槛和强大的流量吸引力，迅速吸引了大量资本的关注，成为各种媒体平台的"宠儿"和"流量密码"。

在艺术创作这个曾被视为人类抵御 AI 侵袭的最后一块领地中，人类是否即将失守？AI 是否会逐渐替代人类艺术家，在艺术领域中引发更为激烈的争议。在这个问题上，焦虑情绪正在全球范围内蔓延。许多艺术家纷纷站出来，联合抵制 AI 艺术，认为其缺乏真正的艺术价值和情感表达。

近年来，国内外 AI 绘画的爱好者数量激增，形成了一个迅速扩张的新兴文化圈。在这个圈子里，出现了一系列专属的术语，将文字描述称作"咒语"，而能善用这些"咒语"让 AI 达成目标并生成出色作品的人则被视为"驯化"了 AI 的艺术家。这个新兴文化圈正在持续蓬勃发展，吸引了越来越多的人关注和参与，也引发了更多关于 AI 和人类在艺术创作领域未来发展的讨论。

2. AI 绘画过程拟人化

我们可以通过一个形象的比喻来理解 AI 绘画的过程。假设有人选择一家餐厅来就餐，那么基础模型的选择就如同挑选一家具有某种特定口味的餐厅，如日式餐厅或法式餐厅。在 AI 绘画领域，这对应着选择一个二次元风格或写实风格的模型。而在餐厅中，还可以进一步细分，选择中餐或西餐，又或者具体的某种菜系，如川菜、浙菜等。提示词的作用与此类似，它为我们提供了一种自助点餐的方式。在明确自身需求后，会选择想要品尝的菜品，如炒菜或涮锅。同样，在 AI 绘画领域，首先要明确需要的画面内容，如人物肖像或自然风光。接下来，将输入提示词，这就像在餐厅中向服务员点餐一样。要求越具体，餐厅的自由度就越低，而生成画面的风格也就越接近人们的预期。相反，如果没有提出太多的要求，餐厅的自由度就会提高，但画面的风格可能会出现偏差。在这个比喻中，权重就如同原材料的配比，它决定了各种元素在生成画面中的重要性。例如，若权重偏向于某种特定的元素，那么这种元素在画面中的比例就会相对较高。至于反向提示词，它们就如同对食物品质的一些正向要求，如要的是炒鸡蛋而不是半生不熟的鸡蛋，或者要的是新鲜的番茄而不是已经烂掉的番茄。

3. 人类艺术家不可替代

通过后文第 7 章的实际操作，读者就会发现 AI 艺术创作神器——Stable Diffusion 看似门槛很低，但是却没有表面上看起来那么容易上手，尽管它在很多方面表现出色，但其本身并不具备创作能力，只能基于已有的绘画作品或者图像素材，通过特定的算法进行融合。这是 AI 绘画和人类绘画在本质上的区别。单纯地依靠 AI 创作的作品，往往具有很明显的随机性，而人类的艺术创作则是具有独特个性和规律的。

知名学者汉斯·莫拉维克（Hans Moravec）曾经提出一个引人深思的观点，他认为：尽管让计算机像成人般地解决智力测试或下棋的问题是相对简单的，但是要让计算机具备像一岁小孩般的感知和行动能力却是相当困难的，甚至可以说是完全不可能的。这一判断在计算机科学与工程领域具有非常高的知名度，被人们广泛称为"莫拉维克悖论"。例如，艺术创作中会用到众多参数，如光照、角度、手部细节等，这些细节问题至今依然是 AI 绘画的弱点。因此，尽管 AI 可以在某种程度上模仿人类的绘画技巧，但是它无法真正取代人类的艺术创作能力。准确来说，AI 绘画并不具备直接绘制画作的能力，而是依赖于人类艺术家和设计师输入关键词，通过这些关键词来指导 AI 算法从数据库中检索并聚合已有的图像数据，然后通过算法生成一张符合要求的绘画作品。这种创作方式强调的是人类艺术家和设计师的主导地位，而 AI 则扮演着辅助角色。

AI 绘画的创作基础是建立在大量人类绘画和图像素材的数据库之上的。因此，AI 只能模仿和借鉴已有的风格，而无法创造出全新的风格。此外，由于 AI 无法真正理解它所模仿的对象，因此它可能会在创作中出现一些"乌龙"情况，生成一些与预期大相径庭的画面。最后，在一些局部或细节的修改上，AI 绘画目前还远达不到人类画家的精准程度，这也是 AI 绘画的一个局限性。

4. AI 助力人类艺术设计

AI 模仿人类的思想和行动并实现智能化，通过深度学习技术，构建一个大型数据集，这对于艺术创作至关重要。理论上，AI 可以帮助人类完成各种任务，不仅限于绘画行业，而是涉及所有行业。在文化创意领域，这包括但不限于表演、影视合成与后期制作、动画制作、播音主持等。AI 的艺术创作可以被视为一种"任务"，因为 AI 可以模拟和重建大脑中的信息以实现现实模拟。

相对于 AI 的艺术行为，人类艺术创作更具有情感表达的特性。在创作过程中，人类会受到外界环境或特定事物的启发，从而产生强烈的情感反应，并通过艺术形式表达出来。这种情感表达不仅仅是简单的反应，更是对内心世界的深入探索和升华。人类能够将自身的情感融入艺术作品中，使得这些作品具有更加深刻的内涵和感染力。因此，可以认为 AI 艺术创作具备技巧和创造力，但缺少人类意图和主观经验。尽管

AI艺术创作目前仅依赖于数据分析和模拟素材，但它仍具有独特的技巧、创新能力和丰富的个性化应用领域，因此在许多领域具有巨大的潜在价值，如医疗、金融、制造等。AI具备为人类提供服务的潜力，如执行简单的重复性任务，提高工作效率，扩展人类的感知能力，以及协助人类探索新的领域。然而，在艺术这一复杂的领域中，AI难以完全驾驭。由于理性与感性、客观与主观的相互影响和融合，仍需要人类艺术家有意识地控制调整，才能真正实现其艺术价值。

AI技术的出现为人类社会带来了显著的变革，大幅提高了绘画等复杂任务的完成效率。这种新技术往往代表着更高的生产效率，因此可能会导致某些人力岗位被机器所替代。尽管AI无法像人类一样拥有主观能力，如灵感、感觉和感受等，但它们在处理问题和进行创作时，可以依赖数据和经验，且具有以下明显优势：能够进行超复杂的计算，可长时间专注于同一任务且不会疲劳，具有出色的记忆力并能随时调用经验，在处理问题时没有主观情感影响，从而能更公正客观地对待每个方案。不可否认的是，随着AI技术的不断进步，一些仅关注劳动效率的普通艺术家可能面临被机器替代的风险。然而，那些具有卓越才华和鲜明个性的艺术家则不太可能被AI所取代。为了能在竞争中脱颖而出，艺术家需要学习如何利用AI进行创作，正如现在的艺术家必须掌握数字绘图软件一样。事实上，艺术领域比其他行业更依赖个人的专业技能。然而，简单重复性劳动可能会被社会淘汰，这与AI技术并无直接关联。

无论AI艺术未来的发展趋势如何，很可能有一部分人将负责进行创造性的工作，而另一部分人的职责则是与机器进行协作，确保其正常运行。由于AI艺术需要汲取人类艺术家的作品作为"养分"，才能不断发展和壮大，因此AIGC公司应该促进与人类艺术家们的合作。在融合过程中，应以人类艺术为"魂"，以AI艺术为"体"，从而打造出一个独特的"创作超人"，而不是无偿或廉价地获取人类艺术家的作品。如果一味强调AI的效率，那么AI艺术很可能会变成没有灵魂的"创作机器"。

未来的艺术领域将是人与科技的完美融合，因为无论是纸笔、数位板还是现在的AI绘画，都离不开艺术家自身的创意与审美。这些正是人类作为独特的生命体所拥有的独立思考与创作灵感的基石。因此，应该积极探索如何将人类的创意和灵感与AI艺术进行融合，创造出更加具有科技感和艺术感的作品。在这个过程中，人类艺术家和AI的智能协作将会发挥越来越重要的作用。

5. AIGC在艺术设计专业领域的应用和发展潜力

AIGC作为一种利用大数据和算法技术，通过自然语言处理和图像识别等技术，自动生成文本、图像、视频等多媒体内容。在艺术设计专业领域，AIGC可以发挥巨大的作用。首先，AIGC可以帮助艺术设计专业的学生和教师快速获取大量的素材和参考资料。通过自然语言处理技术，AIGC可以自动抓取互联网上的文本、图像、视频等多媒体内容，并按照关键词进行分类和标注，方便用户快速查找和使用。同时，AIGC还可以根据用户的需求，自动推荐相关的素材和参考资料，帮助用户开拓思维和创作灵感。其次，AIGC可以帮助艺术设计专业的学生和教师提高创作效率和质量。AIGC还可以根据用户的创意需求，自动生成创意方案和设计稿，帮助用户更好地实现自己的创意目标。最后，AIGC可以帮助艺术设计专业的学生和教师提高作品展示效果和宣传效果。通过图像识别和自然语言处理技术，AIGC 可以自动将用户的设计作品转换成高质量的文字描述和图像展示，并可以自动生成相关的海报、宣传册等宣传资料，帮助用户更好地展示和宣传自己的作品。

综上所述，AIGC 在艺术设计专业领域具有广泛的应用前景和发展潜力，可以帮助用户提高创作效率和质量，提高作品展示效果和宣传效果。据《中国 AIGC 产业全景报告》预测，我国 AIGC 产业可大致分为三个阶段，2023—2025 年的培育摸索期，2025—2027 年的应用蓬勃期和 2028 年后的整体加速期。未来，随着 AI 技术的不断发展，相信 AIGC 在艺术设计专业领域的应用将越来越广泛。

1.3 AI 绘画工具

1.3.1 DeepDream

DeepDream 是一款基于 AI 图像处理技术的 AI 绘画软件，是由谷歌公司在 TensorFlow 上开发的一款开源工具，用于分类和整理图像。DeepDream 不仅可以帮助开发者深入了解深度学习的工作原理，还能生成一些奇特的、具有艺术感的图像。因此，许多人将 DeepDream 称为"造梦工具"。谷歌公司把一个人工神经网络项目放到互联网上"造梦"，DeepDream 可以挖掘可视的数据，"增强"图像中某些部分，而且其特性是依靠自己的数据集来"识别"里面的内容。DeepDream 的出图效果是朦胧的、旋涡状、有噪点的彩釉色，里面的物体可以反复变化。DeepDream 库支持多种模型和优化算法，可以生成丰富多样的图像效果。可以使用不同的超参数和模型来生成、控制和优化 DeepDream 效果。DeepDream 可以被应用于艺术创作、媒体设计、广告制作等领域，也可以被应用到深度学习和计算机视觉的各个领域，如对象识别、人脸识别、自然语言处理等。将 DeepDream 技术与其他技术结合使用，可以创造出更加独特和有趣的效果。

1.3.2 ArtBreeder

ArtBreeder 是由乔尔·西蒙（Joel Simon）创立的 Morphogen 工作室开发的一款利用 AI 技术进行绘画的免费 AI 在线绘画工具，用户可以使用它创作数字艺术作品。ArtBreeder 的核心技术是 GAN，该系统能够组合和整合不同的图像、音频、视频等元素，模拟人类艺术家的绘画风格，从而产生具有艺术价值的新作品。可以使用 ArtBreeder 创作人物肖像、人物形象、动漫角色、建筑、画作、自然景观、科幻场景等内容。在 ArtBreeder 中，不仅可以独立创作，还可以通过 AI 合成技术与其他用户进行协同创作，也就是将自己的创作与其他人的创作合成并进行新的创作，这也是这个工具的优势所在。所有的创作都会包含合成信息，也就是说，用户可以看到每个创作是如何通过一步一步的合成变成最终的样子的，这是一种很奇妙的感觉，有点像族谱。用户的创作不仅会在这个平台上留下足迹，甚至会成为它的一部分，并且随着其他人的创作延续下去。

1.3.3 GauGAN

GauGAN 是 NVIDIA（英伟达）的 GANs AI 项目，GauGAN 绘画软件利用 GAN

及条件生成模型技术，可以将画图板风格的图像通过 AI 算法转换为照片级的风景图。用户只需在界面上绘制简单的线条草图，并用不同的颜色填充不同的区域，GauGAN 即可根据这些线条和填充区域快速自动生成高质量的图像，包括树木、天空、水面、山脉等自然场景元素，甚至可以自动识别和生成不同季节和时间的场景。

1.3.4 DeepArt.io

DeepArt.io 是一个基于 AI 技术的在线 AI 绘画平台，利用神经网络算法中的风格转换技术，通过学习大量艺术作品的风格和特点，可以将用户上传的照片或手绘图像转换为艺术风格的数字绘画，包括油画、印象派、立体主义等不同的风格，也可以将一张图像的内容和另一张图像的风格结合起来，创造出全新的图像。除了图像转换，对于 DeepArt.io 付费用户还提供了视频转换功能，适用于制作短片、广告或者社交媒体内容。

1.3.5 NeuralStyler

NeuralStyler 利用神经网络算法中的风格转换技术，将原始图像的内容与指定的艺术风格相结合，生成新的图像。NeuralStyler 将自动分析、学习和转换图像，最终生成高质量、令人印象深刻的艺术作品，用户只需上传图像和指定艺术风格。NeuralStyler 支持多种输入格式，如 JPEG、PNG 和 BMP 等，还能自动检测图像中的物体，自动生成最合适的风格。

1.3.6 PaintsChainer

通过深度学习算法，PaintsChainer 学习了大量的图像和色彩信息，可以自动识别和填充线稿图像中的区域，并为其着色。用户只需在 PaintsChainer 中上传自己的线稿图像，选择着色选项，PaintsChainer 即可自动识别线稿图像中的区域并着色，从而生成高质量的彩色图像。

1.3.7 Artisto

Artisto 利用神经网络算法中的风格转换技术，将用户上传的照片或视频与指定的艺术风格相结合，生成具有艺术性质的图像或视频。使用者可选择不同的艺术风格和效果，也可定制参数，调整输出图像或视频的风格和效果。与此同时，Artisto 还支持批量处理，可以快速处理大量的照片或视频，提高效率。

1.3.8 Prisma

Prisma 综合了人工神经网络技术和 AI 技术，获取著名绘画大师和主要流派的艺术风格，能将普通的照片模仿出著名艺术家画作的风格。Prisma 是一款非常流行的 AI 绘画工具，它具有出色的滤镜效果和多种艺术风格，如油画、素描、印象派等，每种风格都带有独特的特色和魅力。

1.3.9 PicUP.AI

PicUP.AI（皮卡智能）与其他 AI 绘图工具相比，其速度更快，生成效果也更好，每 5s 生成一张图像。使用者输入文字描述后，便可生成动漫、写实风、超现实主义、赛博风、空灵、科幻、蒸汽朋克等 15 种绘画风格的 1:1 的图像。PicUP.AI 还有"图生图"功能，只要上传一张参考图像，便可以生成与该图像风格相近的图像，也可以在原图像的基础上添加自己的创意。人像是 AIGC 界公认的容易失调的生成对象，但 PicUP.AI 生成的人像充满质感，用来做壁纸、头像等绰绰有余。除了人像效果外，PicUP.AI 生成的风景图无论是虚拟的还是写实的，都堪称绝美，每张风景图都可以直接用作壁纸或其他商用场景，总体来说还是相当不错的。用户生成的每张图像都可以在线发布，并在"画廊"中查看，能让更多用户分享作品。

1.3.10 DALL·E

DALL·E 及其升级版 DALL·E2 都来源于 OpenAI 团队。OpenAI 团队于 2020 年 7 月公布了 Image GPT 模型，将在自然语言处理上取得突破性成就的 Transformer 模型引入图像补全及生成任务。2021 年 1 月，OpenAI 团队推出了 DALL·E 模型，并开源了图像分类 AI——深度学习模型 CLIP。只需输入文字描述，DALL·E 就能绘制出符合要求的一系列备选图像。可以说这是最早实现"以文生图"的平台。DALL·E 这个名字由西班牙画家萨尔瓦多·达利（Salvador Dalí）和皮克斯动画（Pixar）中的机器人 Wall-E 组合而来。

DALL·E2 作为 DALL·E 的升级版，简单地说，它是一个根据文本生成图像的 AI 图像生成器，可以根据自然语言的文本描述生成图像和艺术形式。DALL·E2 生成的图像的分辨率是 DALL·E 的 4 倍。同时，DALL·E2 在真实感和提示词匹配方面也比 DALL·E 做得更好。只要用户给出精确和具有描述性的文本提示，就可以通过 AI 艺术生成器得到多个高质量的图像，甚至在几秒钟内实现画家或数字艺术家需要花费数小时甚至数天才能达到的质量水平。用户可以免费查看所有视觉创意，无须向创意人员和模特支付报酬。

DALL·E2 的核心技术是 DALL-GPT-3，它可以通过学习和训练大量的文本数据来理解人类的语言和语义，并将其转换为图像。DALL·E2 的特点是风格写实，操作简单，完成度高，速度快到可以当搜索引擎，如 60s 内生成 10 张图像（1024px×1024px），可无限延伸变化，甚至可以擦除局部重新生成。

版权方面，OpenAI 列举了几条严格的限制：图像生成版权最终归属 OpenAI；仅供个人学习探索使用，不能商用，不能用于制作 NFT（Non-Fungible Token，非同质化通证，其实质是区块链网络里具有唯一性特点的可信数字权益凭证，是一种可以在区块链上记录和处理多维、复杂属性的数据对象，在这里主要指数字化艺术收藏品）；不能在社交媒体上发布过于写实的人脸生成结果，会有肖像侵权风险。

1.3.11 Disco Diffusion

Disco Diffusion 是一款发布于 Google Colab 平台的利用深度学习算法进行数字艺术创作的工具，它是基于 MIT 许可协议（The MIT License，也被称为 X11 协议，是一种只要求必须在源码和二进制文件中保留版权和许可声明，没有其他限制的自由软件许可证。因此，使用 MIT 许可协议的程序可以自由地使用、修改和再分发，包括商业软件）的开源工具，可以在 Google Drive 上直接运行，也可以部署到本地运行，目前最新的版本为 Disco Diffusion v5.7。

Disco Diffusion 是一种片段引导型的扩散模型，可以通过文本提示生成令人赞叹的图像，并且在生成抽象风格图像时表现非常出色，生成结果具有生动的色彩组合，以及令人惊叹的图像构图和细节。Disco Diffusion 的基本工作是把用户给出的提示 / 描述由文字信息变成图像信息，把文字描述的画面"画"出来。使用 Disco Diffusion 不需要下载任何软件，直接在浏览器上就能运行，并且现阶段免费。Disco Diffusion 可以实现非常复杂的关键词描述，支持自设置的参数很多，但是整个网页都是代码，操作界面相对复杂，成图时间长，运行起来可能需要等半个小时，如果盯着屏幕看，会看到图像从满是噪点，到逐渐变得清晰、有细节。

在线使用期间，Disco Diffusion 可能会提示用户在计算机上要有足够的运行内存，但因为它运行在谷歌公司免费提供的 GPU 等计算资源上，对用户的计算机硬件要求并不高，打开浏览器运行就可以。除了只输入文字让 AI 自由发挥，还可以事先"垫进"一张初始化图像去约束 AI 的创作。

版权方面，Disco Diffusion 生成的图像理论上可以商用，其程序基于 MIT 许可协议，所有互联网用户可以免费使用、复制、修改甚至出售生成图。但还是存在风险，风险主要来源于用户的描述词会引来画风抄袭的争议。

1.3.12 Midjourney

Midjourney 是生成画作"太空歌剧院"战胜人类画手获奖的 AI 绘画平台。它的特点是界面简洁，选择多样。Midjourney 搭建在通信软件 Discord 上，在对话框中输入"/image"指令后，用英文输入描述词，然后按 Enter 键，这个过程就像在和 AI 聊天，只需 60s 就可以在对话框里收到 4 张渲染好的图像。如果对"图 1"不满意，单击 U1 按钮可以增加细节，单击 V1 按钮可以延伸变化，直到用户满意为止。Midjourney 拥有创作社区、零门槛的交互和非常好的输出结果。从输出风格上看，非常明显地针对人像做了一些优化，风格倾向也比较明显。

版权方面，如果是免费用户，图像的版权归属于 Midjourney，付费成为标准会员后，就能将图像拿去商用了。因为是付费业务，所以 Midjourney 版本的迭代非常快。

1.3.13 Stable Diffusion

Stable Diffusion 诞生于 2022 年 8 月。其核心技术来源于 AI 视频剪辑技术创业公司 Runway 的帕特里克·埃瑟尔（Patrick Esser），以及慕尼黑大学机器视觉学习组的罗宾·罗姆巴赫（Robin Romabach）。该项目的技术基础主要来自于在计算机视觉大会 CVPR22 上合作发表的潜扩散模型（Latent Diffusion Model）研究，署名作者包括这两位开发者在内共有五位，分别来自慕尼黑大学、海德堡大学和 AI 视频剪辑技术创业公司 Runway。

Stable Diffusion 模型第一个版本训练耗资 60 万美元（约合人民币 42.6 万元），提供资金支持的是成立于 2020 年的 Stability AI 公司。它是深度学习文字到图像生成模型的稳定扩散算法，可以应用于图像处理中的许多问题，如图像去噪、图像分割、图像增强和图像恢复等。在图像去噪方面，Stable Diffusion 可以通过对图像进行平滑处理来减少噪声，并保留图像的细节信息。在图像分割方面，Stable Diffusion 可以通过对图像进行聚类将图像分成不同的区域。在图像增强方面，Stable Diffusion 可以通过增加图像的对比度和亮度使图像更加清晰。在图像恢复方面，Stable Diffusion 可以通过重建缺失的像素来恢复图像的完整性。

简单来说，Stable Diffusion 可以从文本描述中生成详细的图像，还可以用于图像修复、图像绘制、文本到图像转换和图像到图像转换等任务。只要用户给出想要的图像的文字描述，Stable Diffusion 就能生成符合要求的逼真的图像。和 Midjourney 相比，Stable Diffusion 最大的优势是开源，这意味着 Stable Diffusion 的潜力巨大、发展迅速。由于其开源、免费的属性，Stable Diffusion 已经收获了大量活跃用户，开发者社群已经为此提供了大量免费高质量的外接预训练模型和插件，并且在持续维护更新。在第三方插件和模型的加持下，Stable Diffusion 拥有比 Midjourney 更加丰富的个性化功能，在经过使用者改进后可以生成更贴近需求的图像，甚至在 AI 视频特效、AI 音乐生成等领域，Stable Diffusion 也占据了一席之地。

因其完全开源、潜力巨大、发展迅速，Stable Diffusion 已被认为是目前最强的 AI 绘画工具，市面上还有很多变体，如专用于生成二次元人像的 Waifu Diffusion，其能快速（以秒计算）生成一张饱含细节的 512px × 512px 的图像，只需要一张消费级的 8GB 2060 显卡就能实现 DALL·E2 级别的图像生成，且生成效率可提高 30 倍。Stable Diffusion 在风格上明显更艺术化，且上手操作无难度。

版权方面，用户可以商用自己创作的图像，但图像如果是通过 DreamStudio（Stability AI 官方 AI 绘画平台）生成的，就自动变成了 CC01.0 协议，这样，服务提供商 Stability AI 也能处理用户生成的图像，无须付费甚至不会经过用户的同意，也会一并成为通用公共领域 royalty-free 的图像资源。如果是用户自己部署了开源的 Stable Diffusion，消耗的是用户自己的 GPU 资源，那么著作权都归用户所有。

1.3.14 其他产品

谷歌作为最早研究 AI 绘画的公司之一，最近又发布了两款模型：Imagen 和 Parti。Imagen 的图像生成具有与 DALL·E2 相似的扩散模型，但输入依据的是大型 AI 语言模型，由于具有更高的语言理解能力，因此可以从文本描述中获得更好的图像生成结果。新的 AI 模型 Parti 尝试使用一种更接近大型语言模型功能的替代架构（自回归），这些语言模型能根据之前输入的单词和句子或段落的上下文预测合适的新词。Parti 将这一原则应用于图像，可以将长而复杂的文本输入准确地翻译成图像，这表明它可以更好地理解语言和主题之间的关系。

如果用户想尝试二次元风格，那么可以使用 NovelAI。NovelAI 的 AI 绘画功能收费，而且它是 CC0 协议，即公有版权。

除了这些应用外，更多的模型和商业应用也在源源不断地出现，如微软推出的 NUWA-Infinity、Meta（原 Facebook）推出的 Make-A-Scene 和其他平台（如 NightCafe Creator、Wombo Dream）。

1.4 需要预先了解的小知识

1.4.1 人工神经网络

人工神经网络（ANN）简称神经网络（Neural Networks，NN）或类神经网络，是一种模仿生物神经网络（中枢神经系统，特别是大脑的结构和功能）行为特征，进行分布式并行信息处理的数学模型或计算模型。神经网络由大量的节点（或称神经元）之间相互连接构成。每个节点代表一种特定的输出函数，称为激励函数（Activation Function）。每两个节点间的连接都代表一个对于通过该连接信号的加权值，称为权重，相当于人工神经网络的记忆。网络的输出则依靠网络的连接方式、权重和激励函数的不同而不同。而网络自身通常都是对自然界某种算法或函数的逼近，也可能是对一种逻辑策略的表达。这种网络依靠系统的复杂程度，通过调整内部大量节点之间相互连接的关系，利用多个层次的神经元来模拟复杂的 AI 任务，从而达到处理信息的目的。

1.4.2 卷积神经网络

卷积神经网络（CNN）是一种深度学习模型或类似于人工神经网络的多层感知器，常用于分析视觉图像。卷积（convolution，又名褶积）是一种积分变换的数学方法，是分析数学中一种重要的运算。卷积神经网络的创始人是著名的计算机科学家 Yann LeCun（杨立昆，法国），他是第一个通过卷积神经网络在 MNIST 数据集（计算机视觉数据集，包含了 70000 张手写数字的灰度图像）上解决手写数字问题的人。

卷积神经网络是一种带有卷积结构的前馈神经网络（Feedforward Neural Networks），它是一种最简单的神经网络，各神经元分层排列，每个神经元只与前一层的神经元相连，接收前一层的输出，并输出给下一层，各层间没有反馈。卷积结构可以减少深层网络占用的内存量，有以下几个关键点需要了解。

（1）局部感受野（也叫感受视野域）：是神经元和神经元之间的相对概念。主要是指后一层的神经元接收前面部分神经元的输入，这部分输入称为这个神经元的感受野，每个神经元只接收与之对应的一定范围内的输入而不是全部输入。

（2）权值共享：是指每个过滤器在遍历整个图像时，过滤器的参数权重不变。

（3）池化层：是指在卷积层进行特征提取后，输出的特征图会被传递至该层进行特征选择和信息过滤。池化层包含预设定的池化函数，其功能是将特征图中单个点的结果替换为其相邻区域的特征图统计量，有效减少了网络的参数个数，减少模型的过拟合。

（4）拟合：是一组观测结果的数字统计与相应数值组的吻合。

（5）过拟合：是指为了得到一致的假设结果而使假设变得过度严格。在机器学习和数据分析中，过拟合是指模型在训练数据上的表现非常好，但在测试数据上的表现较差。这是由于模型过于复杂，对训练数据中的噪声和异常值进行拟合，导致在新的、未见过的数据上泛化能力下降。

1.4.3 神经风格迁移

神经风格迁移（Neural Style Transfer）是一种深度学习的方法，它使用了卷积神经网络来分析和重建图像的特征。神经风格迁移的目的是将参考图像的风格应用于特定的目标图像，并且不改变目标图像的原始内容。神经风格迁移的原作者莱昂•A•加蒂斯（Leon A. Gatys）在论文《艺术风格的神经算法》（*A Neural Algorithm of Artistic Style*）中提到：当使用卷积神经网络进行目标识别时，可利用已经训练完成的网络的特定层对图像进行重构（使用梯度下降法对像素进行迭代计算），从而能够直观观测到网络各层中包含的图像的内容信息。神经风格迁移通过神经表征（Neural Representation）实现内容图像和风格图像的分割和重组，最终实现图像的艺术创作。

1.4.4 生成对抗网络

生成对抗网络（GAN）由伊恩•古德费洛等于 2014 年 10 月发表的论文《生成对抗网络》（*Generative Adversarial Networks*）中提出。GAN 一般由一个生成器（生成网络）和一个判别器（判别网络）组成。生成器的作用是通过学习训练集数据的特征，在判别器的指导下，将随机噪声分布尽量拟合为训练数据的真实分布，从而生成具有训练集特征的相似数据。而判别器则负责区分输入的数据是真实的还是生成器生成的假数据，并反馈给生成器。两个网络交替训练，能力同步提高，直到生成的数据能够以假乱真，并与判别器的能力达到一定均衡。其实 GAN 模型跟所有的生成模型一样，做的事情只有一件，就是拟合训练数据的分布，对图像生成任务来说就是拟合训练集图像的像素概率分布。

1.4.5 CLIP

CLIP 是由亚历克•雷德福（Alec Radford）等人提出的一种基于对比文本 - 图像组的预训练方法或者多模态模型，与计算机视觉（Computer Vision，CV）中的一些对比学习方法不同的是，CLIP 的训练数据是文本 - 图像组：一张图像和它对应的文本描述，通过对比学习，模型能够学习到文本 - 图像组的匹配关系。CLIP 包括两个模型：Text Encoder 和 Image Encoder，其中 Text Encoder 用于提取文本的特征，而 Image Encoder 用于提取图像的特征。与 CV 中常用的先预训练再微调不同，CLIP 可以直接实现零次学习（Zero-Shot Learning，ZSL）的图像分类，即不需要任何训练数据，就能在某个具体下游任务上实现分类。OpenAI 为了训练 CLIP，从互联网收集了共 4 亿个文本 - 图像组，用于形成 WIT（Web Image Text）数据集。WIT 质量很高，而且清理得非常好，其规模相当于 JFT-300M（由谷歌公司构建的另一套数据集），这也是 CLIP 的亮点和强大之处，DALL·E 模型就是在 WIT 数据集上孕育出来的。

CLIP 是一个非常先进的人工神经网络，要让 AI 作画，先要让程序"听懂"指令，对于一个相对复杂的场景的文本描述，AI 需要能"理解"并匹配到对应的画面，大部分项目依赖的都是 CLIP 模型。CLIP 在生成模型的潜在空间中进行搜索，找到与给定的文字描述相匹配的潜在图像。这就是为什么 Stable Diffusion 的开发人员选择使用 CLIP 作为 Stable Diffusion 生成图像方法中涉及的 3 个模型之一。由于 CLIP 是人工神经网络，这意味着它有很多层。用户给出的提示词以一种简单的方式被数字化，然后经过网络层层处理。在第一层得到的运算结果会输入第二层，得到的结果再输入第三层，以此类推，直到运算到达最后一层，这就是 CLIP 模型在 Stable Diffusion 中的使用方法。

1.4.6 Transformer 模型

Transformer 模型是谷歌团队在 2017 年 NeurIPS 大会上发表的论文 *Attention is All You Need* 中提出的一种人工神经网络，它通过跟踪序列数据中的关系来学习上下文并因此学习含义，是谷歌云 TPU（Tensor Processing Unit，谷歌公司的 AI 芯片）推荐的参考模型。论文中相关的 TensorFlow 代码可以从 GitHub 上获取，其被当作 Tensor2Tensor 包的一部分。哈佛的自然语言处理（NLP）团队注释了该论文并实现了一个基于 PyTorch 的版本。

1.4.7 误差反向传播

误差反向传播（Back-Propagation，BP）也叫反向传播，是一种与最优化方法（如梯度下降法）结合使用的，用于训练人工神经网络的常见方法。误差反向传播原本只是损失函数对参数的梯度通过网络反向流动的过程，但现在也常被理解成人工神经网络整个的训练方法，由误差传播、参数更新两个环节循环迭代组成。在人工神经网络的训练过程中，前向传播和反向传播交替进行，前向传播通过训练数据和权重参数计算输出结果；反向传播通过导数链式法则计算损失函数对各参数的梯度，并根据梯度进行参数的更新。它的基本思想如下：

（1）计算每一层的状态和激活值，直到最后一层（即信号是前向传播的）。

（2）计算每一层的误差，误差的计算过程是从最后一层向前推进的（即误差是反向传播的）。

（3）计算每个神经元连接权重的梯度。

（4）根据梯度下降法则更新参数（目标是误差变小）。

迭代以上步骤，直到满足停止准则（如相邻两次迭代的误差的差别很小）。因此该算法会计算人工神经网络中损失函数对各参数的梯度，配合最优化方法更新参数，降低损失函数。误差反向传播的出现是人工神经网络发展的重大突破，也是现在众多深度学习训练方法的基础。

1.4.8 梯度算法

在机器学习算法中，在求最小化损失函数时，可以通过梯度下降法求得最小化的损失函数和对应的参数值；反之，如果要求最大化损失函数，可以通过梯度上升法求取。

1.4.9 CUDA

CUDA（Compute Unified Device Architecture）是显卡厂商 NVIDIA 推出的运算平台。配合 CUDA 技术，可以将显卡模拟成一颗 PhysX 物理加速芯片，这使得 GPU（Graphics

Processing Unit,图形处理器)可以进行通用处理(不仅仅是图形),这被称为通用图形处理器(General-Purpose Computing on GPU,GPGPU)。与 CPU 不同的是,GPU 的设计理念是针对大规模并行计算,能够在相同时间内完成比 CPU 更多的计算工作,这是因为 GPU 的计算核心比 CPU 多得多,同时它们可以在同一时间处理多个任务。因此,GPU 可以在短时间内处理大量的数据,这在 AI 计算中非常有用。以 GeForce 8800 GTX 为例,其核心拥有 128 个内处理器,利用 CUDA 技术,就可以将那些内处理器作为线程处理器,以进行数据密集的计算。

1.4.10　VAE

变分自编码器(Variational Auto Encoders,VAE)作为深度生成模型的一种形式,是由 Kingma 等于 2014 年提出的基于变分贝叶斯(Variational Bayes,VB)推断的生成式网络结构。VAE 作为一个生成模型,其基本思路是把一批真实样本通过编码器网络转换为一个理想的数据分布,然后将这个数据分布再传递给一个解码器网络,得到一批生成样本,如果生成样本与真实样本足够接近,就训练出了一个自编码器(Autoencoder,AE)模型。VAE 就是在自编码器模型上做进一步变分处理,使得编码器的输出结果能对应到目标分布的均值和方差。VAE 以概率的方式描述对潜在空间的观察,在数据生成方面表现出了巨大的应用价值,并和 GAN 一同被视为无监督式学习领域最具研究价值的方法之一。

1.4.11　CFG Scale

CFG Scale(Classifier Free Guidance Scale,提示词引导系数,也称为分类器引导强度)用于衡量模型"生成的预期图像和使用者的提示保持一致"的程度。CFG Scale 值为 0 时,会生成基于种子的随机图像。打个比方,想象使用者的提示是一个带有可变宽度光束的手电筒,将它照到模型的潜在空间上以突出显示特定区域——使用者的输出图像将从该区域内的某个位置绘制,具体位置取决于种子。将 CFG Scale 值调整为 0 会产生极宽的光束,突出显示整个潜在空间——输出可以来自任何地方。将 CFG Scale 值调整为 20,则会产生非常窄的光束,以至于在极端情况下它会变成激光指示器,只能照亮潜在空间中的一个点。

1.4.12　收敛

收敛(convergence)是指在训练期间达到的一种状态,即经过一定次数的迭代后,训练损失和验证损失在每次迭代中的变化都非常小或根本没有变化。也就是说,如果采用当前数据进行额外的训练将无法改进模型,则模型即达到收敛状态。在深度学习中,损失值有时会在最终下降前的多次迭代中保持不变或几乎保持不变,暂时形成收敛的假象。

1.4.13　ENSD

ENSD(Eta Noise Seed Delta)是设置页中的 ETA 噪声种子增量。它对处理种子的操作增加了一些偏移量,这将导致在相同种子的情况下输出结果的变化。

1.4.14 潜在空间

潜在空间是压缩数据的表示，其中相似的数据点在空间上更靠近在一起。

1.4.15 超参数

决策森林（TensorFlow Decision Forests，TF-DF）是一个 TensorFlow 开源软件库，该库集成了众多算法，不需要输入特征就可以处理数值和进行分类。决策树（decision tree）是在已知各种情况发生概率的基础上，通过构成树状图来决策分析的方法，是直观运用概率分析的一种图解法。决策森林是指利用多种算法，集合不定数量的决策树进行处理，而决策树则是一系列仅需做出是或否判断的运算逻辑。

超参数（hyperparameter）是指机器学习算法的参数，包括在决策森林中学习的树的数量，或者梯度下降算法中的步长。在对模型进行定型之前，先设置超参数的值，并控制查找预测函数参数的过程，如决策树中的比较点或线性回归模型中的权重。在机器学习的上下文中，超参数是在开始学习过程前需要人工设置值的参数，而不是通过训练得到的参数。通常情况下，需要对超参数进行优化，给学习机选择一组最优超参数，以提高学习的性能和效果。

1.4.16 管线

管线（pipeline）是将模型与数据集相匹配所需的一系列操作的统称。管线由数据导入、转换、特征化和学习步骤组成。对管线进行定型后，它会转变为模型。

1.4.17 代次

代次（epoch）是指在训练时，整个数据集的一次完整遍历，以便不漏掉任何一个样本。它是人工神经网络训练过程中的一个重要概念，通俗来说，一个代次等于使用训练集中的全部样本训练一次的过程。当一个完整的数据集通过人工神经网络一次并且返回一次，即进行了一次前向传播和反向传播，这个过程称为一个代次。代次与批量（batch）、迭代（iteration）一起被称为人工神经网络训练的三个基本概念。

1.4.18 批量

批量（batch）是指一个批次中的样本数。例如，SGD 的批次规模为 1，而小批次的规模通常介于 10 和 1000 之间。批次规模在训练和推断期间通常是固定的；不过，TensorFlow 允许使用动态批次规模。当一个代次的样本（也就是训练集）数量太过庞大时，进行一次训练可能会消耗过多的时间，并且每次训练都使用训练集的全部样本是不必要的。因此，就需要把整个训练集分成多个小块，也就是分成多个批量进行训练。

1.4.19 迭代

一个代次由一个或多个批量构成，批量为训练集的一部分，每次训练的过程只使用一部分数据，即一个批量。训练一个批量的过程称为一个迭代（iteration）。它是模型的权重在训练期间的一次更新。迭代包含计算参数在单个批量数据上的梯度损失。

1.4.20 张量

张量（tensor）是程序中的主要数据结构。简单来说，张量就是多维数组，最常见的是标量（scalar，即 0 维张量）、向量（vector，即一维张量）或矩阵（matrix，即二维张量）。将多个矩阵组成一个新的数组，即可获得三维张量；将多个三维张量组成一个新的数组，即可获得四维张量，以此类推。在深度学习中，通常会遇到 0 维至五维的张量。张量的元素可以包含整数值、浮点值或字符串值。

1.4.21 检查点

检查点（checkpoint）是一种数据，用于捕获模型变量在特定时间的状态。借助检查点可以导出模型权重，跨多个会话执行训练，以及使训练在发生错误后得以继续（如作业抢占）。可以简单借用在游戏中保存进度的记录点的概念来理解它。

1.4.22 嵌入层

嵌入层（embedding）是一种分类特征，以连续值特征表示。嵌入层有两个作用：降维与升维。降维的原理就是矩阵乘法，将过于庞大的矩阵数据通过算法减小体积，方便存储和运算。在卷积网络中，此操作可以理解为特殊的全连接层操作，而一些低维的数据包含的特征可能是非常笼统的，需要不停地拉近、拉远来改变神经元的感受野，才能获得更接近的结果。而嵌入层的升维作用体现在对低维的数据进行升维时，虽然可能把一些其他特征放大了，或者把笼统的特征给分开了，但同时嵌入层是一直在学习和优化的，最终使得整个拉近、拉远的过程慢慢形成一个良好的观察点。

嵌入层可以把稀疏矩阵通过一些线性变换（在卷积神经网络中用全连接层进行转换，也称为查表操作）变成一个密集矩阵，这个密集矩阵使用不同特征来表征所有的信息，用的是不断迭代学习而来的参数。从稀疏矩阵到密集矩阵的过程，就称为嵌入。很多人也把它叫作查表，因为它们之间也是一一映射的关系。更重要的是，这种关系在反向传播的过程中是一直在更新的，因此能在多次迭代后，使得这个关系变得相对成熟，最终可以正确表达整个语义及各个语句之间的关系。这个成熟的关系，就是嵌入层的所有权重参数。嵌入层是自然语言处理领域最重要的发明之一，它把独立的向量关联了起来。

1.4.23 损失

损失是一种衡量指标，用于衡量模型的预测偏离其标签的程度，或者更通俗地说，是用于衡量模型有多差。要确定此值，模型必须定义损失函数。例如，线性回归模型通常将均方误差用于损失函数，而逻辑回归模型则使用对数损失函数。

1.4.24 损失函数

损失函数（loss function）或代价函数（cost function）是将随机事件或与其有关随机变量的取值映射为非负实数以表示该随机事件的"风险"或"损失"的函数。在应用中，损失函数通常作为学习准则与优化问题相联系，即通过最小化损失函数求解和评估模型。

1.4.25 激活函数

激活函数（activation function）是在人工神经网络的神经元上运行的函数，负责将神经元的输入映射到输出端，是人工神经元通过神经网络处理和传递信息的机制，有助于确定是否需要激活神经元，或者如果需要发射一个神经元，那么信号的强度该是多少。对于人工神经网络模型学习、理解非常复杂和非线性的函数来说，具有十分重要的作用。

1.4.26 权重

权重（weight）是线性模型中特征的系数，或深度网络中的边。神经元之间的连接强度由权重表示，权重的大小表示可能性的大小。训练线性模型的目标是确定每个特征的理想权重。如果权重为 0，则相应的特征对模型来说没有任何贡献。

1.4.27 AI 绘画常用术语

AI 绘画常用术语及其含义见表 1.1。

表 1.1　AI 绘画常用术语及其含义

术　语	含　义
oneshot	一张图
LAION	一个图像数据集库
aug (augmentaion)	通过裁切、翻转获取更多数据集的方式
UGC	用户生成内容(User Generated Content)，指由用户创建和提供的图像、文字、视频等内容
ML	Machine Learning，机器学习
Latent Space	潜在空间
LDM	Latent Diffusion Model，潜在扩散模型
NAI	NovelAI，一般特指泄露模型
咒语 / 念咒	提示词组合（prompts）
施法 / 吟唱 /t2i	文本转图像（txt2img）
i2i	图像转图像（img2img）
魔杖	图像生成所涉及的参数
inpaint	局部重绘，也叫画幅内重绘，在原本图像范围之内进行重新绘制，是一种修改
outpaint	画幅外重绘，也叫画布扩绘，扩展原本画面篇幅，新生成额外的图像，是一种填充
ti/emb/ 嵌入模型	模型微调方法中的 Textual Inversion，一般特指 Embedding 插件
hn/hyper	模型微调方法中的 Hypernetwork，超网络
炸炉	指训练过程中过拟合，但炸炉前的日志插件可以提取二次训练
废丹	指完全没有训练成功

设计师自救指南 :: Stable Diffusion 实用教程

术　语	含　义
美学 /ext	Aesthetic Embedding，一种嵌入模型，特性是训练非常快，但在生成图像时实时计算
db/ 梦展	DreamBooth，是目前一种性价比高（可以在极少步数内完成训练）的微调方式，但对硬件要求过高
ds	DeepSpeed，微软开发的训练方式，移动不需要的组件到内存中来降低显存占用，可使数据库的 VRAM（视频随机存取内存）需求降到 8GB 以下，从而优化内存使用并提高训练效率。开发时未考虑 Windows 操作系统，目前在 Windows 操作系统中有兼容性问题，故不可用
8bit/bsb	一般指 Bitsandbyte，一种 8 比特算法，能极大降低 VRAM 占用，使 16GB 可用于训练 db。由于链接库问题，预计未来在 Windows 操作系统中不可用

第 2 章　Stable Diffusion WebUI 的安装与配置

2.1　Stable Diffusion 的配置需求

可能读者会有这样的疑虑：Stable Diffusion 有什么配置需求吗？我的计算机跑得动 Stable Diffusion 吗？

目前，Stable Diffusion 可以在一台搭载有民用级显卡的计算机上运行。它的配置要求不高但具有一定针对性，最主要的要求是显卡性能与显存大小，推荐使用 NVIDIA 公司的系列显卡，因为在目前，其独有的 CUDA 技术能够最好地支持 AI 运算。

最低配置			推荐配置		
操作系统	无硬性要求	在此配置条件下，1 ~ 2min 生成1张图像，绘制图像的分辨率可达 512px × 512px	操作系统	Windows 10/11 64 位	在此配置条件下，10 ~ 30s 生成1张图像，绘制图像的分辨率可达 1024px × 1024px
CPU	无硬性要求		CPU	支持 64 位的多核处理器	
显卡	RTX 2060 同等性能显卡		显卡	RTX 3060Ti 同等性能显卡	
显存	6GB		显存	8GB	
内存	8GB		内存	16GB	
硬盘空间	20GB 的可用硬盘空间		硬盘空间	100~150GB 的可用硬盘空间	

2.2　Stable Diffusion WebUI 的安装

目前，市面上基于 Stable Diffusion 制作的实用程序中，最受欢迎的是由 Automatic1111（越南）制作的 Stable Diffusion WebUI（SD WebUI），如图 2.1 所示，Stable Diffusion WebUI 是一个基于 Stable Diffusion 封装的 WebUI 开源项目，用户可以通过界面交互的方式使用 Stable Diffusion，从而大大降低了使用门槛。Stable Diffusion WebUI 提供了可视化的参数调节与对海量扩展应用的支持。

图 2.1　GitHub 网站上 Stable Diffusion WebUI 的页面

　　如果用户使用的是 Windows 系统，且具有一定的动手能力与计算机软件基础，并追求更高的自定义程度，可以尝试自主安装部署 SD WebUI，安装部署步骤如下。

　　1. 下载前置软件应用

　　（1）在 Python 官网下载 Python 安装包（推荐使用 3.10.6 版本），下载完成后进行安装。

　　（2）在 Git 官网下载最新版 Git 安装包。

　　（3）根据自己设备上的显卡下载显卡驱动并更新到最新版。显卡驱动推荐使用官方完整版本，尤其是 NVIDIA 系列显卡，需要其中相应的 CUDA 软件支持功能，其他下载安装渠道可能会对这部分功能进行精简。

　　2. 克隆 SD WebUI 的本体包

　　找到想要安装程序的空文件夹，选中上方文件路径栏，删除原有内容，输入 cmd 后按 Enter 键，打开命令提示符（命令行），如图 2.2 所示。

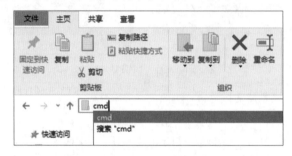

图 2.2　输入 cmd 后按 Enter 键

　　输入如下代码地址后按 Enter 键，从官方地址克隆项目到本地计算机上：

```
git clone https://github.com/AUTOMATIC1111/stable-diffusion-webui.git
```

　　其中的 https://github.com/AUTOMATIC1111/stable-diffusion-webui.git 是 SD WebUI 在 GitHub 网站上的官方地址。

　　克隆完毕后，得到如图 2.3 所示的文件夹和结果。

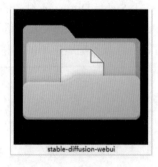

stable-diffusion-webui

图 2.3　stable-diffusion-webui 文件夹

　　3. 下载大模型

　　常用的大模型下载网站有 Civitai、Hugging Face、哩布哩布 AI 等。

　　下载好的大模型格式为 .ckpt 或 .safetensor，将其手动放置到程序根目录下的模型

文件夹 /models/Stable-diffusion 中，如图 2.4 所示。

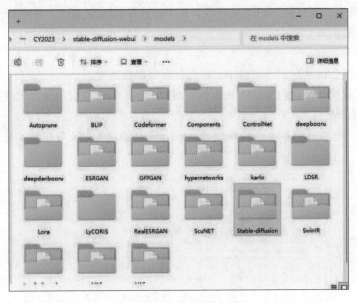

图 2.4　保存下载好的大模型

4. 运行 webui-user.bat 文件

双击运行 webui-user.bat 文件，自动下载部分依赖并等待安装完成。安装预计总占用空间 3~4GB，一般在 30min 内可完成（时间根据网络环境而变化）。

等待安装完成，看到 Running on Local URL 一类的字样后，复制其后的链接在浏览器（推荐使用 Google 或 Edge 浏览器）中打开，即可进入 SD WebUI。

5. 安装插件（可选）

安装汉化文件、部分基础扩展插件和进阶扩展插件（后面会详细介绍）；双击运行 webui-user.bat 文件，即可启动程序。

2.3　Stable Diffusion WebUI 的整合包安装

如果读者接触计算机不多，计算机软件基础薄弱，并想以更轻松的方式开启 AI 绘画学习之路，可以考虑使用一些开发者制作的整合包。

整合包一般指开发者对 Automatic1111 制作的 SD WebUI 进行打包并使其程序化的一种方式。使用整合包，一般可以省去一些自主配置环境依赖、下载必要模型的过程。如果读者打算使用整合包，以下是一些笔者推荐的整合包。

2.3.1　秋叶整合包 V4.4

秋叶整合包是公认最适合新手使用的整合包之一，支持一键启动，含有可调节多种程序参数的启动器，方便更新管理。

1. 计算机配置需求

（1）操作系统：Windows 10 及以上。

（2）CPU：不做强制性要求，推荐使用 8GB 及以上。

（3）显卡：必须是 NVIDIA 的独立显卡，显存最低为 4GB，推荐 20 系以后的 A 卡，核显只能使用 CPU。

2. 下载整合包

推荐将整合包放在固态硬盘中，以提升模型加载速度。

推荐下载秋叶整合包 V4.4、A 卡特制版整合包、7zip 整合包解压软件。

3. 安装步骤

（1）使用 7zip 解压工具将压缩文件 sd-webui-aki-v4.4.7z 解压到本地计算机，如图 2.5 所示。

图 2.5　解压文件

（2）双击"启动器运行依赖 -dotnet-6.0.11.exe"，运行启动器运行依赖文件，如图 2.6 所示，安装成功的界面如图 2.7 所示。

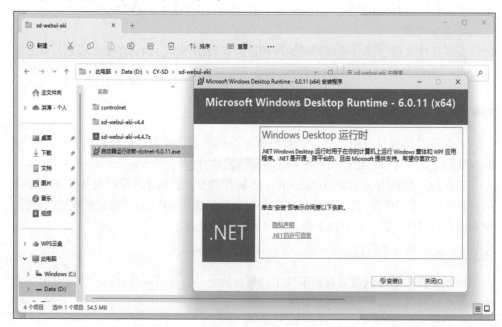

图 2.6　运行启动器运行依赖文件

sd-webui-aki
此电脑 › Data (D:) › CY-SD › sd-webui-aki ›
名称
controlnet
sd-webui-aki-v4.4
sd-webui-aki-v4.4.7z
启动器运行依赖-dotnet-6.0.11.exe
Microsoft Windows Desktop Runtime - 6.0.11 (x64) 安装程序
Microsoft Windows Desktop Runtime - 6.0.11 (x64)
安装成功
以下项已安装到
- Microsoft Windows Desktop Runtime - 6.0.11 (x64)
资源
文档
发行说明
教程
.NET Core 遥测
.NET
关闭(C)
选中 1 个项目 54.5 MB

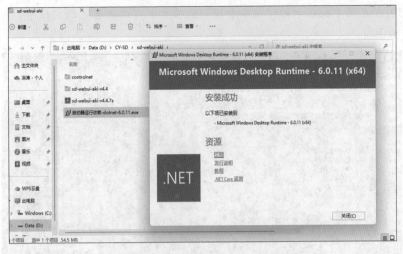

图 2.7　启动器运行依赖文件安装成功的界面

（3）打开解压后的 sd-webui-aki-v4.4 文件夹，运行启动器文件“A 启动器 .exe”，如图 2.8 所示。

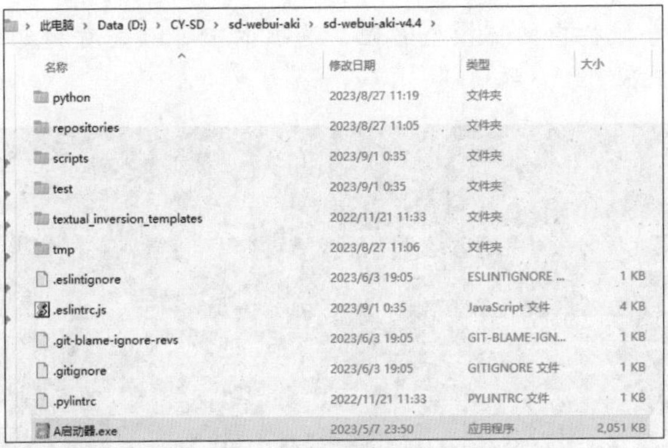

此电脑 › Data (D:) › CY-SD › sd-webui-aki › sd-webui-aki-v4.4 ›
名称 修改日期 类型 大小
python 2023/8/27 11:19 文件夹
repositories 2023/8/27 11:05 文件夹
scripts 2023/9/1 0:35 文件夹
test 2023/9/1 0:35 文件夹
textual_inversion_templates 2022/11/21 11:33 文件夹
tmp 2023/8/27 11:06 文件夹
.eslintignore 2023/6/3 19:05 ESLINTIGNORE ... 1 KB
.eslintrc.js 2023/9/1 0:35 JavaScript 文件 4 KB
.git-blame-ignore-revs 2023/6/3 19:05 GIT-BLAME-IGN... 1 KB
.gitignore 2023/6/3 19:05 GITIGNORE 文件 1 KB
.pylintrc 2022/11/21 11:33 PYLINTRC 文件 1 KB
A启动器.exe 2023/5/7 23:50 应用程序 2,051 KB

图 2.8　运行启动器文件

（4）安装成功的界面如图 2.9 所示。

Stable Diffusion WebUI
绘世 - 启动器
文件夹
公告
一键启动

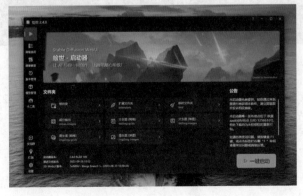

图 2.9　安装成功的界面

（5）在左侧导航栏中的"版本管理"选项卡中可以查看更新主程序的版本，如图 2.10 所示。

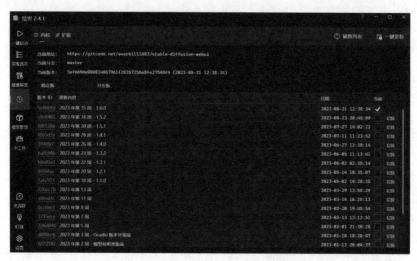

图 2.10 "版本管理"选项卡

（6）在左侧导航栏中的"模型管理"选项卡中可以查看和更新本地安装的各类模型，如图 2.11 所示。

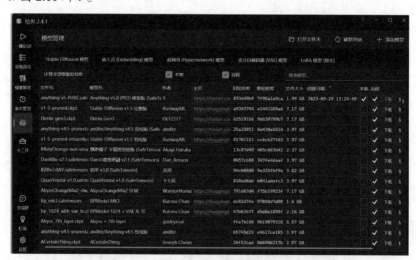

图 2.11 "模型管理"选项卡

（7）查看无误后，单击左上角的"一键启动"按钮即可，如图 2.12 所示。

（8）启动后的界面如图 2.13 所示。

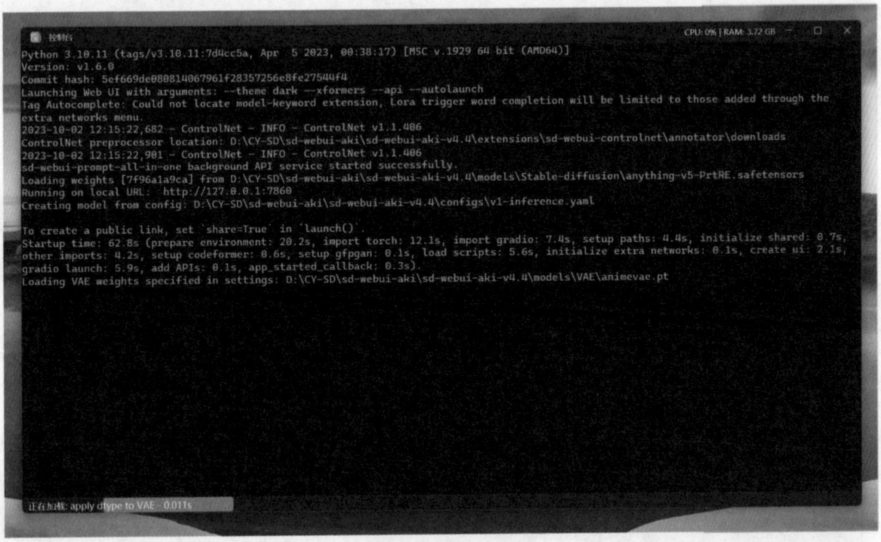

图 2.12　启动界面

图 2.13　启动后的界面

2.3.2　星空整合包

星空整合包适合有一定 AI 绘画基础的朋友，整合包简约但功能全面，搭载了多种插件。另外含有专门为 AMD/Intel 显卡优化的版本。

如果使用的是 macOS 系统，目前，macOS 系统仅能通过自主安装部署的方式应用 Stable Diffusion。一些 macOS 开发者制作了更适合 macOS 生态的 Stable Diffusion 应用（如 Diffusion Bee 等），不在本书讨论范围，故此处不再赘述。

第3章 Stable Diffusion WebUI 简介

按照第 2 章介绍的安装流程在本地计算机上部署好 Stable Diffusion WebUI 并启动后，用浏览器打开提示给出的网址，一般为 http://127.0.0.1:7860，就可以看到它的使用操作界面了，一般情况下显示内容如图 3.1 所示。

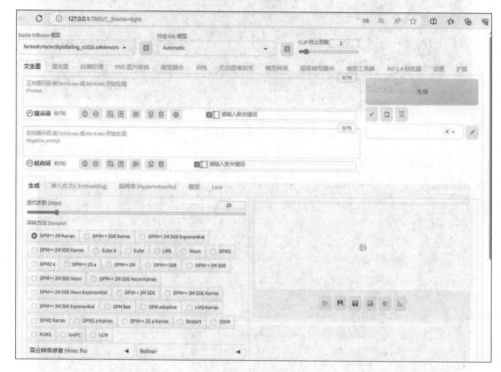

图 3.1 Stable Diffusion WebUI 使用操作界面

整个界面的最下方一行字显示了当前所使用的 UI 版本及其他相关软件的版本等信息，根据版本的不同，可能会导致界面显示略有区别。另外，如果使用的是整合包，或自行安装了某些插件，显示结果也会略有不同，但基本元素都是一样的。

接下来，将对 Stable Diffusion WebUI 操作界面的各个功能选项进行逐一介绍。

3.1 模型及选项卡

3.1.1 基础模型

Stable Diffusion WebUI 模型下拉列表中罗列了计算机上已经下载安装好的各个基础模型（或者称为主模型）文件，如图 3.2 所示。如果已经按照之前的介绍下载了模型，并已正确保存到相应的位置，那么这里至少应该会显示出一个模型文件。每个模型后面会自带一个 10 位编码，通常代表模型版本号或版本标识符。每个模型都有一个唯一的版本号，用于标识该模型的不同版本。下拉列表旁边有一个刷新 ↻ 按钮，当下载了新的模型而列表中未显示时，单击该按钮可以更新下拉列表。

图 3.2　已经下载安装好的各个基础模型文件

　　首先需要明确一点，模型文件中储存的不是一张张可视的原始图像，而是将图像特征解析后的代码，因此模型更像一个储存图像信息的超级大脑，它会根据人们所提供的提示内容进行预测，自动提取对应的碎片信息进行重组，最后输出成一张图像。基础模型是指包含了文本编码器（TextEncoder）、神经网络（U-Net）和变分自编码器（VAE）的标准模型，它通常是在官方模型的基础上通过全面微调得到的，因此也常被称作"私炉"，在各大网站上经常见到的基础模型基本上都是这一类。

　　常见的基础模型一般为 checkpoint（ckpt）和 safetensors 两种存储格式，文件的大小一般为 2~7GB。其中，checkpoint 格式是模型训练当中的一个"检查点"，常用于 TensorFlow 框架的模型保存方式，可以理解为游戏进度的存档，这种格式存储了模型的权重和优化器的状态，方便恢复训练。在 Stable Diffusion 中，checkpoint 格式的模型可以包含更多的训练信息，包括训练过程中的中间状态，因此这种格式的模型文件通常较大。对于需要恢复训练的情况，checkpoint 格式的模型是首选，这有助于调整和优化模型，因为可以看到模型训练过程中的各种信息。checkpoint 格式的模型的常见训练方法称为 DreamBooth，该技术原本由谷歌团队基于 Imagen 模型开发，后来经过适配被引入 Stable Diffusion 模型中，并逐渐被广泛应用。checkpoint 格式的模型除了模型文件偏大外，还有一个缺点，由于它保存了训练相关的内容，在方便后期调用的同时也容易被人恶意加入病毒代码，如果不是从正规渠道下载这类模型文件，很容易导致计算机中病毒。

　　而 safetensors 是一种相对较新的模型存储格式，专门为稳定扩散模型设计。它的特点是可以存储大型模型，同时保持文件的小巧和快速加载。它只保存模型的权重，而不包含优化器的状态或其他信息。这意味着它通常用于模型的最终版本，若只关心模型的表现，而不需要了解训练过程中的详细信息，这种格式是很好的选择。由于 safetensors 格式省略了很多对作图无用的内容，相比 checkpoint 格式，文件要小很多，加载的速度也相应提高，同时也减少了被恶意修改的风险，从名称上就可以看出，这种格式更加安全，更适合实时应用，如在线服务等。

　　在下载模型时，会发现模型文件名中包含很多特征，其部分内容如下。

　　（1）Fp32 表示模型使用 32 位浮点数存储值，是模型的原始保存值。

　　（2）Fp16 表示模型使用 16 位浮点数存储值，相对于 Fp32 更小、更快，但是无法使用 CPU 运算生成图像，因为有的半浮点精度运算在 CPU 上不支持。通常为了更快地运算，在使用显卡 GPU 进行运算出图时，也会将 Fp32 转换为 Fp16，这个可以在设置里进行配置。

（3）pruned 表示对模型参数进行了修剪，以达到更快的运行速度（也就是丢掉一些参数）。

（4）ema（Exponential Moving Average，指数移动均值）是一个用于抵抗波动以得到更好结果的技术，可以理解为模型单次出图的效果不理想时不代表这个模型不好，取多次平均值才能更好地表达其水平。

3.1.2　辅助性模型

介绍完了基础模型，下面了解一下各种辅助性模型。常见的辅助性模型包括嵌入式模型（Embedding 或 Textual Inversion）、LoRA 模型、超网络模型（Hypernetwork）和 LyCORIS 模型等，具体模型如下。

1. Embedding 模型

- 常见文件格式：.pt。
- 常见文件大小：几十个字节。
- 模型存放路径：Stable Diffusion 根目录 \embeddings。

Embedding 模型是一种嵌入式模型，属于微调模型，Embedding 模型的主要作用是文本反转，也称为文本倒置（Textual Inversion），作用是增加文本理解能力、用于个性化图像生成。

Embedding 又被称为嵌入式向量，前面提到过，Stable Diffusion 的基础模型包含文本编码器、神经网络和变分自编码器三个部分，其中文本编码器的作用是将提示词转换为计算机可以识别的文本向量，而 Embedding 模型的原理就是通过训练将包含特定风格特征的信息映射在其中，这样后续在输入对应关键词时，模型就会自动启用这部分文本向量进行绘制。

由于训练 Embedding 模型的过程是针对提示文本部分进行操作，所以该训练方法称为文本倒置，平时在网络中提到 Embedding 和 Textual Inversion 时，一般都是指同一种模型。

如果已经下载过 Embedding 模型包，会发现它们普遍都非常小，有的可能只有几十个字节。为什么模型之间会有如此大的体积差距呢？类比来看，基础模型像是一本厚厚的字典，里面收录了图像中大量元素的特征信息；而 Embedding 模型就像是一张便签，它本身并没有存储很多信息，而是将所需的元素信息提取出来进行标注。在这个基础上，也能将 Embedding 模型简单理解为封装好的提示词文件，通过将特定目标的描述信息整合在 Embedding 模型中，只需一小段代码即可调用，效果要比手动输入要方便快捷。例如，改善人物面部、手部效果的描述信息都可以通过调用 Embedding 模型来解决，如比较著名的 EasyNegative 模型。

以某些动漫角色为例，对于角色，人们都有统一的外貌共识，如服饰、头发、面部特征等，如果单纯通过提示词描述这些信息往往很难表达准确，而有了 Embedding 模型就轻松多了。

当然，Embedding 模型也有自己的局限性。由于没有改变基础模型的权重参数，因此它很难教会基础模型绘制没有见过的图像内容，也很难改变图像的整体风格，因此通常用于固定人物角色或画面内容的特征。使用方法也很简单，只需将下载好的模型放置到 embeddings 文件夹中，使用时单击对应的选项卡，对应的关键词就会被添加到提示词输入框中，这时再单击"生成"按钮便会自动启用模型的控图效果了。

2. LoRA 模型

● 常见文件格式：.safetensors、.pt、.ckpt。

● 常见文件大小：100 ~ 300MB。

● 模型存放路径：Stable Diffusion 根目录 \models\Lora。

LoRA（Low-Rank Adoptation，低秩适应）模型同样是一个微调模型，主要是用于满足对应特定的风格，或指定的人物特征属性进行定制。在数据相似度非常高的情形下，LoRA 模型更加轻巧，训练效率也更高，可以节省大量的训练时间和训练资源。

虽然 Embedding 模型非常轻量，但是在大部分情况下都只能在基础模型原有能力上进行修正。而 LoRA 模型既能保持轻便又能存储一定的图像信息。

LoRA 模型通过矩阵分解的方式，微调少量参数，并加总在整体参数上，所以它主要用于控制很多特定场景的内容生成。LoRA 模型原本并非用于 AI 绘画领域，它是微软的研究人员为了解决大语言模型微调而开发的一项技术。像 GPT 3.5 这样的大语言模型包含了 1750 亿量级的参数，如果每次训练都全部微调一遍，体量太大，而有了 LoRA 模型就可以将训练参数插入模型的人工神经网络中，而不用进行全面微调。通过使用这种即插即用又不破坏原有模型的方法，可以极大地降低模型的训练参数量级，模型的训练效率也会被显著提升。

与使用 DreamBooth 对基础模型进行全面微调的方法相比，LoRA 模型的训练参数可以减少到千分之一，对硬件性能的要求也会大幅降低。如果说 Embedding 模型像一张便签，那么 LoRA 模型就像是额外收录的夹页，在这个夹页中记录了更全面的图像特征信息。

由于需要微调的参数量大大降低，LoRA 模型的文件大小通常在几百兆字节，比Embedding 模型丰富了许多，但又没有基础模型那么臃肿。模型体积小、训练难度低、控图效果好，在多方优点的加持下，LoRA 模型获得了大批创作者的青睐，在开源社区中有大量专门针对 LoRA 模型设计的插件，可以说是目前最热门的模型之一。

LoRA 模型主要用于固定目标的特征形象，这里的目标既可以是人，也可以是物。可固定的特征信息就更加包罗万象了，从动作、年龄、表情、着装，到材质、视角、画风等都能复刻。因此，LoRA 模型在动漫角色还原、画风渲染、场景设计等方面都有广泛应用。

安装 LoRA 模型的方法和安装其他模型的方法相同，将模型保存在 \models\Lora文件夹下即可。在实际使用时，只需在扩展模型界面选中希望使用的 LoRA 模型，在提示词中就会自动加上对应的提示词组。

需要注意的是，有些 LoRA 模型的作者会在训练时加上一些强化认知的触发词（Trigger Word），使用者在下载模型时需要记住它。特别建议大家在使用 LoRA 模型时加上这些触发词，可以进一步强化 LoRA 模型的效果。但触发词不是随便添加的，每个触发词可能都代表着一类细化的风格。有的模型详情中没有触发词，这时直接调用即可，模型会自动触发控图效果。

有的触发词下面还有一栏标签（Tag），这里表示的意思是模型在社区中所属的类目，只是方便使用者查找和定位，和实际使用没有关系。

3. Hypernetwork 模型

● 常见文件格式：.pt。

● 常见文件大小：几十到几百兆字节。

● 模型存放路径：Stable Diffusion 根目录 \models\hypernetworks。

Hypernetwork 是 NovelAI 软件开发员 Kurumuz 在 2021 年创造的一个单独的人工神经网络模型，它的原理是在稳定扩散模型之外新建一个人工神经网络来调整模型参数，而这个人工神经网络也被称为超网络。Hypernetwork 模型的主要功能是定制生成图像的画风和风格。通过使用 Hypernetwork 模型，可以对生成的图像进行更加细致的风格调整和定制化处理。

因为 Hypernetwork 模型在训练过程中同样没有对原基础模型进行全面微调，因此模型尺寸通常也在几十到几百兆字节不等。它和 LoRA 模型类似，是让梯度作用于模型的扩散过程，可以将其简单理解为低配版的 LoRA 模型。Hypernetwork 模型如今并不出众，在国内已逐渐被 LoRA 模型所取代。因为它的训练难度很大且应用范围较窄，目前大多用于控制图像画风。所以除非是有特定的画风要求，否则还是建议读者优先选择 LoRA 模型。

4. LyCORIS 模型

LyCORIS（LoRA Beyond Conventional Methods）模型是一种新推出的辅助性模型，其前身是 LoCon（LoRA for Convolution Layer），也被称为 LoHA（LoRA with Hadamard Product Representation）。严格来说，LoCon 和 LoHA 都是 LyCORIS 模型的算法，然而，通常情况下，如果下载时明确指定为 LoCon，一般是指 LoHA。

LyCORIS 是类似于 LoRA 的微调模型，可以理解为比 LoRA 模型更优化、更简洁、更节约训练资源的微调模型。对于用户而言，LyCORIS 最大的优势是其拥有 26 层，而普通的 LoRA 模型只有 17 层。层数越多，意味着可以更精准地微调某一项的效果，如脸部、手部、光影、服装、皮肤等。在使用上，两者略有不同。调用 LoRA 模型时，参数只能有一个权重，而 LyCORIS 模型的参数则非常丰富。

在 Stable Diffusion WebUI 的早期版本中，需要额外的扩展插件才能够使用 LyCORIS 模型。然而，在 Stable Diffusion WebUI v1.5.0 版本之后，Stable Diffusion 内置的 LoRA 功能已经支持 LyCORIS 模型的使用。现在，可以像调用 LoRA 模型一样调用 LyCORIS 模型。

5. 外挂 VAE 模型

● 常见文件格式：safetensors、.pt、.ckpt。

● 常见文件大小：100～800MB。

● 模型存放路径：Stable Diffusion 根目录 \models\VAE。

"外挂 VAE 模型"下拉列表中显示的是计算机上已经下载安装好的各个 VAE 模型。VAE 模型的作用主要是生成新的数据样本，通过学习数据的潜在表示对输入数据进行编码和解码。VAE 模型由一个编码器和一个解码器组成，编码器用于将输入数据映射到潜在空间中分布，而解码器则通过潜在空间中的样本生成新的数据。使用 VAE 模型可以解决出图颜色发灰的问题，可让出图的色彩饱和度更高，整体看上去不会灰蒙蒙的。

早期的基础模型一般都是不包含 VAE 模型的，所以使用时必须手动指定 VAE 模型，或者将对应的 VAE 模型修改为与基础模型一样的文件名，使用时在"外挂 VAE 模型"下拉列表中选择 Automatic（自动）。但是现在的大多数基础模型都已经自带了 VAE 模型，一般不需要额外添加 VAE 模型，使用时就可以选择 None（无）。不同的 VAE 模型往往会使生成的图像表现出不同的效果，有的细节丰富，有的色彩绚丽，因此，为了得到相应的效果，有时虽然基础模型已经自带了 VAE 模型，也可以通过指定 VAE 模型的方式强制使其生效以获得不一样的效果。

3.1.3 CLIP 终止层数

CLIP 终止层（Clip Skip）也称为跳过层，是指在 CLIP 模型中跳过部分层以生成文本嵌入的操作。CLIP 是一项将文本描述和图像内容联系起来的关键技术。通过 CLIP 终止层，可以控制文本嵌入的准确性。更具体地说，CLIP 终止层的目的是减少文本嵌入的维度和计算复杂度，从而提高模型的计算效率，同时保留文本嵌入的语义信息。CLIP 终止层数越小，生成的图像越接近原始图像或输入图像；CLIP 终止层数越大，生成的图像越偏离原始图像或输入图像，甚至可能出现无关内容或黑屏。

简单地讲，CLIP 终止层可以视为 CFG Scale（提示词引导系数）的增强版，CLIP 终止层数越大，系统对关键词的服从度越低。这种服从度的降低主要表现在细节和各个关键词的协作上，对于一些复杂的修饰词，增加 CLIP 终止层数会显著降低这些修饰词的效果。

CLIP 终止层数控制着图像生成过程中不同风格和概念的混合方式。当 CLIP 终止层数为 1 时，模型更倾向于从原始图像中提取风格和概念；当 CLIP 终止层数为 2 时，模型更倾向于从文本提示中提取风格和概念。这种差异会导致生成的图像效果产生显著变化。

CLIP 终止层数决定了图像生成过程中的迭代次数和复杂性。较小的终止层数会导致生成的图像较为简单，而较大的终止层数会导致生成的图像更为复杂和详细。在实践中，需要根据具体需求和计算资源来选择合适的终止层数。在 Stable Diffusion 中，一般认为 CLIP 终止层数设置为 2 是最理想的状态，如图 3.3 所示。

图 3.3 CLIP 终止层数

3.1.4 选项卡

Stable Diffusion WebUI 有一系列不同内容的选项卡，主要包括文生图、图生图、后期处理、PNG 图片信息、模型融合、训练、设置、扩展等。如果安装了某些扩展插件，也会在这里显示其对应的选项卡或改进原有选项卡的内容。

3.2 文生图

先来看"文生图"选项卡。打开"文生图"选项卡（Stable Diffusion WebUI 打开时的默认选项卡），可以看到它所包含的各个功能选项，如图 3.4 所示。

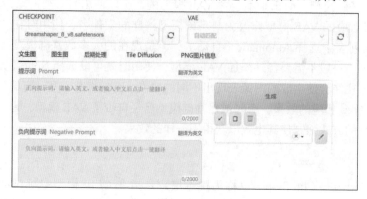

图 3.4 "文生图"选项卡

3.2.1 提示词输入框

在"文生图"选项卡中会看到两个长长的文本输入框，分别为正向提示词（Positive prompt 或 Prompt）输入框和负向提示词（Negative Prompt，也称为反向提示词）输入框，如图 3.5 所示，关于它们的用法会在第 4 章详细介绍。

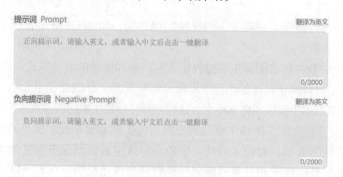

图 3.5 提示词输入框

3.2.2 "生成"按钮

"生成"按钮是在"文生图"选项卡中可以看到的最大的按钮，如图 3.6 所示。当输入所需提示词内容，并设置好相关的图像生成参数后，单击该按钮开始生成图像。在生成过程中，"生成"按钮会变成"中止"和"跳过"按钮，作用分别是中止整个生成过程和跳过当前图像的生成。

图 3.6 "生成"按钮

3.2.3 提示词预设

在特定版本的 Stable Diffusion WebUI 操作界面中，其"生成"按钮会显示为 Generate 按钮，在该按钮的下方有 5 个小按钮和 1 个下拉列表，它们具有与提示词预设相关的功能，能够方便使用者更便捷地对提示词进行操作，如图 3.7 所示，下面分别介绍它们的功能。

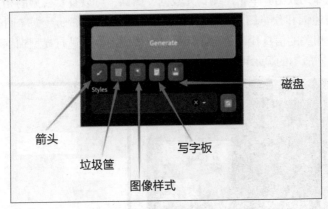

图 3.7 特定版本的 Generate 按钮

1. 箭头按钮

该按钮的作用是从提示词或上次生成的图像中读取生成参数。可以一键调取上一次生成图像时所使用的提示词并自动填入提示词输入框，包括正向提示词和反向提示词，即使是在 Stable Diffusion WebUI 新打开的状态下也能如此操作。

2. 垃圾筐按钮

该按钮的作用是清空提示词内容。单击该按钮会弹出一个确认删除的提示框，单击"确定"按钮即可删除正向提示词和反向提示词输入框内的全部内容。

3. 图像样式按钮

该按钮的作用是显示 / 隐藏扩展模型。单击该按钮，会在下方出现一个扩展模型的选择界面，其中包含 Lora、Hypernetworks、Textual Inversion、CheckPoint 4 个小选项卡，以及搜索框排序选项和刷新按钮。每个小选项卡里面分别显示了已经下载安装好的各类模型，如图 3.8 所示。

图 3.8　扩展模型的选择界面

　　每个模型都会以卡牌的形式显示，当光标在上面悬停时，会显示一个外形为锤子和扳手交叉的小图标——编辑元数据，有的模型还会显示一个带有圆圈的感叹号图标——显示内部元数据。单击"编辑元数据"图标，可以查看模型的相关信息及自定义此模型的描述词和预览图等（图 3.9）；单击"显示内部元数据"图标，可以查看与此模型训练相关的信息代码（图 3.10），在生成图像或进行模型训练时，可以参考这些信息（不同版本的显示可能略有不同）。

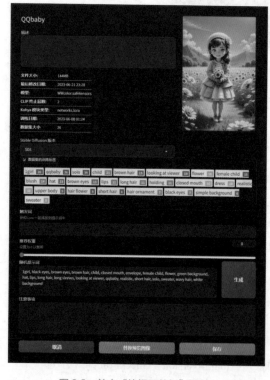

图 3.9　单击"编辑元数据"图标

图 3.10　单击"显示内部元数据"图标

　　在 CheckPoint 选项卡中单击某个基础模型的卡牌，可以更换当前使用的基础模型；而单击一个扩展模型卡牌，则可以直接在当前提示词输入框中插入此扩展模型的调用命令，省去了手动输入的麻烦。

随着用户的使用，会慢慢积累大量的模型，查找和调用将会变得比较麻烦，而这项功能不仅可以自定义预览图像，识别模型的生成效果，还可以通过关键词进行搜索和排序，极大地方便了用户的使用。

4. 写字板按钮

该按钮的作用是将所选预设样式插入当前提示词后。单击此按钮可以将从预设样式列表中选定的提前保存的提示词内容插入提示词输入框中。

5. 磁盘按钮

该按钮的作用是将当前提示词存储为预设样式。单击此按钮会弹出一个命名窗格，在其中输入想要的名称即可。预设样式的名称支持中文。保存好的预设样式内容被存储在 Stable Diffusion 根目录的 styles.csv 文件中，需要修改时右击此文件，选择用记事本打开，编辑完成后保存即可。需要注意的是，此文件不能使用其他程序（如 Office、WPS 等）进行编辑，不然会导致 Stable Diffusion 运行出错，编辑时需要遵循以下格式：

预设名称 ," 正向提示词 "," 反向提示词 "

三项内容分别以英文半角逗号"，"隔开，正向提示词和反向提示词的内容分别使用一组英文半角的双引号"""括住，断行和空格不影响内容。

6. "预设样式"下拉列表

该下拉列表中列出了所有已保存的预设样式，如果新保存的预设样式未能正常显示，或以记事本的形式修改过 styles.csv 文件，则可以单击旁边的"刷新"按钮进行刷新。

3.2.4 迭代步数

迭代步数（Sampling Steps）也被称为采样步数，是指每次渲染图像时，算法在生成图像的过程中进行迭代的次数。Stable Diffusion 在生成图像时，会根据种子（Seed）值随机生成一张初始噪点图像，紧接着由基础模型的预测器根据提示词等参数预测出另外一张噪点图像，使用初始噪点图像减去预测的噪点图像，从而得到一张新图像，然后继续执行预测和减去步骤，不断重复，最终得到想要生成的图像。这个过程被称为采样（Sampling），而重复预测与减去的步骤数即为迭代步数。迭代步数越多，输出的图像质量通常会越好，但也需要更多的计算资源和时间，而且其所产生的边际收益会随着迭代步数的增加而递减，具体效果取决于采样方法（Sampler）。在 Stable Diffusion 中，可以通过调整迭代步数以获得更高质量的输出，但要注意，增加迭代步数也会增加生成图像所需的时间，一般情况下，20 ~ 30 范围内的数值就可以得到比较理想的效果，如图 3.11 所示。

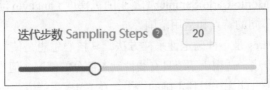

图 3.11　"迭代步数"选项

3.2.5 采样方法

在 Stable Diffusion 中，采样方法通常是指在生成图像的过程中，算法如何从潜在空间中采样出像素值，即上面提到的采样过程中使用的算法。"采样方法"面板如图 3.12 所示，不同的采样方法会直接影响生成图像的质量和速度。常见的采样方法主要有以下几种。

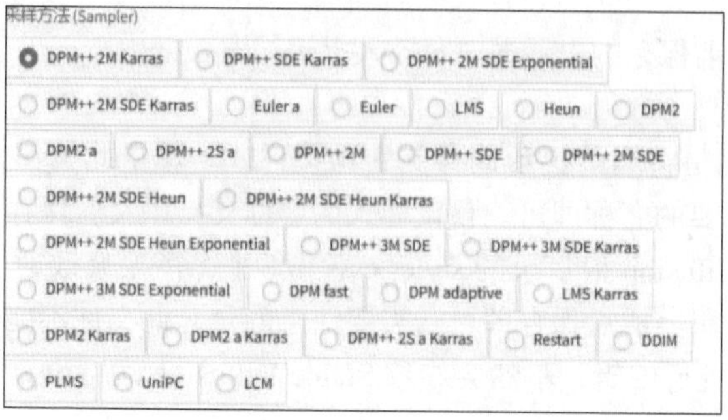

图 3.12 "采样方法"面板

1. Euler

Euler 是一种改进的欧拉方法，使用自适应的步长和噪声方差进行扩散，可以生成更高质量的图像，但需要更多的计算资源。

Euler 出图效果比较柔和，也很适合生成插画等风格的图像，环境细节与渲染效果比较好，背景模糊较深，能良好地还原背景虚化的效果。

2. Euler a

Euler a 是一种常用的概率采样方法，基于数学家莱昂哈德 • 欧拉（Leonhard Euler）首次提出的公式，通过对样本空间进行简化和近似，从而实现对复杂问题的采样和估计。它使用固定的步长和噪声方差进行扩散，适合快速生成低分辨率的图像，但可能会导致视觉缺陷。

Euler a 相较于 Euler 更具多样性，可以用较少的迭代步数产生较大的变化。出图效果不具有收敛特性，不同的迭代步数可能会产生不同的结果，而不是逐步稳定。Euler a 比较适合生成插画等风格的图像，对关键词的识别和利用率仅次于 DPM 和 DPM2 a，但是对环境光效的支持比较差。它是一种简单、快速但可能会失去一些品质的采样方法，比较适用于生成相对简单的图像和需要快速迭代的场景。

3. LMS

LMS 采样方法在网络上有两种解释，一种是 Least Mean Squares（最小均方误差），另一种是 Langevin Monte Carlo Sampler（基于随机梯度 Langevin 动力学的蒙特卡罗方法），两者之间有不同的特点和适用范围。

Least Mean Squares 是一种确定性采样方法，其核心思想是使均方误差最小。该方法也被称为线性多步法，适用于系统具有线性动态部分的情况，但当系统中存在非线性动态部分时，该方法可能无法得到正确的结果。在 Euler 采样方法中，预测值是通过简单地使用前一个步骤的值进行计算的；相比之下，LMS 采样方法使用过去的几个步骤的平均值来计算预测值，有助于减少误差并提高预测的准确性。

Langevin Monte Carlo Sampler 是一种随机采样方法，其核心思想是将学习过程看作随机的，通过增加一些随机成分得到新的样本。该方法适用于系统具有非线性动态部分的情况，且能够得到更加精确的结果。但是，由于该方法具有随机性，因此采样过程可能会产生一些噪声。

根据必应等网站的内容判断，LMS 应该更倾向于第一种解释。实际测试中，LMS 采样方法比较适用于对图像品质和多样性有较高要求的场景，如生成高品质的复杂图像。

4. Heun

Heun 采样方法（Heun's Method）是一种基于修正欧拉方法（Modified Euler Method）的采样方法，使用两个预测步骤进行扩散，可以生成更平滑、更精确的图像，但需要更多的计算时间。

Heun 是欧拉插值的一种变体，相对于 Euler 和 Euler a，其在图像品质上有所提升，但其运算速度很慢，在使用高迭代步数时表现较好。

5. DPM2

DPM2 是一种基于二阶散泊松模型（Discrete Poisson Models of Order 2）的采样方法，使用一个随机微分方程（Stochastic Differential Equation，SDE）来描述扩散过程。它可以生成更自然和逼真的图像，但需要更复杂的数值求解器。该采样方法对关键词的识别和利用率最高，几乎占 80% 以上。

DPM2 采样方法是 DPM 采样方法的改进版，每一步需要进行两次去噪，所以收敛速度大约是 DPM 的 2 倍，生成的图像效果非常好，也正因如此，它在运算速度上也慢很多，所用时间是 DPM 的 2 倍。如果使用者对生成图像的质量有较高的要求，那么使用 DPM2 采样方法是一个明智的选择。

6. DPM2 a

DPM2 a 是一种基于 DPM2 的采样方法，它使用一个近似解来简化数值求解器。DPM2 a 可以在保持高质量的同时提高生成速度，但可能会导致一些误差。DPM2 a 生成图像的效果几乎与 DPM2 相同，生成人物时可能会有特写。

7. DPM++ 2S a

DPM++ 2S a 是一种基于 DPM2 a 的采样方法，它使用一个双尺度策略来加速扩散过程，可以在较少的迭代步数下生成高分辨率的图像，但可能会损失一些细节。

DPM2 a 和 DPM++ 2S a 采样方法都是基于扩散过程实现的算法，能够快速生成高品质图像，它们适用于需要处理多类别任务的场景，如物体检测、语义分割等。

8. DPM++ 2M

DPM++ 2M 是一种基于 DPM2 a 的采样方法，它使用一个多模态策略来增加扩散过程的多样性，可以生成更多不同风格和内容的图像，但可能会降低一些质量。

DPM++ 2M 是 DPM++ 2S a 的一种改进版，增加了相邻层之间的信息传递，它适用于对数据复杂性有严格要求的场景，如用于医学图像分析、生成自然场景等。

9. DPM++ SDE

DPM++ SDE 是一种基于 DPM2 a 的采样方法，它使用一个随机微分方程策略来增强扩散过程的稳定性，可以生成更清晰、更准确的图像，但可能会减少一些创造性。

使用 DPM++ SDE 采样方法可以生成高度逼真的图像，适用于对图像品质和多样性有较高要求的场景，如用于虚拟现实、视频游戏等。

10. DPM++ 2M alt

DPM++ 2M alt 是一种基于 DPM++ 2M 的采样方法，它使用一个改进的多模态策略来提高扩散过程的效率，可以在更少的计算时间下生成更多样的图像，但可能会增加一些噪声。

11. DPM++ 2M alt Karras

DPM++ 2M alt Karras 是一种基于 DPM++ 2M alt 的采样方法，使用一个由神经渲染和基于 AI 的图像合成领域的专家特罗·卡拉斯（Tero Karras）提出的策略来提高扩散过程的质量，可以生成更逼真、分辨率更高的图像，但需要更多的内存和计算资源。

默认情况下，Stable Diffusion 没有包含 DPM++ 2M alt 和 DPM++ 2M alt Karras 这两种采样方法，需要自行下载安装。

12. DPM++ 2M SDE

DPM++ 2M SDE 是一种基于 DPM++ 2M 和 DPM++ SDE 的采样方法，它结合了多模态和随机微分方程的优点，可以生成更加多样、清晰和准确的图像，但需要更多的迭代步数。

13. DPM fast

DPM fast 是一种基于 DPM2 a 的采样方法，它使用一个快速扩散策略来加速扩散过程，可以在极少的迭代步数下生成高分辨率的图像，但可能会导致一些视觉缺陷。

14. DPM adaptive

DPM adaptive 是一种基于 DPM2 a 的采样方法，它使用一个自适应扩散策略来调整扩散过程，会忽略使用者设置的迭代步数并根据图像的内容和复杂度自动选择最佳的迭代步数，但可能会降低一些效率。

DPM fast 和 DPM adaptive 都是一种快速生成高品质图像的采样方法，适用于短时间内需要生成大量图像数据的场景，如数据增强、训练图像生成等。

15. LMS Karras

LMS Karras 是一种基于 LMS 和 DPM++ 2M alt Karras 的采样方法，它结合了最小均方误差和 Karras 策略的优点，可以在较少的内存和计算资源下生成高质量和高分辨率的图像，但可能会损失一些多样性。

16. DPM2 Karras

DPM2 Karras 同样基于 DPM2，并且结合 Karras 策略提高扩散过程的质量，可以生成更加逼真和分辨率更高的图像，但需要更多的内存和计算资源。

17. DPM2 a Karras

DPM2 a Karras 是一种基于 DPM2 a，并且结合 Karras 策略的采样方法，可以在保持高质量的同时提高生成速度，但可能会导致一些误差。

18. DPM++ 2S a Karras

DPM++ 2S a Karras 是一种基于 DPM++ 2S a 的 Karras 版本的采样方法，可以在较

少的迭代步数下生成高分辨率的图像，但可能会损失一些细节。

19. DPM++ 2M Karras

DPM++ 2M Karras 是一种基于 DPM++ 2M 的 Karras 版本的采样方法，可以在更少的计算时间下生成更多样性的图像，但可能会增加一些噪声。

20. DPM++ SDE Karras

DPM++ SDE Karras 是一种基于 DPM++ SDE 的 Karras 版本的采样方法，可以生成更清晰、更准确的图像，但可能会减少一些创造性。

21. DPM++ 2M SDE Karras

DPM++ 2M SDE Karras 是一种基于 DPM++ 2M 和 DPM++ SDE 并结合了 Karras 策略和 SDE 策略的采样方法，可以生成更多样、更清晰和更准确的图像，但需要更多的迭代步数。

22. DDIM

DDIM 是一种基于去噪扩散隐式模式（Denoising Diffusion Implicit Models）的采样方法，它使用一个隐式求解器来进行扩散，生成过程的收敛速度较快，可以在较少的迭代步数下生成高质量、高分辨率的图像，但可能会导致一些视觉缺陷。

DDIM 是 Stable Diffusion v1 版本中附带的采样方法，通常被认为是过时的，已经不再广泛使用。DDIM 适合宽幅图像，运算速度偏低，高迭代步数下表现良好，反向提示词不够时发挥随意，生成的环境光线与水汽效果好，但写实不佳。

DDIM 采样方法能够在扩散的同时对两个空间维度和一维动态调整时间步长，增加了视频剪辑风格的操作，扩展了 Stable Diffusion 的基础结果。DDIM 采样方法适用于需要实现复杂操作、生成流程的场景，如生成类似视频流的图像数据。

23. PLMS

PLMS 和 LMS 类似，同样也是 Euler 的衍生版本，它是一种基于伪线性多步方法（Pseudo Linear Multistep Method）的采样方法，专门用于处理人工神经网络结构中的奇异性，是 DDIM 的一种更快的替代方案。PLMS 可以在较少的迭代步数下生成高分辨率的图像，但可能会导致一些视觉缺陷。

PLMS 使用了一种更高级的梯度采样方法，能够更好地处理非线性 / 多峰 / 混合分布，减少了噪声。选择 PLMS 采样方法可以更好地处理复杂的图像结构，提高生成图像的质量，它可以生成具有高保真度且可控多样性的图像，单次出图质量仅次于 Heun，但是比其他采样方法更慢。PLMS 采样方法适用于对图像品质和多样性有较高要求的场景，如需要高保真度图像的应用或者用于生成面部、彩色图像的应用等。

24. UniPC

UniPC（Unified Predictor-Corrector）是一种基于统一预测校正器的采样方法，由统一预测器（UniP）和统一校正器（UniC）两个部分组成。可以在 5~10 个迭代步数内实现高质量图像的生成，但当增加到 50 个迭代步数时生成的画面中仍然会出现瑕疵。

UniPC 采用了一种感知实验中的控制方案来调整温度和扩散器系数。这种方法可以生成更逼真的图像，并提高了采样速度。但是 UniPC 可能不如其他采样方法那么灵活。UniPC 在平面、卡通风格的图像表现方面较为突出，适用于对图像逼真度和采样速度都有需求的场景，如生成与人形体有关的应用。

采样方法一般分为以下几类。

1. 常微分方程采样方法

常微分方程（Ordinary Differential Equation，ODE）采样方法是多年前发明的，包括 Euler、LMS、Heun。这类采样方法实现简单但年代较为久远，属于稳定采样方法。一般情况下，迭代步数超过 20 以后的图像几乎没有变化，能稳定收敛，到现在基本已经淘汰了。

2. 祖先采样方法

采样方法名称后面加字母 a 的采样方法（这里的 a 即代表 ancestral）基本上都属于祖先采样方法（Ancestral Sampler），这是一种在采样过程中向图像逐步添加噪声的方法。祖先采样方法是生成图像的一种随机算法。在祖先采样过程中，每次进行采样都是通过引入噪声来生成图像的一部分。这些噪声可能是随机的或基于某种特定分布的分布函数。这类采样方法属于不稳定采样方法，生成的图像无法收敛到一个确定的结果，随着迭代步数的增加，会持续产生变化，适合为图像增加惊喜和创造力。这意味着每次生成的图像可能会有所不同，而且图像的质量和稳定性可能会受到一定程度的影响。因此，在使用祖先采样方法时需要把握图像多样性和稳定性之间的平衡。

祖先采样方法通常用于生成具有一定随机性的图像，如艺术创作、图像生成模型等。通过在每个采样步骤中添加噪声，祖先采样方法可以生成独特的、变化丰富的图像。这种随机性可以使生成的图像更具多样性和创造性。

3. DDIM 和 PLMS 采样方法

DDIM 和 PLMS 采样方法是 Stable Diffusion v1 版本所附带的采样方法。DDIM 是最早为扩散模型设计的采样方法之一，而 PLMS 则是 DDIM 的更新和更快的替代方案。

4. DPM 和 DPM++ 系列采样方法

DPM 和 DPM++ 系列采样方法包括所有名称含有 DPM 的采样方法，是为 2022 年发布的扩散模型设计的新采样方法。DPM 和 DPM++ 系列采样方法代表了一系列具有相似架构的采样方法。DPM 和 DPM2 相似，除了 DPM2 是二阶的（更准确但更慢）；DPM++ 是对 DPM 的改进版本；DPM adaptive 自适应调整迭代步长，它可能很慢，因为它不能保证在迭代步数内完成。

5. Karras 系列采样方法

Karras 系列采样方法使用了特罗·卡拉斯在其论文中推荐的噪声调度，在生成图像时，随着生成过程逐渐接近结束，噪声步长也逐渐变得更小。研究人员发现这种做法可以提高图像的质量。Karras 系列采样方法是一系列原有采样方法的改进版算法，能够快速生成高品质图像，它们适用于对数据品质有高要求的场景。

6. UniPC 采样方法

UniPC 采样方法是 2023 年发布的新型采样方法，受 ODE 系列采样方法中预测校正方法的启发，可在 5~10 个迭代步数内生成质量比较高的图像。

了解了以上分类，以及各自的特点，可以帮助人们更容易地选择采样方法。根据网络上各位"AI 大神"的使用结论，参考运算速度和出图质量，推荐使用以下采样方法：

DPM++ 2M Karras 和 UniPC 可以比较快速地生成较高质量、可复现（生成结果逐级收敛）的图像，推荐使用的迭代步数一般在 20~30 范围内；而 Euler a、DPM++ SDE Karras 和 DDIM 采样方法往往能够让人获得有惊喜和变化（生成结果不会收敛）的高质量图像，迭代步数一般在 15~20 范围内。

3.2.6 面部修复

生成人像图像时，会发现一个明显的规律：越是生成人物近身像，甚至面部特写时，生成图像质量越高；而人物与观察者的距离越远，图像面部质量就越差。生成图像的过程其实就是初始噪点图逐步去噪的过程，要想得到理想的效果，就需要有足够大的像素点让 AI 进行发挥。也就是说，理论状态下，要想生成高质量的图像，就需要有足够的图像尺寸。但实际上，因为 Stable Diffusion 基础模型在训练时，数据集中图像的尺寸一般都不大，难以在高分辨率的情况下得到理想的效果，尤其是人像图像，在这方面最为明显。

当生成图像的尺寸超过基础模型训练所使用的数据集图像尺寸时，AI 会自动将其理解成多张图像的拼合，因而会出现多人、多头、结构扭曲、拉伸变形等结果。所以在实际使用时，图像尺寸设置一般不超过 512px × 512px（这里针对的是使用生态相对广泛和完善的 Stable Diffusion v1.5 版本的基础模型及其衍生模型，目前最新发布的 Stable Diffusion XL（SDXL）及其衍生模型已经能够支持 1024px × 1024px 的图像尺寸）。而当生成图像的尺寸小于或等于 512px 时，面部与整个画面的比例就成了面部质量好坏的关键因素之一。这里从个人实践经验总结得出了一个判断：当人物面部占用的像素低于 70px × 70px 时，就开始出现 "崩坏" 迹象，随着像素值减小而越发明显。

在生成图像时选中 "面部修复" 选项可以改善画面中人物的面部效果（图 3.13），但是实际使用效果有时并不理想，真人图像面部效果稍好，因为二次元图像中面部比例往往比较夸张，选择修复后甚至可能导致面部 "崩坏" 的情况出现。

图 3.13 　 "面部修复" 选项

Stable Diffusion 提供了两种面部修复的方法：GFPGAN（Guided Filtering and Progressive Growing GAN）和 CodeFormer。可以在 Stable Diffusion 中的 "设置" 选项卡的 "面部修复" 选项里进行相应的修改和调整，默认情况下调用 CodeFormer 进行面部修复。

GFPGAN 是基于人类视觉系统的图像生成方法，它利用了引导滤波器和渐进增长 GAN 技术来生成高质量的图像。GFPGAN 比较擅长修复老照片的图像，使用效果与原图及周围环境融合程度较高，自由发挥程度较少。

CodeFormer 的主要原理是在编码器（Encoder）和解码器（Decoder）中采用自注意力机制，使模型能够有选择地关注输入图像的重要区域，从而减少模型的冗余操作。同时，CodeFormer 还提出了一种新的损失函数来提升图像生成的效果。CodeFormer

更擅长多余噪点和马赛克效果的去除。

因为此功能的效果往往不尽如人意，实践中一般使用另外的面部修复插件来代替这项 Stable Diffusion 的自带功能实现面部修复。

3.2.7 平铺图

平铺图（Tiling）也叫无缝贴图，是指将一幅图像或者一组图像按照一定规则进行排列组合，使其覆盖整个画布或者某个区域的图像。选中此选项可以生成类似于瓷砖图案的效果，使纹理连接效果更好，但容易错乱，除非出图用于设计，否则一般不要选中此选项。

3.2.8 高分辨率修复

在 3.2.6 小节中提到过，受限于基础模型训练集的图像尺寸大小，在文生图时初始图像尺寸无法设置过高，不然就会出现各种问题。而想要生成大尺寸高分辨率的图像，最简单方便的方法就是使用 Stable Diffusion 自带的"高分辨率修复"（Hires.fix，也叫高清修复）功能。当使用了此功能进行图像生成时，Stable Diffusion 会首先按照指定的初始图像尺寸生成一张图像，然后通过放大算法将图像分辨率扩大，以实现高清大图的效果，从而间接地修复一些因像素点数不足导致的面部"崩坏"和图像细节的错失等问题。

当选中"高分辨率修复"选项后，会扩展出几个选项，如图 3.14 所示。

图 3.14   "高分辨率修复"扩展选项

1. 放大算法

在"放大算法"下拉列表中，包含了 Stable Diffusion 自带和额外安装好的各种放大图像的算法，不同的放大算法会导致图像放大的最终效果略有不同。以下是一些常见的放大算法。

（1）Latent。

Latent 是一种基于 VAE 模型的图像增强算法，通过将原始图像编码成潜在向量，并对其进行随机采样和重构，从而增强图像的质量、对比度和清晰度。一般情况下，使用该算法就能得到不错的效果，与 4x-UltraSharp、R-ESRGAN 等算法相比，使用 Latent 算法的显存消耗比较小，但效果不是最优。该算法适用于对低清晰度、模糊、低对比度和有噪声的图像进行提升和增强。

Latent 放大算法还有以下几个改进版本。

● Latent(antialiased)：使用了抗锯齿技术来减少图像边缘的锯齿感，使放大后的图像更加平滑。

● Latent(bicubic)：通过双三次插值方法对潜在空间图像进行插值运算，以获得更高质量的放大结果。

- Latent(bicubic antialiased)：结合了前面两种算法的优点。
- Latent(nearest)：是一种使用最近邻插值技术的放大算法。该算法对潜在空间图像进行放大时，将每个像素值直接设置为最接近目标大小的像素值。这种算法简单而快速，但可能会导致放大后的图像出现锯齿和块状效果。
- Latent(nearest-exact)：是一种使用最近邻插值技术的放大算法，但与简单的最近邻插值不同，它考虑了更精确的像素值匹配。该算法通过搜索最接近目标大小的像素值，并尽可能选择最接近的像素值。这种算法相对于简单的最近邻插值可以获得更好的放大效果，但仍然可能会出现锯齿和块状效果。

（2）Lanczos。

Lanczos 是基于一种低通滤波算法的图像升级算法，是一种将对称矩阵通过正交相似变换转换为对称三对角矩阵的算法，在升级图像尺寸时可以保留更多的细节和结构信息，因此可以增强图像的分辨率和细节。这种算法适用于升级分辨率较低的图像、文档或照片，以获得更高质量、更清晰的图像。实测中 Lanczos 算法对皮肤处理偏光滑，边缘过渡稍显生硬，图像锐度略高，发丝等细节表现稍好，整体来说出图质量不高，现在很少使用。

（3）Nearest。

Nearest（最近邻算法）是一种基于图像插值的图像升级算法，它使用插值技术将低分辨率的图像升级到高分辨率。Nearest 的优点是它非常简单且易于实现，并且对于许多数据集而言效果很好。然而，该算法的缺点是它在处理高维数据和大规模数据时的计算开销非常大，并且对于噪声数据和类别之间的不平衡性表现较差。虽然它可以快速生成高分辨率图像，但也带来了一些缺点，如图像边缘模糊、细节丢失或图像瑕疵等。因此，这种算法通常适用于对速度需求较高且不需要过多细节的场景。经过测试可知，生成的图像整体略显模糊，明暗对比和锐化程度偏低。

（4）LDSR。

潜在扩散超分辨率模型 LDSR（Latent Diffusion Super Resolution）是 Stable Diffusion 最基础的算法，因运算速度比较慢，出图效果不理想，现在基本已经被淘汰。

（5）BSRGAN。

BSRGAN（Big and Sharp Image Super-Resolution with GAN）放大算法是一种使用 GAN 的图像超分辨率技术，通过训练可以放大图像并填充细节，从而提高图像的分辨率和清晰度。

BSRGAN 的目标是放大低分辨率图像并恢复其高频细节，以便更好地重建原始高分辨率图像。该算法在训练过程中使用了一对低分辨率和高分辨率的图像作为输入和目标输出，通过生成器和判别器的对抗训练来逐渐提高生成图像的质量和分辨率。

（6）ESRGAN_4x、R-ESRGAN 4x+ 和 R-ESRGAN 4x+ Anime6B。

ESRGAN_4x、R-ESRGAN 4x+ 和 R-ESRGAN 4x+ Anime6B 都是基于增强超分生成对抗网络 ESRGAN（Enhanced Super-Resolution with GAN）的人工神经网络算法，用于实现图像超分辨率。它们可以将低分辨率的图像升级为高分辨率的图像，并可以保留更多的细节和纹理信息。这些算法的不同之处在于采用的网络结构、训练方法及对不同类型图像处理的效果。

ESRGAN_4x 是 ESRGAN 算法的一种改进版本，主要利用超分辨率技术中的单图像超分辨率重建方法，对低分辨率图像进行学习和训练，可以学习到图像的高频细节信息，然后将这些信息用于重建高分辨率图像。相比于传统的插值方法，ESRGAN_4x 算法在增强图像的细节信息和保留图像质量方面有明显的提升。ESRGAN_4x 适用于一般的图像超分辨率场景。

R-ESRGAN 4x+ 通过引入残差连接和递归结构，改进了 ESRGAN 的生成器网络，并使用生成对抗网络进行训练。它主要用于增强细节和保留更多纹理信息。

R-ESRGAN 4x+ Anime6B 算法则是基于 R-ESRGAN 4x+ 的算法，使用 Anime6B 这个专门用于动漫图像处理的数据集进行训练。R-ESRGAN 4x+ Anime6B 首先采用了一种名为残差块的结构来提取图像的高级特征，然后通过反卷积和上采样等方法生成高分辨率图像，最后通过对生成的图像进行优化和后处理，进一步提高图像的质量和清晰度。R-ESRGAN 4x+ Anime6B 适用于对动漫和卡通图像进行超分辨率处理。

（7）ScuNET GAN 和 ScuNET PSNR。

ScuNET GAN 和 ScuNET PSNR 都是基于 GAN 的图像放大算法，可以使用更高的分辨率生成更真实、更清晰的图像，其训练方法和网络结构相对于其他超分辨率算法更加复杂。ScuNET GAN 适用于对比较复杂、精度高的图像进行超分辨率放大的处理场景；而 ScuNET PSNR 则适用于需要保持更多的图像细节、纹理、颜色等信息的处理场景。

（8）SwinIR_4x。

SwinIR_4x 是一种最新的基于 Swin Transformer 模型的图像超分辨率算法，通过引入 Swin Transformer 和局部自适应模块（LAM）提高图像重建的质量和速度。Swin Transformer 是一种新型的 Transformer 模型，相对于传统的 Transformer 模型，在处理图像等二维数据时，具有更好的并行性和更高的计算效率。局部自适应模块用于提高图像的局部细节，从而增强图像的真实感和清晰度。SwinIR_4x 采用多尺度、多方向的注意力机制和局部位置感知来增强图像的清晰度、细节和纹理。与传统的卷积神经网络不同，Transformer 网络可以更好地处理长期依赖关系和全局信息。SwinIR_4x 被广泛应用于计算机视觉领域，特别是图像重建、图像增强和图像超分辨率等方面。

（9）none。

如果选择放大算法为 none（无），则表示不使用任何放大算法，将原始图像直接放大后的结果作为输出。这种方法适用于需要保持原始图像清晰度和细节的情况，但可能会导致放大后的图像尺寸不足或出现其他问题。

这么多放大算法，在实际应用中该如何选择呢？根据网络中"AI 大神"们的测试和使用经验，一般情况下都可以选择 R-ESRGAN 4x+；二次元漫画风格的则可以选择 R-ESRGAN 4x+ Anime6B。

2. 高分迭代步数

高分迭代步数也称为高分辨率采样步数，可以参考迭代步数的介绍，一般建议设

置在 5~15 步，也可以保持其数值为 0，这代表它的取值自动与初始图像生成时的迭代
步数保持一致。

3. 重绘幅度

重绘幅度（Denoising Strength）的英文字面意思是去噪强度，通过前面的介绍可知，
图像生成的过程就是从原始噪点图像逐步去噪的过程，而在高分辨率修复的过程中，
原始噪点图像是在初始生成图像上添加随机噪点得到的，因此，重绘幅度其实代表了
在初始生成图像上添加噪点的数量。添加的噪点数量越多，经过放大算法处理（去噪）
所得到的图像变化也越大。

当重绘幅度为 0 时代表完全不添加噪点，等于完全不进行重绘；而设置为 1 时则
代表完全重绘，相当于生成一张新图像。因此，重绘幅度可以简单地理解为对初始生
成图像的参考程度，或者说是初始生成图像与生成图像的相似程度。当要产生更多的
变化时，可以适当增加重绘幅度的数值，但一般也不超过 0.8。而如果只想放大图像，
增加画面细节，修复微小错误时，就要降低重绘幅度的数值，通常设置在 0.3 左右。
重绘幅度的设置在不同的模型或不同的图像上往往效果也不尽相同，因此，要想得到
一张理想的图像，可能需要多次尝试才能找到合适的参数。

4. 放大倍数

初始图像的宽高像素数值的放大倍数的取值范围一般为 1~4。设置完成后会在"高分
辨率修复"选项后显示图像放大前后的图像尺寸，如图 3.14 中显示的即为放大 2 倍，将
图像从 512px×512px 放大到 1024px×1024px 的图像尺寸，图像的分辨率变为原来的 4 倍。

5. 将宽度调整为

该选项可手动设置放大后图像的宽度，单位为 px，取值范围为 0~2048。

6. 将高度调整为

该选项可手动设置放大后图像的高度，单位为 px，取值范围为 0~2048。

需要注意的是，这种设置图像尺寸的方法可以在取值范围内任意调整，然而当它
的宽高比与初始图像尺寸不匹配时，最终结果会出现画面变形、白边等缺陷，因此一
般不推荐使用。

以上就是有关"高分辨率修复"选项的内容。在日常使用中，还有一些其他的方
法同样可以达到上述效果，甚至效果更好，关于这些，将在后续内容中逐一进行介绍。

3.2.9 宽度和高度

下面介绍指定所要生成图像的宽度和高度时会出现的一些问题（图 3.15）。当图
像尺寸设置得过大时，生成的图像中往往会出现多个主体；当图像尺寸超过当前使用
的基础模型的训练集图像尺寸时，一般都会出现不理想的结果。想要得到尺寸更大、
分辨率更高的图像，推荐使用小尺寸分辨率＋高清修复的方式。

图 3.15 "宽度"和"高度"选项

3.2.10　总批次数

总批次数是指单次生成图像的组数，每批图像逐个完成（图3.16）。单次运行生成图像的数量等于单批数量的总批次数。

图3.16　总批次数

3.2.11　单批数量

单批数量是指每组生成多少个图像，每组中的图像同时进行（图3.16）。增加该值可以提升效率，但也需要更多的显存。如果显卡显存没有超过12GB，则该选项数值设置为1为佳。

3.2.12　提示词引导系数

提示词引导系数（CFG Scale）在Stable Diffusion中的作用是调节生成结果与提示词的匹配程度，或者说生成结果对提示词的服从程度（图3.17）。较高的提示词引导系数将提高生成结果与提示词的匹配度，但可能会降低创意性，导致图像质量下降，在有大量提示词的情况下甚至会因为无法从模型中找到能够匹配提示词的描述内容而导致图像花屏的情况。增加迭代步数可以抵消部分负面情况的出现。较低的提示词引导系数将提高生成结果的创意性，但可能会降低与提示词的匹配程度，严重时可能会导致生成的图像与提示词毫无关联的情形。

图3.17　提示词引导系数

Stable Diffusion使用的默认提示词引导系数为7，该值在创造力和生成想要的内容之间提供了最佳平衡，通常不建议低于5，具体情况见表3.1。

表3.1　生成结果对提示词的服从度

服从度	行　为
2~8	会自由地创作，AI有自己的想法
9~13	会有轻微变动，大体上是对的
14~18	基本遵守提示词的内容，偶尔有变动
19+	非常专注于提示词的内容

3.2.13 随机数种子

在 Stable Diffusion 中，随机数种子（Seed）的作用是在潜在空间中生成初始随机张量的种子值，这个种子值可以控制生成图像的内容，生成的每个图像都有且只有一个自己的种子值。随机数种子如果设置为 -1，则每次都将使用一个随机数作为种子的值。

随机数种子可以理解为在开始生成图像时，随机噪点的排布形式，它决定着模型在生成图像时涉及的所有随机性，它初始化了扩散算法起点的值。理论上，在应用完全相同的参数（如提示词、提示词引导系数、图像尺寸、种子数、迭代步数等）的情况下，生成的图像应当完全相同。实际上当使用一些不具备收敛特性的算法（如祖先采样方法系列）时，由于算法的随机性，很难得到两张完全相同的图像，只能做到最大限度地还原。

Stable Diffusion 默认的随机种子数为 -1，即每次生成图像时使用随机种子，可以通过单击"随机数种子"文本框右侧的"回收"按钮 🜄 调取右侧预览框中显示的已生成图像的种子数（若右侧无图像，单击后则获得到 -1 的数值），或者通过查看图像信息等方式复制种子数手动输入。要想恢复默认的随机状态，可以单击"骰子"按钮 🜄 将输入框的内容变回 -1。

在"随机数种子"文本框右侧的末端，有一个 🜄（额外）复选框，勾选该复选框后，会出现一个使用频次相对较低的选项：变异随机种子，如图 3.18 所示。

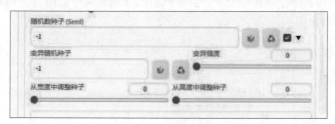

图 3.18 变异随机种子

变异随机种子的功能是可以另外选择一个种子，与初始的随机种子共同生成图像。它包含以下几个控制参数。

（1）变异随机种子：另外一个随机数种子的输入框，包括"骰子"和"回收"按钮。

（2）变异强度：取值范围为 0~1，数值越小，生成结果越倾向于初始随机种子的效果；数值越大，生成结果越倾向于变异随机种子的效果。

（3）从宽度中调整种子：指根据宽度调整种子的值，取值范围为 0~2048，单位为 px。这意味着在生成潜在空间中的初始随机张量时，可以根据输入的宽度参数来调整种子的值。该选项可以帮助用户根据需要调整生成图像的尺寸。

（4）从高度中调整种子：指根据高度调整种子的值，作用与使用方法同"从宽度中调整种子"。

"从宽度中调整种子"和"从高度中调整种子"选项很少使用，但也有其优势所在。因为少量提示词的变化对生成结果影响程度相对较低，所以在其他参数不变的情况下，固定随机数种子的值可以对提示词进行微调，从而达到理想的效果，这是最常见的优化方法。而图像尺寸的变化则会对生成结果有重大影响。因此，要想生成尽可能相似但尺寸不同的图像，就可以通过这两个选项来实现。

3.2.14　脚本

如果在使用 Stable Diffusion 进行画图时要想使用一些额外功能，但该功能目前又没有对应的扩展插件可以实现，这时脚本功能就派上用场了。

如果用户熟悉 Python，就可以使用 Python 编写脚本来调用 Stable Diffusion 提供的 API 以实现一些额外的扩展功能，如果不会 Python 也没关系，可以直接使用已做好的脚本。脚本文件一般存放在 Stable Diffusion 主目录下的 Scripts 文件夹里。

打开"脚本"下拉列表可以看到当前已安装的脚本，Stable Diffusion 已经集成了 3 个脚本功能，方便用户使用。

1. Prompt matrix（提示词矩阵）

如图 3.19 所示，这个功能可以帮助用户对多个提示词的出图效果及它们互相融合后的效果进行对比。例如，若想测试"女孩""猫""芭比娃娃"在相同参数环境下分别生成的效果及它们互相融合后的效果，就可以打开此功能，在正向提示词输入框内添加 |girl||(cat:1.2)|(Barbie doll:1.2)，这部分提示词被称为可变提示词。注意，这里每个需要被轮换的关键词前面都有一个英文半角的竖线。提示词融合语法只能生成一张融合后的图像，而使用提示词矩阵，会得到多张分别对应可变内容中不同提示词的图像和一张综合对比图表。

图 3.19　Prompt matrix 选项

下面介绍图 3.19 中几个选项的作用。

（1）把可变部分放在提示词文本的开头：这里的意思不是说将可变的提示词部分移动到提示词输入框的开始位置，而是说在生成图像时首先关注可变部分，从而提高可变提示词在图像中的表现程度。

（2）为每张图片使用不同随机种子：顾名思义，就是生成的图表中，每张次级图像都使用不同的种子数。一般为了进行更好的对比，不勾选该复选框，但有些特殊需要时除外。

（3）选择提示词：选择从正向提示词还是反向提示词中搜索识别可变内容。

（4）选择分隔符：选择可变内容中关键词之间的分隔符，默认与正常提示词一样，使用英文半角逗号。

（5）网格图边框：手动设置网格图边框的大小，单位为 px。

一般情况下，提示词矩阵功能中的这些参数都不需要调整，保持默认即可，除了网格图边框可以适当增加，将生成图表中的各个次级图像之间隔开以方便查看。

为了使提示词矩阵功能更形象，下面用一则实例来说明。这里打开提示词矩阵功能，并将网格图边框设置为 4，其他参数保持默认，正向提示词如下。

Prompt：8k, RAW photo, best quality, masterpiece, realistic, epic

　　　　solo, surrounded by yellow flowers

　　　　cute, beautiful, happy

　　　　|girl|(cat:1.2)|(Barbie doll:1.2)

提示词：8K 超清，RAW 照片，最佳质量，杰作，写实，史诗

　　　　独自，被黄色的花朵环绕

　　　　可爱，美丽，快乐

　　　　| 女孩 |（猫：权重 1.2）|（芭比娃娃：权重 1.2）

单击"生成"按钮，会得到如图 3.20 所示的八张次级图像（文件保存位置：Stable Diffusion 根目录 \outputs\txt2img-images）和一张综合对比图表（文件保存位置：Stable Diffusion 根目录 \outputs\txt2img）。

图 3.20　生成的次级图像和综合对比图表

图 3.20 中灰色带删除线的提示词对应的是不包含此提示词时生成的情况，也就是说，综合对比图表中第 1 行第 1 张图像是不包含所有 3 个提示词的，第 1 行第 2 张图像只包含女孩，第 1 行第 4 张图像包含了女孩和猫两项，第 2 行第 4 张图像则是包含所有 3 个提示词的。

现在可以进行对比分析了，由第 1 行第 1 张图像可以判断，这次使用的基础模型是偏向于人像的真实系模型，在不使用主体描述提示词时默认出现了女孩；由第 1 行第 3、4 张图像可以判断基础模型对动物，至少是猫的渲染也还算不错，对猫和女孩融合合成的"猫娘"也能比较好地渲染。观察综合对比图表第 2 行的图像可以判断，模型对芭比娃娃的渲染有点失真，有点 3D 动画的感觉，与真人或猫的融合效果也不理想，应该还是模型训练时这方面的素材较少且缺乏变化导致的。因此，如果想要得到比较好的偏真实系的芭比娃娃图像，这个基础模型就不太合适，需要更换。

看完这个实例，就能更形象地理解提示词矩阵这个脚本的功能特性和使用方法了。在 Stable Diffusion 中，还有不少类似的功能，都可以用于生成综合对比图表，方便实现各种对比和测试。

2. Prompts from file or textbox（从文件或文本框中导入提示词）

这个功能可以方便使用者使用规定格式的提示词文本或文件，批量生成图像。打开此功能后的界面如图 3.21 所示，其中包含了几个选项和一个文件上传窗格。

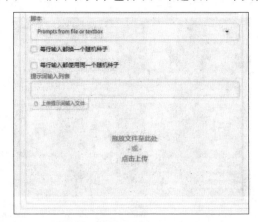

图 3.21　Prompts from file or textbox 选项

（1）每行输入都换一个随机种子：这里使用的提示词或文件内容要求使用规定的格式，其中最重要的一项就是每行文字代表一张图像的提示词和生成参数，即一张图像的所有信息之间不能出现手动断行（按 Enter 键）。因此，该选项的意思是生成的每张图像使用不同的种子数。

（2）每行输入都使用同一个随机种子：生成的图像都使用相同的种子数。

（3）提示词输入列表：在这里输入想要批量生成的所有提示词，以手动断行（按 Enter 键）分隔每张图像，可以包含生成参数。包含生成参数时，主界面的对应参数会相应失效。

这里使用的提示词有固定的格式，具体参照以下内容。

```
--prompt "1dog" --negative_prompt "nsfw" --width 512 --height 512
--sample_name "Euler a" --step 20 --batch_size 1 --cfg_scale 7 --seed -1
```

其中每个参数由 2 个短横线开始，正向提示词和反向提示词、采样方法等文字性内容需要用英文半角的双引号括住，参数名称与内容之间、不同参数之间使用空格隔开。

可以在这里使用的常见参数还包括以下几项。

● 模型名称。
● 样本输出路径。
● 网格图输出路径。
● 用于展示的提示词，即显示在图像中的文字。
● 提示词预设样式。
● 次级种子，即变异随机种子。
● 次级种子强度。
● 次级种子高度。
● 次级种子宽度。
● 采样方法索引。
● 每批数量。
● 面部修复。
● 平铺。
● 不保存样本。
● 不保存网格图。

在文件上传窗格中，可以将提前按照规定格式编写好的提示词内容保存成文件，使用时直接从这里上传即可。

3. X/Y/Z plot（X/Y/Z 图表）

X/Y/Z plot 应该是目前用得最多的一个脚本了，该脚本的主要功能是将生成图像的某项参数当作一个变量，通过改变这个变量，即改变这个参数的取值，一次性生成多张图像，并且将它们组成一个图表，来直观地对比不同参数下的出图效果，以获得最佳的参数设置，或对基础模型适用性进行评测。

使用图表功能可以生成 1 张由多个图像组成的图表，可以有 X/Y/Z 3 个坐标轴，每个坐标轴分别代表 1 个参数变量，可以是多个不同的提示词、模型、采样方法、随机数种子等，因此可以在这张图表中直观地看出每种参数变量对图像的影响。通过这个功能，能够方便精准地选择生成图像的参数，也可以对某个固定参数或基础模型的适用性进行判断。

单击"脚本"下拉列表，选择 X/Y/Z plot 选项后，会出现以下功能选项，如图 3.22 所示。

其中的 6 个选项 X 轴类型、X 轴值、Y 轴类型、Y 轴值、Z 轴类型、Z 轴值，分别用于定义 X/Y/Z 3 个坐标轴代表的参数类型及其具体内容。

当打开某个坐标轴类型选项后可以看见，在 Stable Diffusion 文生图界面可以调整的参数基本上都能从列表中找到，甚至还有更多的隐藏设置（在安装了某些功能插件后，可能还会有更多选项），可以根据需要，任意选择某一个参数类型。

选择好坐标轴的参数类型后，就可以在对应的坐标轴数值框中输入需要的参数内容，同样地，参数内容之间要用英文半角逗号隔开。坐标数值框输入的内容大致可以分成三种类型：枚举类型（如采样名称等）、数值类型（如迭代步数等）、文本类型（如提示词等）。在旧版本中，采样名称、模型名称等也属于文本类型，需要手动输入，但版本更新后，这些可枚举的类型都改成了标签的形式。

图 3.22　X/Y/Z plot 选项

首先来看数值类型的输入，如在 X 坐标轴选择迭代步数，可以输入类似 1,2,3,4,5,10,15,20 的内容，代表生成的图表中，X 坐标轴对应的分别是迭代步数在第 1、2、3、4、5、10、15、20 步时的图像。对于数值类型内容的输入，还可以使用以下方法。

（1）1-5：用短横线"-"隔开两个数值来描述一个递进区间，默认的递进为 1，这里代表的是 1,2,3,4,5。

（2）1-10(+2)：在数值区间后用括号描述间隔的大小，可以是小数（如 0.2，但是需要参数类型的支持，如迭代步数就不支持小数），最后一次得到的数值不超过（≤）区间范围后的数值，这里代表的是 1,3,5,7,9。

（3）20-10(−2)：数值区间的描述也可以从大到小反过来，括号里用减号描述间隔，最后一次得到的数值大于（＞）区间范围后的数值，这里代表的是 20,18,16,14,12，注意，这里不包括 10。

（4）10-20[5]：使用中括号将该区间内的数平均分成 5 份来执行。

数值类型的输入还可以使用上述方法的多种组合，同样要用英文半角逗号隔开，如 30-20[5],20-10(-2),3,2,1。

接下来看枚举类型，如采样方法、基础模型等，在坐标轴数值框会出现下拉箭头和一个黄色的"笔记本"的图标。单击下拉箭头会出现一个列表，选择需要的选项即可自动填入数值框，还可以单击"笔记本"图标，默认全选所有的内容，然后根据需要筛掉不需要的部分即可。这两个方法都可以方便地选择需要的内容而不用手动输入。

最后来看文本类型的输入，与提示词输入框输入类似，区别在于被隔开的每个提示词只用于对应的图像而不是共同发挥作用。这种情况经常用在坐标轴类型为 Prompt S/R（提示词搜索 / 替换）时，它的功能是使用输入的第一组关键词自动搜索匹配主提示词输入框中的某个关键词，然后逐个替换为后续输入的关键词。例如，yellow flowers,(green leaves:1.2),"downpour, fierce wind"［黄色的花朵,（绿色的叶子: 1.2权重）, "倾盆大雨，狂风大作"］表示第一轮按照主提示词生成，第二轮从主提示词里找到 yellow flowers 替换为 (green leaves:1.2) 进行生成，第三轮替换为 downpour, fierce wind 再次生成，这里因为替换内容当中带有逗号，为了与分隔符区分，使用了英文半角的双引号括住这一段。注意，这里输入的提示词中，第一组提示词在正向提示词中必须存在，否则会因匹配不到而导致出错。

图 3.23~ 图 3.25 所示分别为打开坐标轴类型下拉列表、坐标轴数值下拉列表和单击"笔记本"图标后的界面效果。

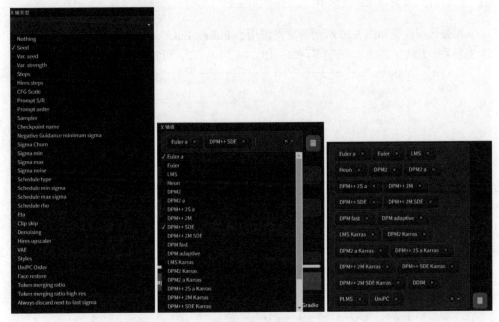

图 3.23　坐标轴类型下拉列表　　图 3.24　坐标轴数值下拉列表　　图 3.25　单击"笔记本"图标后

在坐标轴类型和坐标轴数值下拉列表下面还有以下几个选项。

（1）包含图例注释：勾选该复选框会在最终生成的图表中显示各坐标轴代表的类型及其内容，默认为勾选。

（2）保持种子随机：大多数情况下会使用的图表功能，通常默认使用相同的随机数种子，以方便进行比对；在有特别需求时，可以勾选此复选框使种子数保持随机。

（3）包含次级图像：开启后，在生成完毕时，会在右侧预览窗格显示图表中每个次级图像的预览图。

（4）包含次级网格图：开启后，在生成完毕时，会在右侧预览窗格显示图表中每个次级网格图的预览图。

（5）网格图边框：手动设置网格图边框的大小，单位为 px。

（6）X/Y 轴互换、Y/Z 轴互换和 X/Z 轴互换：这 3 个按钮用于实现各个坐标轴内容的快捷变换。当使用 X/Y/Z plot 功能调用了某个图像生成参数时，主界面的对应参数设置就失效了。

下面看一个实例，有助于更好地理解 X/Y/Z plot 的功能及其使用方法。主提示词部分内容如下。

Prompt： 8k, RAW photo, best quality, masterpiece, realistic, model cover work, epic

1girl, solo, surrounded by yellow flowers

cute, beautiful, happy, slighting smile

提示词： 8K 超清，RAW 照片，最佳质量，杰作，写实，模型封面作品，史诗

1 个女孩，独自，被黄色的花朵环绕

可爱，美丽，快乐

相关选项设置如图 3.26 所示，分别调用了 Euler、Euler a 和 DPM++ 2M SDE Karras 这 3 个采样方法，迭代步数选择了 20、18、16、14、12，可替换提示词为 3 组。

图 3.26　相关选项设置

单击"生成"按钮可以得到 3×5×3=45 张的次级图像（文件保存位置：Stable Diffusion 根目录 \outputs\txt2img-images），如图 3.27 所示；3 张全清晰度 PNG 格式网格图及其 3 张 JPG 格式预览图（"设置"中的"图像保存"选项中有一项，当生成的图像文件超过设定大小时会自动生成一个 JPG 格式的副本），如图 3.28 所示；1 张完整的全清晰度 PNG 格式图表及其 1 张低清晰度 JPG 格式预览图表（文件保存位置：Stable Diffusion 根目录 \outputs\txt2img），如图 3.29 所示。

图 3.27　生成的次级图像

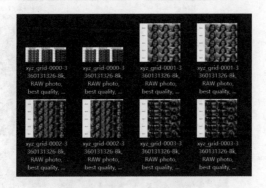

图 3.28　生成的全清晰度 PNG 格式网格图及其 JPG 格式预览图

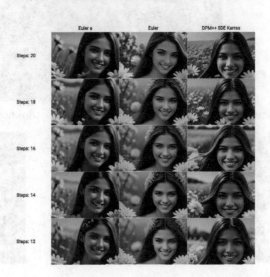

图 3.29　生成的完整全清晰度 PNG 格式图表及其低清晰度 JPG 格式预览图表

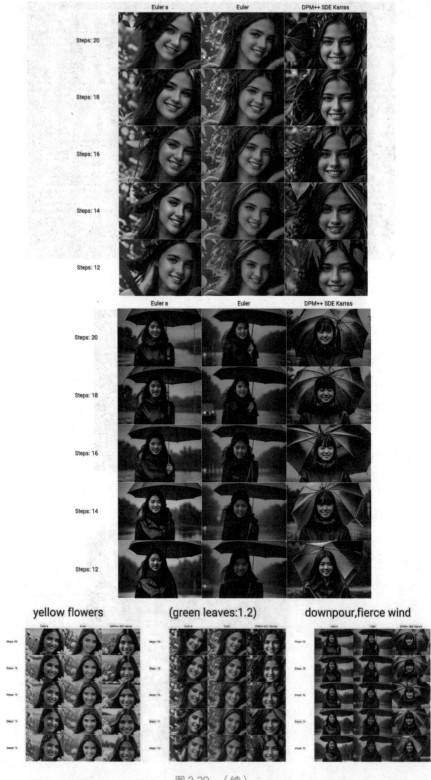

图 3.29 （续）

3.2.15　生成图像预览窗格

在 Stable Diffusion 主界面的右半部分，"生成"按钮和预设样式的下面有一个很大的窗格，中心有一个方形灰色的图像样式的图标，这个窗格就是生成图像预览窗格，如图 3.30 所示。

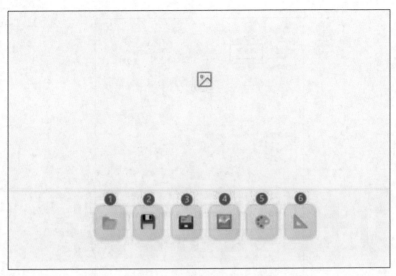

图 3.30　生成图像预览窗格

单击"生成"按钮后，在生成图像预览窗格中会实时显示图像生成去噪的过程，在生成图像预览窗格顶端也会出现一个进度条并显示 ETA 时间（倒计时）。当图像生成完毕后，同样会在生成图像预览窗格中显示，可以通过单击进行放大观察。

在生成图像预览窗格的下方有几个功能按钮。

（1）"文件夹"按钮：单击该按钮打开图像输出的文件夹，在文生图界面默认为 Stable Diffusion 根目录 \outputs\txt2img-images 文件夹，在图生图界面则默认为 Stable Diffusion 根目录 \outputs\img2img-images 文件夹。

（2）"保存"按钮：在生成图像预览窗格中有图像时，单击该按钮，可以将选中的图像另存为。该按钮在使用 Stable Diffusion 官方网页版，或者云端部署时使用；当在本地计算机上部署使用 Stable Diffusion 时，可以忽略。

（3）"打包下载"按钮：该按钮与"保存"按钮类似，在本地使用时可以忽略。

（4）"发送到图生图"按钮：单击该按钮，可以将生成图像预览窗格当前选中的图像发送到图生图界面，同时，生成图像所使用的提示词、生成参数等也会同步过去，方便进行图生图的相关操作。

（5）"发送到重绘"按钮：同理，单击该按钮，将选中图像及相关参数发送到局部重绘界面。

（6）"发送到后期处理"按钮：同理，单击该按钮，将选中图像及相关参数发送到后期处理界面。

到这里，"文生图"选项卡中的所有基本功能都已经介绍完。

3.3 图生图

下面介绍 Stable Diffusion WebUI 的另一个功能页面，也是它的另一个主要功能之一：图生图。当打开主页面的"图生图"选项卡后，就可以看到图生图相关的所有功能，如图 3.31 所示。

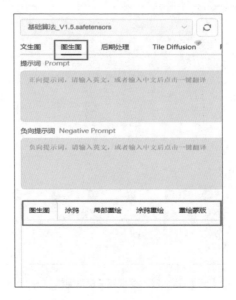

图 3.31 "图生图"选项卡

细心的读者可能已经发现了，在"图生图"选项卡中，有很多功能选项和"文生图"选项卡中的一样。因为不管是文生图，还是图生图，它们的重点都在"生图"上，文字描述也好，图像参考也好，只是它的输入手段，至于生成图像的过程，基本上都是一样的，而掌控生成图像过程的各项参数设置也基本相同。

下面介绍"图生图"选项卡中不一样的地方。

3.3.1 反推提示词

在"图生图"选项卡提示词输入框的右侧，多出了两个灰底白字的按钮，分别是"CLIP 反推"和"DeepBooru 反推"。这两个按钮的功能是根据上传的图像反向推测出提示词，并自动填入正向提示词输入框。CLIP 反推运行速度较慢，反推出来的提示词使用自然语言描述，即主要由句子、短句组成，以及使用少量关键词来补充，侧重于对图像的描述；DeepBooru 反推运行速度快，侧重于对图像内容的识别，生成对应的标签（Tag）。

具体操作如下：将想要参考的图像拖动到"图生图"选项卡中的图像文件上传 / 预览窗格；或直接单击该窗格，在弹出的对话框中找到想要的文件并打开，然后单击对应的反推按钮即可，如图 3.32 所示。

对图 3.32 中的这张女孩图像，分别使用"CLIP 反推"按钮和"DeepBooru 反推"按钮进行反推，得到的提示词如下。

图 3.32　上传参考图片

Prompt：cup,full_moon,moon,1girl,teacup,jewelry,coffee,earrings,tea,solo, blurry, long_ hair, night, sun, tray, saucer, necklace, lips, depth_of_field, looking_at_viewer, red_moon, teapot, blurry_background

提示词：杯子，满月，月亮，一个女孩，茶杯，珠宝，咖啡，耳环，茶，独奏，模糊，长发，夜晚，太阳，托盘，茶碟，项链，嘴唇，景深，看着观众，红月亮，茶壶，模糊的背景

可以发现，反推功能可以有效地识别图像的特征，有利于我们准确高效地撰写提示词。

3.3.2　图像文件上传 / 预览窗格

在图生图界面左侧有一个窗格，即图像文件上传 / 预览窗格，如图 3.33 所示。在需要进行图生图操作时，原始图像文件通过这个窗格进行上传和预览。将本地计算机上的原始图像文件和在界面右侧显示的刚刚生成的图像拖曳到这个窗格；或通过单击，从弹出的对话框中选择要打开的图像文件，都可以将选定的图像作为图生图操作的参考图像，并且可以在这个窗格中预览图像。

在图生图的图像文件上传 / 预览窗格上方有几个选项卡，分别是图生图、涂鸦、局部重绘、涂鸦重绘、重绘蒙版和批量处理，每个选项卡分别对应图生图功能不同的分支操作。

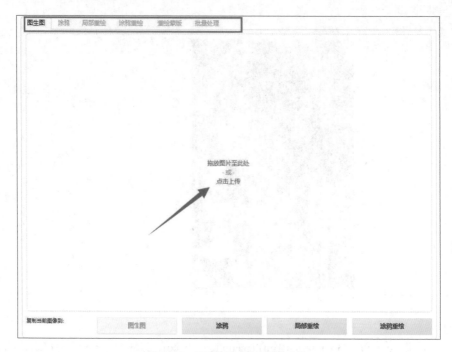

图 3.33　图像文件上传 / 预览窗格

3.3.3　图生图界面及生成效果

这是图生图界面的默认窗格，Stable Diffusion 会同时参考上传的图像和提示词的内容进行图像的生成。上传图像后，窗格右上角两个小图标，分别是画笔图标（用于编辑图像大小，对图像进行裁剪和缩放）和"关闭"按钮（用于关闭预览窗格的图像显示），如图 3.34 所示。

图 3.34　图生图界面的默认窗格

在图像文件上传/预览窗格的下方有几个按钮：图生图（灰色，当前默认）、涂鸦、局部重绘和涂鸦重绘（图3.33），单击这些按钮会分别将当前上传的图像复制到对应的功能分支界面。

图生图界面的图像生成参数部分基本与文生图界面的相同，在这里只介绍多出来的参数设置。

（1）缩放模式。

当目标图像的尺寸与参考图像不一致时，可以根据需要进行选择，包括3个单选按钮。

● 仅调整大小：缩放时对参考图像直接拉伸，不考虑图像的宽高比，因而，当参考图像与目标图像的宽高比不匹配时，会出现压扁或拉长的变形效果。

● 裁剪后缩放：当参考图像与目标图像的宽高比不匹配时，会对参考图像进行裁剪以达到目标图像的宽高比。

● 缩放后填充：当参考图像与目标图像的宽高比不匹配时，会对参考图像进行填充以达到目标图像的宽高比。

下面用一个实例来演示这三种缩放模式生成图像的效果，参考图像尺寸为512px×512px（图3.35），目标图像尺寸为512px×768px（图3.36）。

图 3.35　参考图像

图 3.36　缩放模式演示效果

（2）重绘尺寸 / 重绘尺寸倍数。

重绘尺寸即想要生成的目标图像尺寸，可以手动输入宽度和高度值，也可以通过调整重绘尺寸倍数的方式进行设定。重绘尺寸数值滑块的下方有个三角尺样式的图标，单击该按钮可以直接调取上传的参考图像的宽度和高度值。重绘尺寸倍数的取值范围为0.05~4，也就是说，最大可以将宽度和高度值放大 4 倍，即图像大小变为参考图像的16 倍。在实际使用中需要根据显卡显存的大小来判断，过大的放大倍数会因显存不足导致报错。

（3）重绘幅度。

该参数在文生图部分的高分辨率修复功能里出现过，其实高分辨率修复功能就是另一种形式的图生图，而这里的"重绘幅度"选项的作用也是一样的。略有不同的是，在高分辨率修复的过程中，原始噪点图像是在首次生成的初始图像上添加噪点得到的，而在图生图的过程中，原始噪点图像是在上传的参考图像上添加随机噪点得到的。

在图生图中，重绘幅度的取值不仅受到生成参数的影响，也会受到上传图像的影响。在高分辨率修复中，每张图像的生成过程包含初始生成和放大重绘两个阶段，整个过程中使用的基础模型、生成参数，尤其是随机数种子等都是不变的，所以设置重绘幅度时数值相对略高一点；而在使用图生图时，上传图像的来源广泛，与使用的基础模型之间的匹配程度不定，设置重绘幅度时往往需要调整得更低。

下面来看一看不同的重绘幅度生成图像的效果，其中对基础模型进行了更换以模仿参考图像的效果，将重绘幅度分别设置为 0.2、0.4、0.6、0.8 和 1.0，提示词内容如下。

Prompt：best quality,masterpiece,(realistic:1.2),1girl,hair,eyes,Front,detailed face,beautiful eyes,earrings, pink top, glowing,clothing,cute,beautiful, happy, (multicolored:1.2)

提示词：最佳质量，杰作，（写实：1.2），一个女孩，头发，眼睛，正面，详细的脸，漂亮的眼睛，耳环，粉红色的上衣，发光，衣服，可爱，美丽，开心，（多色：1.2）

这里对提示词的内容进行了细微的调整，然后使用前面讲解的 X/Y/Z plot 功能脚本，生成的图像效果如图 3.37 所示。

图 3.37　调整提示词生成的图像效果

当我们使用的基础模型与参考图像相同时，使用 0.2 的重绘幅度，人物面部基本没有变化；重绘幅度增加到 0.4 时，"耳环"这个提示词开始起作用，多出来一侧的耳坠，其样式也发生了变化；重绘幅度增加到 0.6 时，耳环变得更大，且"多色"也有体现；

而到 0.8 时，"粉红色的上衣"也已经出现；而到 1.0 时，整幅图像几乎已经变成另外一个效果，女孩、衣服、耳环等细节很难看出原图的痕迹了。

因此，如果是本地生成的图像，只是想要放大，在降低重绘幅度的同时需要确保基础模型、提示词和随机数种子等主要参数保持一致；而使用参考图像时，重绘幅度则需要调到更低，甚至零点零几的程度。放大图像只是图生图的功能之一，想要放大图像，还有很多方法可以实现，所以，在图生图功能的日常使用中，多数情况下并不拒绝新生成的图像在细节上的改变。

3.3.4 涂鸦

涂鸦功能是图生图的一个升级，可以在上传的参考图像上进行简单的手绘，从而改变或增加某些内容。在"涂鸦"选项卡中上传图像文件后，预览窗格将会变成画板模式，并且有灰色的开始绘制的文字提示，可以在预览图上进行想要的操作，如修改画面内容，配合提示词从而生成不一样的图像。

在画板模式下，窗格左上角会显示一个感叹号图标，光标指向它就会显示画布相关的操作提示；窗格右上角除了关闭按钮，还多出了 4 个按钮，如图 3.38 所示。其中，单击"撤销"按钮 🔄 可以撤销上一笔的绘制，不过这个功能目前还存在问题，偶尔会出现撤销全部操作的情况；单击"橡皮擦"按钮 🔙 则可恢复初始图像；单击"画笔大小"按钮 🖌 后会出现一个调整滑块，左右拖动滑块即可调整画笔的大小，再次单击"画笔大小"按钮关闭滑块显示；单击"画笔颜色"按钮 🎨 会出现一个颜色框，默认选择黑色，再次单击颜色框就会出现颜色选取界面。使用过 Photoshop 类绘图软件的读者应该比较熟悉，界面的上半部分选择颜色明暗浓度，下面的滑块修改颜色的色相，吸管工具可以从预览图中直接选取想要的颜色。还可以手动输入 RGB 数值来指定颜色，在 RGB 右侧还有一个切换按钮，可以在 RGB、HSL 和 HEX 颜色模式之间进行切换。

图 3.38 涂鸦功能按钮

下面通过两个实例介绍涂鸦功能的使用效果。首先，上传的参考图像仍然是女孩图像，若想让她戴上一副眼镜增加书香气息，需要先增加眼镜的提示词描述。

Prompt：best quality,masterpiece,(realistic:1.2),1girl,brown hair,brown eyes,Front,detailed
face,(red glasses:1.2)

提示词：最佳质量，杰作，（写实：1.2），一个女孩，棕色的头发，

棕色的眼睛，正面，详细的脸部，（黑色眼镜：1.2）

然后在涂鸦界面为女孩绘制一幅眼镜，不用担心绘制得不好，可以适当增加重绘幅度，让AI帮助用户生成更真实、更自然的效果。这里将重绘幅度设置为0.45，单击"生成"按钮，生成的图像效果如图3.39所示。

图3.39　生成的图像效果

通过以上实例可知，画面中的女孩已经佩戴了一副黑色边框的眼镜，而且比较自然地融入画面当中，同时也会看到，不仅仅是多出了一副眼镜，整个画面的其他部分也发生了变化，这也是涂鸦功能的一个特点。它并不是只修改被涂抹的部分，它的工作原理依然是图生图，手绘修改过的图像仍然只是起到参考的效果，并且参考的是整幅图像。

接下来看另外一个实例，它将彻底打开创意的大门。首先使用画图类软件获得一张底图，然后上传到涂鸦界面，通过简单的手绘得到一张蓝天白云、青山绿水的草稿图。因为草稿图过于简单，并且是2D的，想要生成具有真实感的照片效果就需要增加重绘幅度，这里设置为0.7，配合提示词生成如图3.40所示的图像。

Prompt：blue sky, white clouds, green mountains, rivers

8k, RAW photo, best quality, masterpiece, realistic

提示词：蓝天，白云，青山，河流

8K超清，RAW照片，最佳质量，杰作，写实

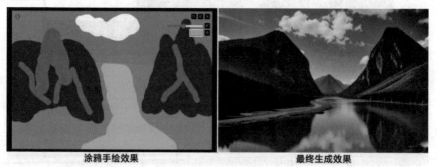

涂鸦手绘效果　　　　　　　　　　　最终生成效果

图3.40　生成的图像效果

3.3.5 局部重绘

局部重绘是一种用于修复图像中的缺陷或缺失部分的技术，它可以通过对图像周围的像素进行插值或外推来填补缺失的区域，从而使图像更加完美。当一张图像大体上符合需求，但仍然存在一些细微瑕疵时，可以通过使用局部重绘的功能，让 Stable Diffusion 重新绘制瑕疵的部分，从而得到理想的效果。

局部重绘的绘制界面与涂鸦界面类似，只是少了画笔颜色的功能按钮，使用局部重绘进行编辑的过程可以理解为选择重绘区域的过程。涂鸦功能和局部重绘功能的使用效果也有些类似，区别在于使用涂鸦功能时，图像生成的过程更倾向于参考绘制的内容，包括形状、颜色、位置等，而局部重绘功能则更倾向于在被涂抹的部分重新生成提示词所描述的内容。

使用局部重绘功能绘制图像时，被涂抹的区域叫作蒙版（mask），熟悉 Photoshop 的读者应该对这个词不陌生。在这里，"蒙版"可以理解为一张黑色的纸，由某种图像或者形状构成，将这张纸放在上传的参考图像上，就可以将下面的部分图像隐藏起来，同时也可以在隐藏的区域内填充新内容。蒙版是局部重绘最显著的特征，使用局部重绘功能可以对生成的图像区域进行限制，它的重绘效果只在蒙版区域内生效。

在局部重绘功能界面，有几个新的功能选项，如图 3.41 所示。

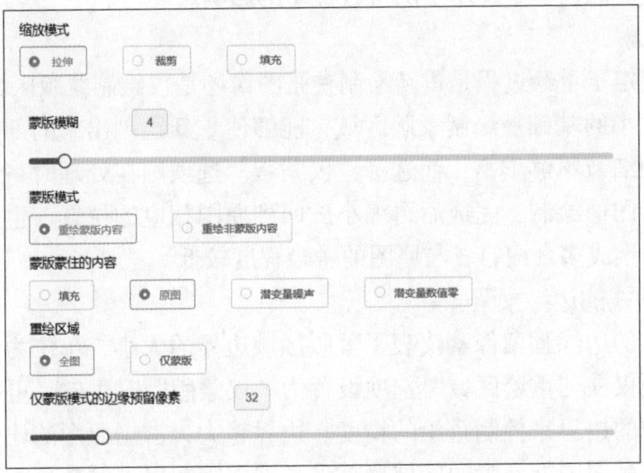

图 3.41　局部重绘新的功能选项

1. 蒙版模糊

这里所指的"模糊"等同于 Photoshop 中的羽化功能，即对蒙版部分的边缘与非蒙版部分进行柔和的过渡，使得它们之间的衔接更加自然，避免出现过渡处生硬和轮廓线明显的效果。需要注意的是，这里所说的"过渡更自然"并不意味着重绘区域与原图的融合一定会更自然。特别是当蒙版的边缘正好处于图像中主体与背景之间的轮廓位置，如人物或物体的边缘轮廓时，此时需要较低的边缘模糊度数值，甚至可以调整为 0。这种情况常见于给人物更换背景的场景。

"蒙版模糊"的取值范围通常为 0~64，数值越小，过渡半径越小，蒙版边缘越锐利。一般情况下，使用默认值 4 就可以满足大多数需求。

2. 蒙版模式

蒙版模式可以选择重绘蒙版内容或者重绘非蒙版内容，即重绘的是被黑色涂抹覆盖的区域还是显露出来的区域，保持默认即可。

3. 蒙版蒙住的内容

"蒙版蒙住的内容"用于确定如何处理蒙版区域中的内容填充。使用局部重绘功能生成图像，相当于在需要重绘的区域（默认为蒙版区域）进行一次完整的图生图过程，然后将生成的图像与非重绘区域进行过渡和融合，以得到最终生成的结果。在这个图生图的阶段开始前，需要对重绘区域进行预处理。当选择"填充"时，将使用蒙版边缘图像的颜色进行高度模糊后填充到重绘区域，原图失去参考意义。接下来的图生图阶段类似文生图，由提示词占据主导地位，生成过程自由度较高，最终生成的结果比较容易体现提示词的描述。当选择"原图"时，则跳过对重绘区域的预处理，以正常形式进行图生图的阶段，生成的图像更多地参考了原图效果，有可能无法完全展现提示词的描述，但与原图相似度更高，融合效果更好。选择"潜变量噪声"会在重绘区域进行预处理时，从潜在空间中生成一张由随机数种子生成的图像，后面的生成阶段等于完全变成了文生图，比选择"填充"模式自由度更高，更能体现提示词的描述效果；而选择"潜变量数值零"等于将重绘区域预处理为潜在空间噪点值为 0 的状态，与"潜变量噪声"模式类似，但是忽略了随机数种子的影响。

4. 重绘区域

重绘区域决定了重绘过程是重新绘制整张图像还是仅绘制蒙版区域。选择"全图"选项则在原图大小的基础上绘制蒙版区域，能够使重新绘制出来的部分与原图更好地融合，但生成的细节不够丰富；而选择"仅蒙版"选项则在处理时将蒙版区域放大到原图的尺寸进行图像绘制，完成后再缩小放回到原图相应的位置，生成的细节效果比较好，但有时会生成多余内容，与原图的融合程度较低。

5. 仅蒙版模式的边缘预留像素

仅蒙版模式的边缘预留像素代表了蒙版区域边界的大小，单位为像素，类似于蒙版模糊。该选项仅在"重绘区域"选项设置为"仅蒙版"时生效，可以通过此参数调整重绘放大区域的边界来控制重绘的精度。边界越大，占据原图的比例越大，放大的倍数就越小，但是周围能参考的区域也越多，这样绘制出来的效果相对更加平滑，不容易出现瑕疵。反之，边界越小，放大的倍数就越大，这样就能够更加精细地绘制出图像的细节，但也可能会出现细节过多导致与原始图像中其他物体关系错乱或出现不想要的内容等情况。

接下来仍然使用女孩图像来演示局部重绘功能的使用效果。首先需要在局部重绘的绘制面板将画面中人物身体部分涂抹成黑色的蒙版区域，涂抹时没必要太过小心，只要确保将需要修改的部分完全遮盖就好，通常情况下还会略大于需要修改的部分，以方便 AI 生成时有足够的自由度。然后修改提示词，这里要注意，现在提示词所描述的内容主要作用于被涂抹区域，尤其是当"重绘区域"选项选择了"仅蒙版"时，因此除了修改关于衣服的描述内容外，通常还会把其他关于人物、背景等内容的提示词去掉，否则有可能出现在蒙版区域内另外生成一个人物的情况。重绘幅度要适当增加，因为相对于重绘区域中的内容来说，需要的变化幅度一般都是比较大的，这里使用的重绘幅度为 0.6，单击"生成"按钮，生成的图像效果如图 3.42 所示。

Prompt：bestquality,masterpiece,(realistic:1.2),1girl,Black sweater,brown hair,
　　　　　brown eyes,Front,detailed face

提示词：最好的质量，杰作，（写实：1.2），一个女孩，黑色毛衣，棕色的头发，
　　　　　棕色的眼睛，正面，详细的脸

图 3.42　生成的图像效果

观察图 3.42 可知，除了蒙版区域外，其他的部分完全不受影响，人物的衣服也比较自然地融合到画面中，边缘过渡自然，光影效果和景深模糊效果也和整个图像相匹配。这些都是局部重绘功能表现比较好的方面，但通过这个实例也会发现使用局部重绘功能无法对重绘区域进行更加精细的控制，唯一的方法只有提示词的描述。如果想要对重绘内容进行更精细的控制，可以使用接下来将要介绍的涂鸦重绘功能。

3.3.6　涂鸦重绘

涂鸦重绘可以理解为涂鸦功能与局部重绘功能的结合，相当于绘制的内容既可以作为图像信息的一部分，同时又被作为蒙版图层发挥作用。它的特点在于使用蒙版限制了重新绘制的区域范围，同时补充了提示词描述的不足，通过手绘的内容引导新图像的生成。

涂鸦重绘的参数设置与局部重绘基本相同，唯一多出来的选项为"蒙版透明度"。顾名思义，通过这个选项可以调整蒙版生效的程度，取值范围为 0~100。当"蒙版透明度"设置为 0 时，即完全不透明，蒙版将发挥百分之百的效果；而当"蒙版透明度"设置为 100 时，蒙版将变成完全透明，失去效力。

下面同样使用一个实例演示涂鸦重绘功能的使用效果。继续使用女孩图像，这次要给女孩戴上一个口罩。首先是提示词，这里仍然只保留一些质量相关的描述和一个

口罩的提示词，其他的内容都删除。

Prompt：best quality,masterpiece,(realistic:1.2),mask

提示词：最佳质量，杰作，（写实：1.2），口罩

在绘制界面使用黑色给人物面部加上一个口罩。相较于使用涂鸦功能和局部重绘功能，这里在绘制时就要求精细一些了。刚刚已经介绍过，使用涂鸦重绘功能绘制出来的内容，不仅可作为生成过程的参考图像，也可作为蒙版图层发挥作用。也就是说，绘制内容的边缘既是物体边缘，又是蒙版边缘，对新生成内容的位置和形状等限制程度较高，对于有绘画功底的使用者来说，也更容易把控。因为同样的原因，涂鸦重绘功能中的"蒙版模糊"参数相对来说也要降低，根据图像内容和尺寸等进行综合考虑，这里设置为 2。"蒙版透明度"分别尝试了 0 和 50 两个数值，用于展示不同透明度所生成的效果。"重绘幅度"与绘制的效果有较大关系，一般不用设置过高，这里调整为 0.3，单击"生成"按钮，生成的图像效果如图 3.43 所示。

图 3.43　生成的图像效果

观察生成的图像，能发现"蒙版透明度"对生成结果的影响，当透明度调整到 50 时，生成的口罩变成了半透明的效果。仔细对比本例生成的图像与涂鸦实例中的图像，就能发现两者之间的区别，在使用涂鸦手绘时，绘制出来的镜框是挨着女孩的眉毛的，实际生成的效果却并非如此；而本例当中生成的口罩，几乎完全按照绘制内容生成，尤其是边缘部分。这就是作者一直强调的，涂鸦功能当中绘制的图像只起参考效果。再来观察局部重绘部分的例图，为了能够让更换的服饰更好地融合进原图，在绘制蒙版区域时，实际上不仅仅是将人物的身体部分进行了涂抹，还包括了头发等容易与衣服互相干扰的内容，从最终生成的结果也能看出，女孩的头发也适当地发生了改变，而使用涂鸦重绘时，就不能沿用这个思路进行绘制了。

3.3.7　重绘蒙版

这个功能相当于局部重绘功能的补充，因为 Stable Diffusion 的绘制面板相对简陋，功能过于简单，手动绘制出来的蒙版往往不够精确，于是 Stable Diffusion 提供了上传

蒙版文件的功能以便精准地控制蒙版范围。通常情况下可借用 Photoshop 类的软件进行蒙版图像的绘制。有一点需要注意，与之前介绍的局部重绘功能当中蒙版表现为黑色不同，在这里需要重绘的区域为白色，非重绘区域为黑色。

　　打开"重绘蒙版"选项卡，会看到图像上传窗格变为上、下两个部分，上半部分用于上传参考原图，下半部分则用于上传事先制作好的蒙版图像（图 3.44）。在这里上传完图像以后就会发现，已经不再包含任何与绘制相关的功能按钮了。

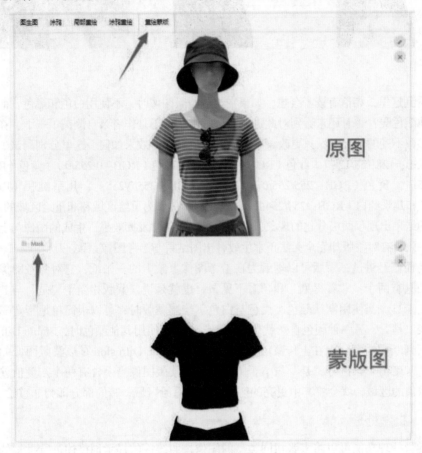

图 3.44　重绘蒙版界面

　　下面仍然通过一个实例来说明。这次准备将女孩的图像背景更换为赛博风格的城市夜景，那么首先借用 Photoshop 软件，使用抠图手法确定人物轮廓，然后分别填充黑色（RGB：0/0/0）和白色（RGB：255/255/255），将得到一张蒙版图像并将它上传到 Stable Diffusion，提示词如下。

Prompt：best quality,masterpiece,(realistic:1.2),night, street, snow
提示词：最佳质量，杰作，（写实：1.2），夜晚，街道，雪

　　"蒙版模糊"设置为 2，"重绘幅度"设置为 0.6，其他参数保持默认，生成的图像效果如图 3.45 所示。

图 3.45　生成的图像效果

看到这里，相信有读者会想，如果在绘制蒙版图像时，不使用白色和黑色，而是使用其他颜色呢？暂时还未看到对此进行的详细讲解，于是作者亲自测试了一下，在保持所有参数不变的情况下，只更改蒙版图像的颜色，看看效果如何。这里分别测试了中性灰（RGB：128/128/128）、红色（RGB：255/0/0）、绿色（RGB：0/255/0）、蓝色（RGB：0/0/255）、黄色（RGB：255/255/0）、紫色（RGB：255/0/255）、几乎纯黑（RGB：1/1/1）和几乎纯白（RGB：254/254/254）这几种颜色作为重绘区域和非重绘区域的效果，测试的结果出现了两极分化的现象，有时蒙版能够正常发挥效果，生成的图像与上面的例图一致，有时蒙版却完全无法正常生效，出图结果与参考图像一致。

前面已经讲过，蒙版可以理解为在参考图像上蒙上的一张纸，它对参考图像起到的作用只有两个："看得见"和"看不见"，也就是说，蒙版相当于"是"与"否"的判定工具。当使用默认颜色（黑色与白色）绘制蒙版时，可以很简单地指定哪种颜色代表"是"，另一种颜色自然就代表"否"。而当使用其他颜色时，Stable Diffusion 该如何判断呢？实际上在上传蒙版文件功能中，Stable Diffusion 是以蒙版图像的明暗程度（灰度值）来区分"是"与"否"的，只要蒙版图像当中含有两个灰度值差到达一定数值的区域，就会将其中更亮的区域指定为重绘区域，暗的部分即为非重绘区域。

3.3.8　批量处理

批量处理功能可以将多张相同类型的图像按照统一的提示词描述进行批量的蒙版重绘处理。

打开此页面会看到批量处理功能的简介，如图 3.46 所示。

下面介绍批量处理功能的相关参数。

（1）输入目录：输入存放待处理图像文件的位置。

（2）输出目录：输入最终生成的图像所要存放的位置。

（3）批量重绘蒙版目录：输入存放批量重绘蒙版文件的位置。

（4）ControlNet 输入目录：留空以输入普通目录。

下面还有一个"PNG 图片信息"的折叠选项，展开后如图 3.47 所示。

将 PNG 信息添加到提示词中：这里需要先讲一下 Stable Diffusion 生成图像的保存机制，系统默认保存为 PNG 格式，同时将所有的生成参数一并保存在 PNG 文件中。

当想要查看某PNG图像的生成参数时，通过Stable Diffusion的"PNG图片信息"功能进行调取。勾选该复选框可以将保存的图像生成参数添加到提示词中，它包含以下两个选项。

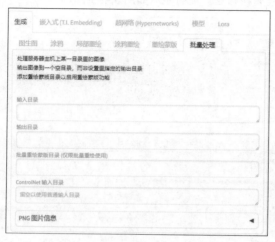

图 3.46 "批量处理"选项卡

1）PNG图片信息目录：如果你的PNG图像信息存放在另外的位置，需要在这里输入。当输入目录保存的图像经过Photoshop类软件编辑（如缩小尺寸等）导致生成信息丢失时，可以使用该选项从原始生成文件中调取参数信息。

2） 需要从PNG图片中提取的参数：包括提示词、反向提示词、随机数种子、提示词引导系数、采样方法和迭代步数，可以根据需要进行选择。

图 3.47 "PNG图片信息"折叠选项

批量处理功能通常用于对视频或动画进行逐帧处理，从而生成新的帧图像。它的功能比较简单，目前已经有很多功能更丰富、效果更好的插件来代替，因此已经很少使用这项功能。

3.4 其他功能界面

前面已经介绍了Stable Diffusion的主要功能页面"文生图"和"图生图"，接下来简单介绍一下Stable Diffusion的其他功能页面。

3.4.1 后期处理

"后期处理"页面通常用于老照片修复和图像放大，可以方便快捷地对单张或多张图像进行图像的放大和修复，页面显示如图 3.48 所示。

图 3.48 "后期处理"页面

其中上传文件窗格有"单张图片""批量处理"和"批量处理文件夹"三项，当需要对多张图像进行处理时，可以一次性选择多个文件拖放到"批量处理"界面或通过单击窗格打开上传界面进行选择，也可以通过输入目录和输出目录的形式对某个文件夹下的所有图像进行处理。

关于放大功能的相关参数，基本与"文生图"界面中"高分辨率修复"的参数类似，稍有区别的地方是这里可以选择两种放大算法（放大算法 1 和放大算法 2），可共同进行处理，并且可以将"放大算法 2 强度"从 0 到 1 地进行调整，分别对应第二种算法在处理图像时发挥作用的程度为 0 ~ 100%。

当需要对图像进行修复处理时，可以通过对"GFPGAN 可见程度""CodeFormer 可见程度"和"CodeFormer 强度"进行调整。关于"GFPGAN 可见程度"和"CodeFormer 可见程度"在讲解文生图的"面部修复"功能时介绍过，两者功能类似，修复效果各有优劣，可以根据实际需求选择相应的修复算法和对应的参数值。

3.4.2 PNG 图片信息

"PNG 图片信息"功能可以方便地查看之前使用 Stable Diffusion 生成的 PNG 图像的所有生成参数，只要在左侧窗格上传需要的图像，就会自动在右侧显示这张图像的所有生成参数，并能够在需要时将这些参数一键发送到文生图、图生图、局部重绘或后期处理页面，如图 3.49 所示。

这个读取 PNG 图像信息的功能，在图生图的"批量处理"功能当中也有类似的体现，同样需要注意的是，在这里上传的 PNG 格式图像，必须是由 Stable Diffusion 生成的图像文件，并且没有经过其他图像处理程序的修改，不然生成参数等信息就会丢失从而无法读取相应的内容。

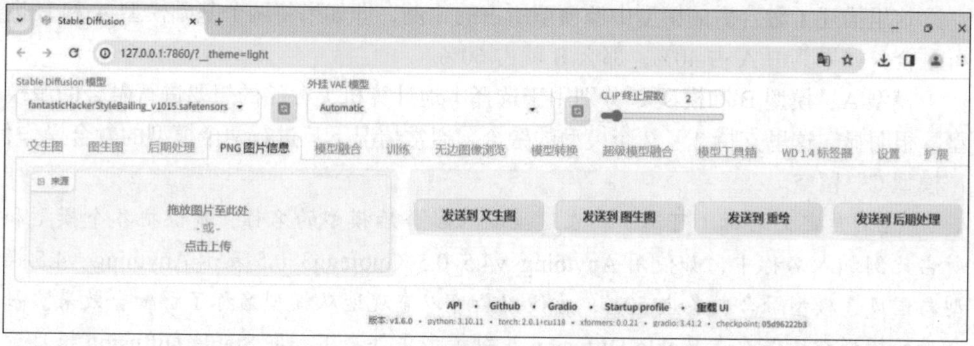

图 3.49　"PNG 图片信息"页面

3.4.3　模型融合

模型融合，顾名思义，就是将不同的基础模型进行融合从而得到新的模型，其优势是可以综合两个模型的特点；但这项功能的缺点也尤为明显，因为不是直接由图像训练获得，所以后期需要耗费大量精力对模型文件进行调整，不然很容易出现同质化严重、冗余数据过多、关键词敏感程度不均衡、盲目增加细节、内含 VAE 异常等问题。当然，从严谨的角度来说，即使是图像训练获得的基础模型，通常也需要进行后期的测试和调整，如 Stable Diffusion 官方 Stability AI 发布的基础模型 Stable Diffusion v1~v5，就是经过了上万名测试人员每天 170 万张的出图测试并调整后的结果。

"模型融合"页面如图 3.50 所示。

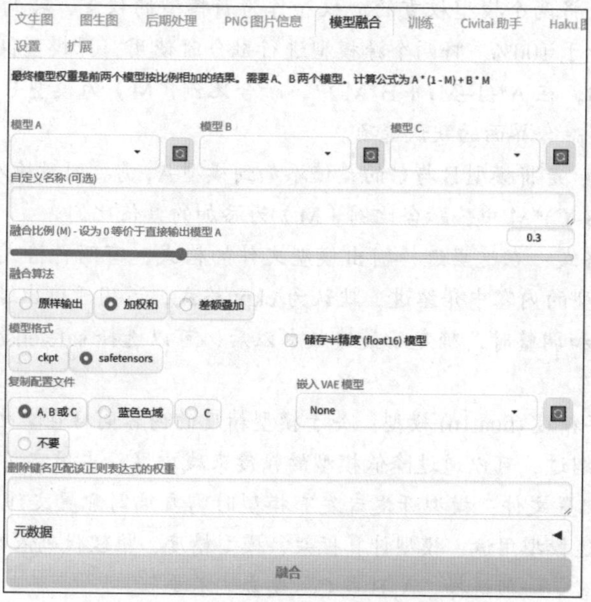

图 3.50　"模型融合"页面

（1）首先会看到上面有一行提示语：最终模型权重是前两个模型按比例相加的结果。需要 A、B 两个模型。计算公式为 $A * (1 - M) + B * M$。

这里描述了融合后的模型中源模型所占的比例，即如果将两个基础模型 A 和 B 进行融合，如果其中 A 占 40%，那么 B 就占 60%。

模型 A、模型 B 和模型 C 分别用于选择本地计算机上存储的想要进行融合的源模型。很明显，这里支持 2 ~ 3 个模型的融合。通常情况下只进行两个模型的融合操作，"模型 C" 留空。

（2）自定义名称（可选）：在这里输入融合后模型的名称，建议把各个模型和所占比例加入名称中，如使用 Anything_v4.5_0.5_Guofeng3_0.5 表示 Anything_v4.5 模型与国风 3 模型融合，各占 50%，方便以后可以直观地从模型名称了解融合效果。融合后的模型默认保存在 Stable Diffusion 基础模型文件夹下，即 Stable Diffusion 根目录 \models\Stable-diffusion\。

（3）融合比例（M）- 设为 0 等价于直接输出模型 A：通过这个选项调整模型 B 在融合时所占比例，即上面提示语中的 M 值，取值范围为 0 ~ 1。当源模型只有 A 和 B 时，如果 M 值设置为 0.2，则代表模型 B 所占比例为 20%，同时模型 A 所占比例为 1–M，即 80%；当 M 值设置为 0 时，模型 B 完全失去作用，新模型完全参考模型 A。这并非毫无意义，当需要对某个单一模型进行调整时就可以使用此设置。

（4）融合算法：融合算法其实可以理解为在融合出来的新模型中，各个源模型所占比例的一种描述方法，它有三个单选按钮。

- 原样输出：即不添加差值，适用于对单一模型进行调试，也就是在源模型部分选择仅填入模型 A，主要用于压缩、格式转换及整合 VAE（为新模型嵌入指定的 VAE 模型，生成自带 VAE 颜色校正的模型）。

- 加权和：将两个模型权重的加权和作为新模型的权重，即两个源模型的所占比例和等于 100%，将两个源模型进行融合时使用，源模型仅需要填入模型 A 和模型 B，在 $A*(1-M) + B*M$ 中，融合比例（M）为模型 B 所占比例，此选项是模型融合界面的默认选项。

- 差额叠加：是将模型 B 与 C 的差值添加到模型 A，需要同时填入模型 A、B 和 C，在 $A + (B-C)*M$ 中，融合比例（M）为添加的差值比例。

（5）模型格式：在这里选择输出模型文件的格式，有两种格式，在讲解文生图部分关于基础模型的内容中介绍过，默认为 ckpt 格式，适用于输出过渡版本。当对输出模型进行测试和调整时，确定了最终版本以后，可以选择 safetensors 格式输出最终形态。

（6）存储半精度 (float16) 模型：关于模型精度的内容同样在文生图部分关于基础模型的内容中介绍过，可以通过降低模型的精度来减少显存占用空间。

（7）复制配置文件：模型开发者发布模型时需要编写配置文件 config.json。模型配置文件用于描述模型用途、模型计算框架、模型精度、推理代码依赖包，以及模型对外 API 接口等内容。一般选择 "A, B 或 C" 或者 "不要"。

（8）嵌入 VAE 模型：为新生成的模型指定 VAE 模型，如果源模型文件不包含

VAE，则可以通过该选项将想要的 VAE 模型融合进去。

（9）删除键名匹配该正则表达式的权重：这是一个可选项，可以简单地理解为，当想要删除模型内的某个元素时，通过输入其键值进行匹配删除。

（10）元数据：这里的元数据即模型训练的中间结果。因为 ckpt 格式与 safetensors 格式最大的区别就是 ckpt 格式文件包含了这些元数据，所以，如果想要以 safetensors 格式输出模型文件的同时保存元数据，就需要选择这个选项。

3.4.4 训练

这里的"训练"是指模型训练，即用户提供训练集，然后训练生成对应模型的过程。通过这种方式能够实现用户期望的出图效果。在 Stable Diffusion 的训练界面中包含了嵌入式模型（Embedding）和超网络模型（Hypernetwork）的训练功能，可以通过它来训练生成个人的辅助模型。

（1）训练集的准备。

需要针对想要训练的模型效果准备相应的训练集图像，这是任何模型训练的前置条件，同时也直接决定了模型训练效果的优劣。训练集的图像最小数量按照想要训练的模型种类和效果而定，上不封顶。当然，过多的图像数量会占用更多的系统资源，延长训练时间，且不一定会获得更好的效果。在训练嵌入式模型和超网络模型这类体量较小的模型时，10 张左右的图像就可以训练出效果还可以的模型。

训练集图像的选择也很有讲究，首先要确保图像质量，质量越高越好，不要有运动模糊、颗粒感、主体部分超出框架等情况；其次是尽量选择背景与训练主体对比明显的图像，背景尽量不要含有过于复杂的内容，最好是纯色的简单背景；再次，图像还应该尽量多样化，背景、位置、光线、角度、衣服、表情、活动等方面要尽可能不同，如果图像彼此太相似，训练往往会出现过拟合，AI 的创作能力被限制在极小的范围内，生成的图像与训练图像雷同，没有新意；最后训练集图像中还应该删除任何包含大量文字等不相关内容的图像，如含有商标、水印、大型标志等的图像。

训练集的所有图像需要具有相同的分辨率（在 AI 绘画领域，分辨率一般都是指图像的像素尺寸，即以 px 为单位的宽度和高度值），最好是长宽比为 1:1 的正方形，且为 64 的倍数，至少不低于 512px × 512px。这一步往往需要借助某些网站或图像工具进行裁剪来获得。对于有能力的用户还可以将图像转换为带有 alpha 通道的 PNG 格式，对训练主体之外的部分进行抠除从而能更加突出训练主体，使 AI 仅关注想要让它处理的图像部分，如照片中的人物等。但并不是所有的训练主体都适合进行抠图操作，如一些物品类，抠图可能会导致光影效果和边缘过渡等信息的丢失。

在训练集图像准备工作完成后，就可以打开 Stable Diffusion 训练界面进行模型训练。在 Stable Diffusion 的训练界面可以看到，其中包含了 4 个选项卡，分别是创建嵌入式模型、创建超网络、图像预处理和训练。

（2）图像预处理。

先暂时跳过关于创建模型文件的部分，来看图像预处理。图像预处理同样是模型训练过程中非常重要的一个环节，任何模型的训练都要经过这一步骤，包括超网络、

LoRA 模型甚至是基础模型。图像预处理功能的主要作用是为训练集中的所有图像进行尺寸的把控和提示词的反推（关于提示词反推的内容在讲解图生图功能时介绍过），然后将反推处理的提示词以 txt 文本文件的形式与处理后的图像一一对应，统一存储到指定的文件夹内。图像预处理对图像尺寸的调整过于简单，无法人为干预，一般情况下会在准备工作中提前进行处理，到了这一步就不需要考虑图像尺寸相关的功能选项了。在了解了这些内容以后，下面来看一下 Stable Diffusion 图像预处理功能的操作界面，如图 3.51 所示。

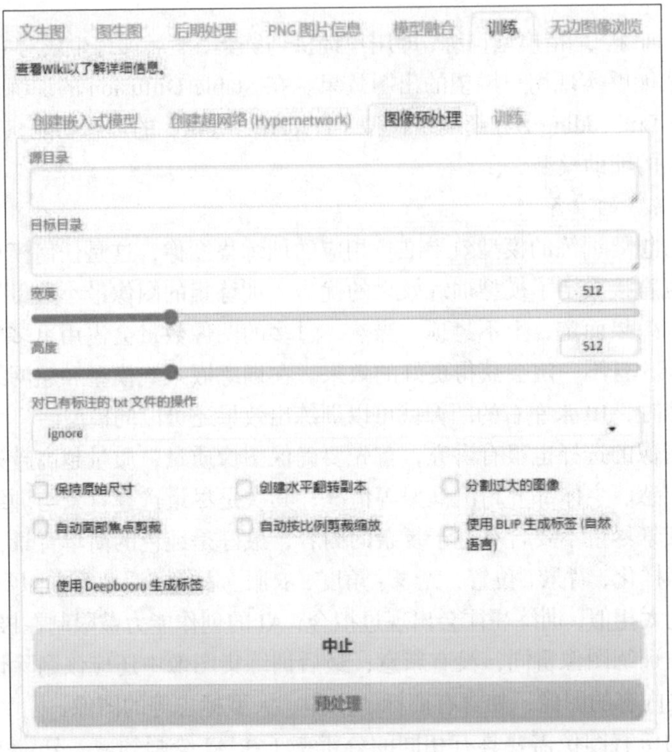

图 3.51 "图像预处理"操作界面

其中的"源目录"用于输入准备好的训练集图像所存放的位置；"目标目录"则用于输入预处理完成后文件存放的位置；"宽度"和"高度"分别用于设置训练集图像的宽度和高度；在"对已有标注的 txt 文件的操作"下拉列表中可选择如果遇到已经有了提示词标注文件的图像时所要进行的操作，包括 ignore（无视之前的内容，重新反推并覆盖该文件）、copy（不进行反推操作，直接使用之前的内容）、prepend（将新反推出来的内容插入原有内容的前面）和 append（将新反推出来的内容追加到原有内容的后面）4 个选项，根据需要进行选择即可。

下面的几个复选项，在实际操作时根据需要进行选择即可。

● 保持原始尺寸：勾选该复选框后将不会对训练集图像尺寸进行修改。

● 创建水平翻转副本：勾选该复选框将所有训练集图像进行水平翻转，生成一套副本图像集，相当于将训练集图像数量增加一倍，在训练集图像数量较少时可以勾选该复选框，但是需要注意一点，如果训练主体是人物，尤其是面部特写时，尽量不要勾选该复选框，因为人脸并不是完全左右对称的，当训练集图像数量不够丰富却勾选该复选框，在使用训练出来的模型生成人物时，会出现面部对称、细节僵化、AI脸痕迹明显等问题。

● 分割过大的图像：当训练集图像尺寸明显大于预处理设置的数值时，勾选该复选框会对过大的图像进行分割。

● 自动面部焦点剪裁：当训练主体为人物，且训练集图像尺寸大于设定尺寸时，勾选该复选框会自动识别人物面部，并以此为中心进行裁剪。

● 自动按比例剪裁缩放：勾选该复选框，会先将训练集图像自动按照最接近设定尺寸的比例进行缩放，然后进行裁剪。

● 使用 BLIP 生成标签（自然语言）：选择反推引擎，使用 BLIP 反推出来的大多数内容以自然语言进行描述。

● 使用 Deepbooru 生成标签：选择反推引擎，使用 Deepbooru 反推出来的内容基本上都是关键词的形式。

当所有参数设置完成以后，就可以单击"预处理"按钮开始预处理，"中止"按钮用于中止处理进程。

如果只是进行尝试和学习，图像预处理的部分到这里就结束了，但如果想要获得效果良好的模型，还需要进入目标文件夹，逐一打开反推生成的提示词文本文件，筛查是否有描述错误或与训练主体不相关的内容，并对其进行修改或删除，确保被保留下来的内容能够对训练主体有足够清晰和准确的描述。有时还需要人为添加一些提升画面质量的提示词，以得到更好的效果。筛查反推提示词的过程也常常被称为"打标签"，经过这样的筛查操作后，才算是真正完成了图像预处理的环节。

网络上有很多关于模型训练的内容，在筛查反推提示词这一步往往都会讲到这样一句话，类似于"为你不想让AI学习的事物添加说明文字"或者"输入你不想要的内容"等，非常不直观，以至于让用户分不清到底应该选择保留训练主体部分还是背景部分。其实遇到这种情况的原因是没有弄清模型训练的基本逻辑。

下面通过一个简单的例子让读者能更清晰地了解模型训练的基本逻辑。假如读者想使用一张哈士奇的照片训练一个嵌入式模型，图像预处理这一步操作完后，打开反推的提示词文本，可能会发现推算出来了不少与狗相关的提示词，应该只保留关于背景的与训练主体无关的信息，如 indoor（室内）、floor（地板）、lawn（草坪）等，删除如 dog（狗）、husky（哈士奇）、black fur（黑色皮毛）等内容。训练时 Stable Diffusion 会以保留下来的提示词生成一张新的图像（正常情况下里面不应该含有任何与狗相关的内容），然后与训练集图像进行对比，找出其中的不同之处，依此判断标记向量的偏移程度（哈士奇的特征），然后重新生成，再对比，如此循环往复，最终得到尽可能准确的训练主体的各种特征标记，记录下来，即成为训练出来的嵌入式模型。

这个生成、对比、记录的过程就是 AI 学习的过程。因为在筛查时删掉了与训练主体（哈士奇）相关的内容，所以在训练过程中所生成的图像与训练集图像的差异，就是训练主体的特征信息，才能够最大化地显现，从而获得良好的训练效果。在这个例子中，假定前提是 Stable Diffusion 原本就能够画出哈士奇的图像（取决于基础模型），但那只是以前训练好的其他人的哈士奇，但这里想要的是具有用户自己的哈士奇风格特点，是需要 AI 重新学习的内容，因此在提示词的筛查过程中，删除了关于哈士奇的相关描述，而保留下来的关于背景的描述（indoor 等）是不想要的内容，即"不想让 AI 学习的事物"。

理清楚筛查逻辑后，再来看不同类型的训练主体之间筛查提示词时需要考量的一些小细节。例如，上面例子当中的 black fur 这个提示词，其实可以用来描述很多动物，删除它不一定就是最好的做法。如果训练的是一个与人物角色相关的模型，则只需尽量删除与面部相关的特征描述即可，至于人体部分，通常情况下是可以互换的，除非角色自带特殊的服装效果（如蜘蛛侠的紧身衣），或者身体特征等。而当想要训练的是画风或特效类模型时，也可以不对提示词进行调整。

（3）创建嵌入式模型。

当想要训练一个嵌入式模型时，因为已经完成了前期的训练集图像准备工作和图像预处理环节，所以可以直接创建模型文件。先介绍如何创建一个嵌入式模型文件。打开"创建嵌入式模型"页面，如图 3.52 所示。

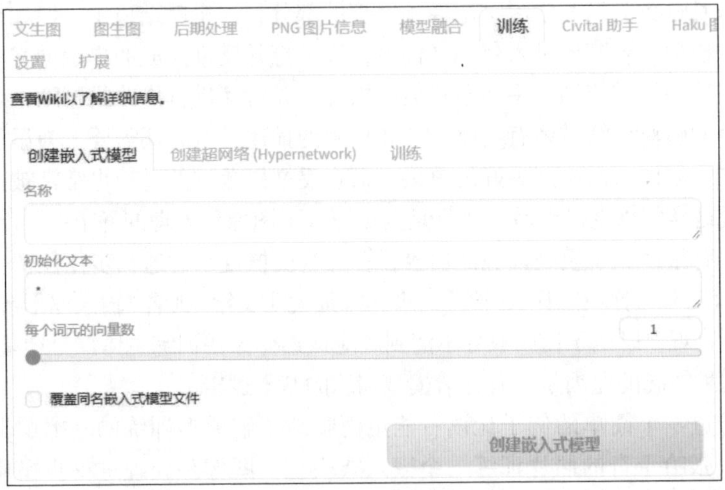

图 3.52 "创建嵌入式模型"页面

想要训练一个嵌入式文本模型，需要先在这个页面创建模型文件。

● 名称：用于输入想要训练的嵌入式模型的文件名，它同时也是最终生成的嵌入式模型在使用时调用的触发词，因此应尽量使用复杂且不易与正常英文单词重复的内容，推荐使用英文字母（区分大小写）、数字和其他符合文件命名规则的特殊符号（如加减号等）组成便于识别的名称。

● 初始化文本：它可以被理解为从什么关键词开始训练，输入初始化文本可以使 Stable Diffusion 的训练更有针对性。例如，当想要将狗的照片训练成一个嵌入式模型，可以尝试在"初始化文本"中输入 dog。如果实在想不出输入什么合适，一般保持默认的星号即可，它代表了任意关键词。网络上还有一种说法是将输入框清空，形成 0 值嵌入训练的方式，据说效果不错。

● 每个词元的向量数：这个选项表示新建立的"名称"指代若干个提示词标记。嵌入式模型的原理可以简单地理解为使用某个特定的关键词来代表很多关键词描述，如"二哈"可以表示狗、哈士奇、萌宠、拆家等多个意思。而这里的向量数就相当于指定了将要训练的嵌入式模型的"名称"可以指代的描述数量，一般可能会认为这个数值越大越好，但 Stable Diffusion 只支持 75 个提示词标记，将其设置得过大会导致其他可以输入的提示词标记容量变小，并且可能导致训练出的嵌入式模型包含过多不想要的内容，一般建议设置为 2~12 即可。

● 覆盖同名嵌入式模型文件：一般不建议勾选该复选框。

设置完上面这些选项后，单击"创建嵌入式模型"按钮即可创建一个新的嵌入式模型文件。

（4）创建超网络模型。

与嵌入式模型类似，想要训练一个超网络模型，同样需要先创建一个超网络模型文件。打开"创建超网络"页面，如图 3.53 所示。

图 3.53　"创建超网络"页面

● 名称：超网络模型文件的名称，可以参考嵌入式模型进行设置。
● 模块：一般是默认状态或全选。
● 超网络层结构：一般使用默认的"1,2,1"即可，也可以设置为"1,2,2,1""1,2,4,2,1"等，结构越多细节越好，但是训练时的显存占用也越高，生成的模型文件也会越大。

- 超网络的激活函数（推荐 Swish/Linear(线性)）：Swish 和 Linear 都是非常常用的激活函数，它们在深度学习模型中广泛使用。Swish 激活函数是一种相对较新的激活函数，能够更好地表示复杂的非线性行为，并且能在训练过程中表现出更高的稳定性。Linear 激活函数也被称为 ReLU（Rectified Linear Unit）激活函数的变体，它在深度学习领域的使用率也很高。Linear 激活函数在负数区域的值为 0，而在正数区域的值为其输入值，因此它具有简单的形式和易于优化的特性。如果使用超网络进行模型训练，推荐使用 Swish 或 Linear 作为激活函数。具体选择哪种激活函数取决于特定任务和模型架构。大多数情况下，Swish 和 Linear 激活函数都可以提供相当的性能表现，但 Swish 激活函数可能会在某些任务上表现出更好的性能。无论选择哪种激活函数，重要的是要确保它与模型架构和训练目标相匹配。
- 选择初始化层权重的方案（建议：类 relu 用 Kaiming；类 sigmoid 用 Xavier；其他就用正态）：根据上一个选项的函数类型，按照建议内容进行选择即可。
- 启用网络层归一化处理：这个选项是指启用层归一化（Layer Normalization）层。层归一化是一种在深度学习中用于规范神经网络内部激活的归一化技术。它的主要作用是对网络中每个层的输入进行归一化处理，以加速神经网络的训练，减少梯度消失和梯度爆炸的问题，并提高网络的泛化性能。与批归一化不同，层归一化针对每个样本进行归一化，而不是针对整个批次。
- 使用 dropout：启用 Dropout 正则化技术。Dropout 是一种常见的正则化技术，用于防止深度神经网络过拟合。通过在训练过程中随机丢弃神经元（设置其输出为 0），可以有效地减少模型对某些特征的依赖，从而提高模型的泛化能力。使用 Dropout 可以有效地减少过拟合现象，提高模型的泛化性能。
- 输入 Hypernetwork Dropout 结构（或留空，推荐：0~0.35，递增排序：0、0.05、0.15）：勾选"使用 dropout"复选框后才会生效，可保持默认或输入推荐值。
- 覆盖同名超网络文件：顾名思义，一般不建议勾选该复选框。

（5）训练。

经过了图像预处理、模型文件创建等操作后，即可设置训练参数。Stable Diffusion 将嵌入式模型和超网络模型的训练功能整合到了一个页面当中，其中很多参数是共用的，针对性的参数设置选项基本都在前面，竖向排列成左、右两列。当想训练嵌入式模型时，有关超网络模型的这一列选项保持默认即可，反之亦然。可以通过图 3.54 了解"训练"页面的相关内容。

- 嵌入式模型：可在这里选择将要训练的创建好的嵌入式模型文件。如果看不到，可以单击右侧的"刷新"按钮对列表进行刷新。
- 超网络：同样，当想要训练超网络模型时，从这里选择相应的文件。

图 3.54 "训练"页面

● 嵌入式模型学习率：设置嵌入式模型训练时的学习率。学习率是指模型在每
个训练步骤中演变的速度。设置的学习率越高，学习速度就越快，但使用过
高的学习率时间太长会导致嵌入变得不灵活，或者在图像中出现畸形和视觉
伪影；设置的学习率越低，训练效果越精准，但同时会拖慢训练速度，耗费
更多时间。一般保持默认值就能获得比较好的训练效果，但这里并不局限于
某一个静态的值，可以使用某个值先进行训练，等训练进度达到一定程度时
手动中止，降低学习率后再继续训练，还可以直接输入不同步骤数所对应的
学习率数值，在训练初期以一个稍大的学习率开始，随着训练步骤的推进，
再逐步降低，如输入以下内容：

```
0.05:10, 0.02:20, 0.01:60, 0.005:200, 0.002:500, 0.001:3000, 0.0005
```

它表示前 10 步使用 0.05 的学习率进行训练，在第 11~20 步时减为 0.02，在第 21~60 步时再减半变为 0.01，在第 61~200 步再次减半变为 0.005，在第 201~500 步时减为 0.002，在第 501~3000 步继续减半变为 0.001，超过 3000 步以后保持 0.0005 的学习率直至完成。如果感觉使用小数麻烦，小数点后位数太多容易输错，也可以使用科学记数法，如使用 5e-4，表示 5×10^{-4}，即 0.0005。以这样的方式设置学习率，可以用较高的学习速度获得较好的训练效果，具体数值可以根据准备的训练集和计划的训练步数进行相应的调整适配。

● 超网络学习率：与"嵌入式模型学习率"类似，但数值一般要低得多，通过观察模型数值也会发现，超网络模型的训练学习率低了两个数量级，一般是以 1e-6 或 5e-6 开始。另外，"超网络学习率"的输入框有两个，上面的输入框表示学习率的最小值，这个值决定了模型训练过程中学习率的最小步长，通常这个值应该设置为较小的正数，如 0.0001 或 0.001，以便模型能够缓慢但稳定地收敛到最佳解。下面的输入框表示学习率的最大值，这个值决定了模型训练过程中学习率的最大步长，通常这个值应该设置为较大的正数，如 0.1 或 1，以便模型能够在训练初期快速地收敛到最佳解。在这两个输入框内，都可以参照"嵌入式模型学习率"参数指定不同步骤的学习率数值进行输入，以达到更精准的控制。

● 梯度 Clip 修剪：是指一种防止梯度爆炸的技术，可以使训练过程更加稳定。当参数矢量的 L2 范数（L2 norm）超过一个特定阈值时，对参数矢量的梯度进行标准化（修剪）。这个特定阈值根据函数"新梯度 = 梯度 × 阈值 /L2 范数（梯度）"来确定。该选项包括三个参数，其中 disabled 表示梯度修剪功能将被禁用，在这种情况下，训练过程中可能会出现梯度爆炸的问题，导致训练不稳定或者收敛速度变慢；value 通常表示修剪梯度的大小，即当梯度的 L1 范数超过设定的阈值时，梯度会被修剪到这个阈值以下；norm 表示梯度的 L2 范数，即梯度的长度，当梯度的 L2 范数超过设定的阈值时，梯度会被修剪到这个阈值以下。在某些情况下，L2 范数可能比 L1 范数更适合作为修剪的依据。通常情况下，"梯度 Clip 修剪"使用默认的 disabled 参数。

● 单批数量（batch size）：与文生图界面的"单批数量"选项功能类似，如果显存足够大，这个数值越高，整体训练速度越快，若设置的数值超过显卡性能的承受极限，就会出现显存溢出等问题。有研究表明，较高的值有助于生成更准确的学习数据，图 3.55 比较形象地展示了不同单批数量的效果。

图中最中心的红点表示理想化的最准确的训练效果；蓝色线条表示当单批数量等于某个最理想数值（以 n 表示）

图 3.55　不同单批数量的效果

时训练效果从偏离到逐步贴近红点位置的过程；绿色线条表示单批数量设置为 1~*n* 范围时的效果；而紫色线条则表示当单批数量设置为 1 时的效果。从图中可以看到，单批数量的值越小，从偏离到接近中心的过程越具随机性。

● 梯度累加步数：表示在更新模型参数之前要累加的梯度步数。它可以用来调整训练过程的稳定性，特别是在处理大数据集或使用小批量训练时。通过累加多个梯度的更新，可以减少每一步训练的噪声，但同时可能会延长训练时间。在深度学习或机器学习的训练过程中，梯度累加是一种常见的技巧，用于稳定训练过程并减少每一步更新时的梯度噪声。"梯度累加步数"是指在进行模型参数更新前，累加的梯度步骤的数量。假设有一个模型，每一步训练都会计算一个梯度，梯度累加步数就是指定在更新模型参数前需要累加多少个梯度。如果设置了较小的梯度累加步数，那么模型的参数会更频繁地更新，这可能会使得训练过程更不稳定（因为每一步的梯度噪声可能更多），但是这也会使模型更快地收敛到最佳解（即整个训练所需的时间较少）。如果设置了较大的梯度累加步数，那么模型的参数会更新得更少，这可能会使得训练过程更稳定（因为每一步的梯度噪声可能较少）。但是，这也会使得模型收敛速度变慢（即整个训练所需的时间增加）。可以简单地将梯度累加步数当作批量大小的乘数，以及训练总时间的乘数，最大不能让它与单批数量的乘积超过训练集中图像的总数。一般来说，梯度累加步数尽量设置为 1（即没有梯度累加）到训练步骤总数之间，显卡承受能力内的最高值。在实践中，这个参数通常需要进行多次尝试才能找到最佳的设置。

● 数据集目录：用于输入在图像预处理步骤中指定的目标目录，即处理好的图像和对应提示词文本所保存的位置。

● 日志目录：用于存储训练日志和所训练模型的输出目录，默认情况下会保存到 Stable Diffusion 根目录 \textual_inversion 文件夹下。训练过程中的各种信息，如损失函数的变化、准确率等，通常会被记录在这个目录下，这样就可以在训练过程中随时查看这些信息了，也可以在训练完成后进行进一步分析和调试。

● 提示词模板：是用户可以自定义地保存着一系列提示词的文本文件，用于指导模型生成所需内容。在训练过程中，提示词模板作为输入提供给模型，模型则根据这个模板生成相应的输出。Stable Diffusion 自带了一些已经编写好的模板，分别针对不同类型、不同风格的模型，其中 style_filewords.txt/style.txt 适用于画风类模型的训练，而 subject_filewords.txt/subject.txt 适用于人物或物品类模型的训练，hypernetwork.txt 则适用于超网络模型的训练。可以在 Stable Diffusion 根目录 \textual_inversion_templates 文件夹下找到对应的文件，打开这些文件可以看到，它们以一种特定的格式进行编写，在训练过程中，[name] 会自动替换为要训练的文件名，而 [filewords] 则会自动替换为图像预处理环节中生成的 txt 文本文件中的提示词内容，可以按照这种格式修改或编写适合自己的提示词模板。

● 宽度 / 高度：设定训练集图像的宽高尺寸。

● 不调整图像大小：当训练集图像尺寸与上面设定的不相符时，勾选该复选框保持训练集图像大小不变。

● 最大步数：模型训练的总步数，步数不足会导致模型训练不够收敛，出图效果不好；步数过高，在延长训练时间的同时，收敛进度变化不大，没有意义。因为可以随时中止训练进程，所以在一定程度上应输入较大的步数。

● 每 N 步保存一张图像到日志目录，0 表示禁用：设定每经过多少步骤自动使用当前训练进度的模型生成一张图像并保存下来，可以通过这种图像查看模型训练的效果。

● 每 N 步将 Embedding 的副本保存到日志目录，0 表示禁用：设定每经过多少步骤自动将当前训练进度的模型保存为一个副本文件到日志目录。因为模型训练的最终结果不一定是最理想的结果，所以保存中间结果就尤为重要。

● 使用 PNG 图片的透明通道作为 loss 权重：当训练集图像中包含带有透明通道的 PNG 图像时，勾选该复选框。

● 保存嵌入 Embedding 模型的 PNG 图片：一般情况下保持默认勾选该复选框即可。

● 进行预览时，从文生图选项卡中读取参数（提示词等）：该选项允许用户在文生图界面中设置参数，并在制作预览时使用这些参数，以便更好地控制模型的预览图输出效果。

● 创建提示词时按照 ',' 打乱标签：可以帮助用户更好地控制模型的输出，通过打乱标签的顺序来获得更多样化的结果。

● 创建提示词时丢弃标签：在创建提示词时，忽略标签的程度，设置范围为 0~1，即 0~100%。该选项允许用户在提示中不包含标签，这样可以让模型更加关注文本内容本身，而不是关注标签信息。

● 选择潜变量采样方法：选择潜在空间的采样方法。该选项允许用户选择一种采样方法来生成模型的潜在空间样本，不同的采样方法可能会对模型的输出产生不同的影响。有三个单选按钮，分别是"单次复用""可复现的"和"随机"。其中，"单次复用"单选按钮表示只在训练时采样一次潜在空间，并在整个训练过程中使用这个固定的潜在空间。这种采样方法适用于希望模型在输出时具有稳定性的应用场景。"可复现的"单选按钮表示在每次生成输出时都在一个新的潜在空间中进行采样，但是采样的方式和位置都是确定的，因此结果是可以预测的。这种采样方法适用于希望模型在输出时具有可重复性的应用场景。而"随机"单选按钮则表示在每次生成输出时都随机在一个潜在空间中进行采样，这种采样方法适用于希望模型在生成输出时具有多样性的应用场景，因为这种方式可以产生多种不同的输出结果。在实际应用中，用户可以根据自己的需求选择不同的采样策略。如果希望模型在生成输出时具有稳定性和可重复性，可以选中"单次复用"或"可复现"单选按钮；如果希望模型在生成输出时具有多样性和随机性，可以选中"随机"单选按钮。

完成相关参数设置后，单击对应的橘红色模型训练按钮，就可以开始模型的训练了，训练过程中，根据需要，可以随时单击"中止"按钮中止训练进程。

关于 Stable Diffusion 的"训练"页面的功能基本已经介绍完了，下面简单介绍在实际操作时还需要注意的细节。

（1）任何辅助类模型都是以基础模型为初始环境训练得到的，也就意味着辅助类模型在使用时，也要有对应基础模型的支撑。在浏览各大模型网站时就会发现，所有的辅助类模型都会标注它所依赖的基础模型。在训练时，尽量使用官方发布的基础模型或者适用性比较广泛的"私炉"模型，这样训练出来的辅助类模型也会有较好的适用性。

（2）在准备进行模型训练之前，应该尽可能地关闭占用显卡资源的程序，如果之前进行过图像生成等与训练无关的 Stable Diffusion 操作，最好重新启动 Stable Diffusion 程序，因为它存在内存泄漏问题，有时某些占用无法自动释放。

（3）模型训练开始以后会依据设定显示预览图像，也可以在指定的日志目录下找到保存的图像文件。如果预览图像产生垃圾内容并且与训练主体完全不同，则可能是因为其中某个设置错误，还可能是调用的基础模型不匹配。如果图像上人物面部出现随机颜色斑点，则可能是学习效果不佳。出现以上情况一般是因为提供的训练图像数量不足或者渲染图像时使用了较少的步骤。如果没有产生与训练主体相似外貌的人物，则有可能是因为数据集包含的高质量面部照片不足，或者训练总步数偏低，还可能是被训练对象非常独特而无法找到用于描述其特征的关键词，如果是这样，将永远无法获得良好的结果。这种情况最有可能出现在嵌入式模型的训练上，因为它只在文本编码层面工作，如果发生这种情况，可以考虑更换模型种类，如训练超网络模型或 LoRA 模型而不是嵌入式模型。非必要的情况下，尽量让模型自行完成训练，不要中断它。中断训练会在尝试恢复训练时导致模型质量明显降低。可以在"设置"→"训练"选项卡中找到"将优化器状态保存为单独的 optim 文件。在训练嵌入式模型或者超网络模型时可以根据匹配上的 optim 文件恢复训练进度"选项，选中该选项以解决此问题。

（4）模型训练完后，测试和检查也是必不可少的一个环节。从日志目录中将模型移动到 Stable Diffusion 辅助模型对应的文件夹（嵌入式模型为 Stable Diffusion 根目录 \ embeddings；超网络模型为 Stable Diffusion 根目录 \ models\hypernetworks），然后在文生图的扩展模型中进行选择和调用，使用 X/Y/Z plot 脚本对训练的模型进行出图测试，观察不同参数下模型的表现情况以判断模型的训练效果。还可以通过某些训练相关的插件或脚本查看训练模型的学习损失率和向量值等信息。

最后还有一点要了解，模型的训练存在一定的随机性，也就是说使用相同的数据集和训练参数，会得到不同的结果，这使得判断参数变更与训练结果之间的关系变得非常困难。训练参数的设置也从来没有一个所谓的"最优解"，而且模型表现效果的判断有时本身就是一件很主观的事，不同的人会有不同的感受。只有通过大量实践，才能逐步摸索出一套属于自己的训练方案。

3.5 设置

"设置"选项卡用于对 Stable Diffusion 的运行参数进行调整。一般情况下，当对其中的参数进行修改后，需要单击"保存设置"按钮保存当前设置，然后单击"重载 UI"按钮使其生效，如图 3.56 所示。

从图 3.56 中可以看到，界面的左侧有一列设置分类，单击某个分类可以看到其所对应的设置内容。分类列表最下方有一个灰色的"显示所有"按钮，单击该按钮即可显示所有的设置内容。当不确定某个设置选项属于哪个分类时，可以在这里使用网页查找功能（默认为快捷键 Ctrl+F）以关键字段的形式进行查找定位。

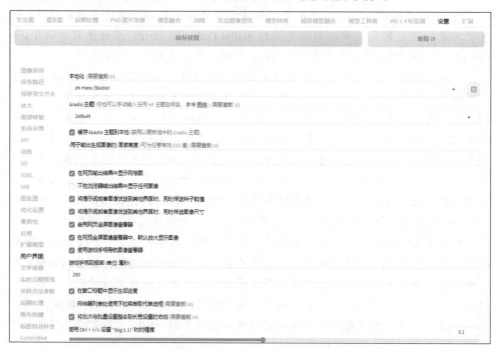

图 3.56 "设置"选项卡

3.6 扩展

因为 Stable Diffusion 是开源软件，随着用户数量的急剧增多，软件生态也日渐完善。很多"大神"级别的用户可以非常方便地开发出各种功能的扩展插件，完善和增强 Stable Diffusion 的功能。打开"扩展"选项卡，如图 3.57 所示。

通过图 3.57 可以看到，Stable Diffusion 的"扩展"选项卡中有 4 个子选项卡，分别是已安装、可下载、从网址安装和备份/恢复。

图 3.57 "扩展"选项卡

3.6.1 "已安装"选项卡

先来看"已安装"选项卡。

最显眼的是"应用更改并重启"按钮，当需要打开或关闭某个扩展插件时，可以通过更改下面列表中对应插件的选中状态实现。每次变更后，都需要单击"应用更改并重启"按钮重启 Stable Diffusion。

"检查更新"按钮用于查看已经安装的扩展插件是否有更新，如果有，则会在列表中的"更新"栏中显示并默认选中"新提交版本"复选框。此时单击"应用更改并重启"按钮即可自动升级，如图 3.58 所示。

图 3.58 "已安装"选项卡

两个按钮右侧的"停用所有扩展"选项组用于一键关闭所有扩展插件，包含 3 个单选按钮："无"是默认状态；"额外"表示关闭所有自行安装的扩展插件；"全部"表示关闭所有扩展插件，包括原本 Stable Diffusion 内置的插件。

界面下面的列表显示的是已经安装的所有扩展插件的相关信息，包括扩展插件的名称、下载或更新所需的网址、软件分支、软件版本、当前版本更新日期和可用更新状态（需要单击"检查更新"按钮）。

3.6.2 "可下载"选项卡

再来看"可下载"选项卡。从这里可以找到大量已经整合好的扩展插件，方便用户进行查找、下载和安装，如图 3.59 所示。

刚打开"可下载"选项卡时并不会显示图 3.59 中列表部分的内容，需要单击"加载扩展列表"按钮，按钮右侧的文本框中显示的是加载列表所需的网址，一般情况下不需要修改，保持默认即可。当网络环境受限，无法读取列表时，可以考虑更换为其他分流地址。

图 3.59 "可下载"选项卡

加载完最新的扩展列表后，可以通过"隐藏含有以下标签的扩展"选项组对类别内容进行筛选。加载扩展列表前，该选项组中只有 4 个用于筛选的单选按钮，分别为脚本、localization（本地化）、含广告和已安装。扩展列表加载完成后会有更多用于筛选的单选按钮，如 tab（标签）、dropdown（下拉式）、训练相关、模型相关、UI 界面相关、提示词相关、后期编辑、控制、线上服务、动画、查询、科技学术和后期处理等。可以根据需要单击相应的单选按钮筛选下方列表中的内容，方便查找想要的扩展插件。

在"隐藏含有以下标签的扩展"选项组右侧有一个"排序"选项组，可以根据需要对显示的列表内容进行排序。可以选择的排序方式包括按发布日期倒序、按发布日期正序、按首字母正序、按首字母倒序、内部排序（也可以理解为综合排序）、按更新时间、按创建时间和按 Star 数量（即星数，它是著名的开源及私有软件项目托管平台 GitHub 上用于判断软件受欢迎程度的一个衡量标准，类似于常见的"点赞"数量）。

在这两个选项组的下方有一个搜索文本框，用于输入关键词筛选列表中的内容，可更快捷地找到想要的内容，如图 3.60 所示。在这里输入的关键词，不仅作用于扩展名称，也作用于包括软件描述信息在内的所有列表中显示的内容。这个搜索功能是随着输入即时生效的，也就是说，根据输入的每个字符，即时进行一次搜索。因此，一般情况下不用输入完整的内容，就可以找到想要的扩展插件。

单击"加载扩展列表"按钮后，会在界面下方显示相应的扩展插件列表，列表中显示了各种插件的名称、分类标签、软件描述等内容。可以根据需要，单击对应插件"操作"栏的"安装"按钮进行扩展插件的下载和安装。

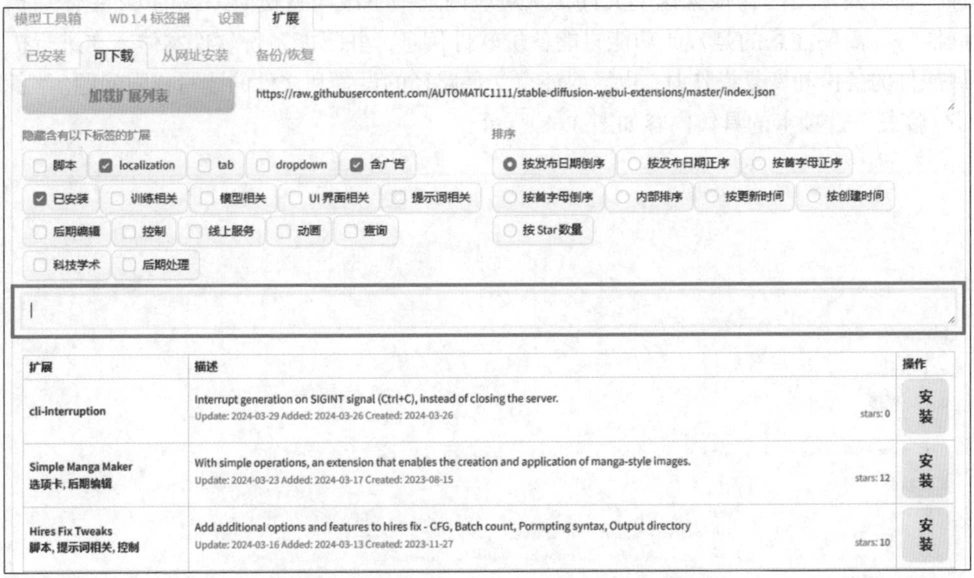

图 3.60　搜索文本框

3.6.3　"从网址安装"选项卡

有时读者可能会通过各种渠道发现和了解某个感兴趣的扩展插件，然而在"可下载"选项卡中却无法找到，这时就可以在"从网址安装"选项卡中以输入扩展插件 GitHub 地址的方式进行下载和安装。"从网址安装"选项卡如图 3.61 所示。

这里的界面非常简单，只有 3 个文本框，其中"扩展的 git 仓库网址"文本框用于输入扩展插件的 GitHub 地址。输入完成后单击"安装"按钮即可对此扩展插件进行下载和安装。正常情况下不需要很长时间就会看见安装成功的提示。如果出现错误

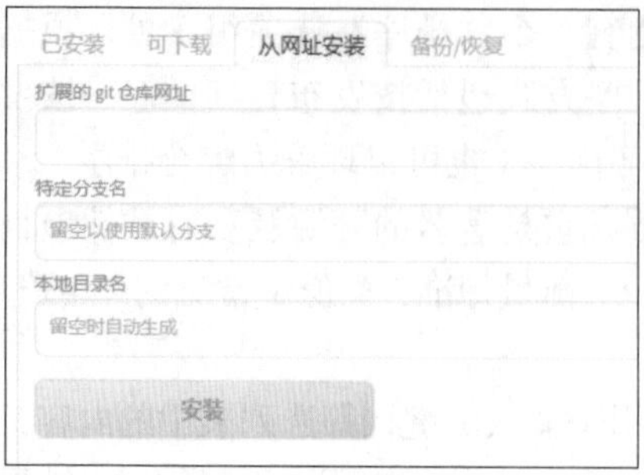

图 3.61 "从网址安装"选项卡

提示，只有两种情况，一种是输入的地址有问题；另一种是当前网络环境存在问题，因为 GitHub 是国外网站，可能需要调整网络环境才能正常访问。需要注意的是，这里输入的网址有特定的格式，因此这个功能不适用于从其他普通网站中下载扩展插件。"特定分支名"文本框用于输入扩展软件的特定分支的名称，如果想要使用某个特定的软件分支，可以在这里输入，一般情况下这里留空以使用默认分支。

"本地目录名"文本框用于指定存储此扩展插件的目录名，一般同样留空即可自动生成。

3.6.4 "备份 / 恢复"选项卡

"备份 / 恢复"选项卡主要用于对已安装的扩展插件进行备份或恢复。它可以将当前的 Stable Diffusion WebUI 状态和已安装的扩展插件的相关信息保存成一个 json 文件，在需要恢复时，根据这个文件，从对应网址中下载与备份时一致的 UI 主体和扩展插件。需要注意的是，此功能只能备份软件信息，并不能备份软件本体，在进行扩展插件的备份和恢复操作时，也需要注意文件路径的设置和文件的读写权限问题。"备份 / 恢复"选项卡的具体内容如图 3.62 所示。

图 3.62 "备份 / 恢复"选项卡

先看图 3.62 的下半部分，其中包含了两个列表：WebUI 状态和扩展状态，分别显示了当前 UI 和扩展插件的相关信息。备份生成的 json 文件中其实就是这些内容。

下面介绍图 3.62 的上半部分的功能选项。

（1）已保存的配置：这里列出了当前计算机上已经保存的备份文件，如果某个文件未能显示，可以单击右侧的"刷新"按钮 进行列表更新。

（2）待恢复部分：在该选项组中选择想要恢复的部分，包括 extensions（扩展）、webui 和两者 3 个选项。

（3）恢复所选配置：当选择了想要恢复的配置文件和待恢复的部分后，单击此按钮进行恢复，恢复过程中会自动下载安装配置信息中对应的各软件。

（4）保存当前配置：在该按钮左侧有一个文本输入框，用于输入将要保存配置的文件名称，输入完成后单击此按钮即可进行当前配置的备份。备份时会在输入的文件名称前自动添加当前日期和时间，备份完成后会在输入框下方提示备份完成，并显示文件路径、创建时间等相关信息。

3.6.5 手动安装扩展插件

到这里关于"扩展"选项卡的内容已经介绍完了，但有读者可能会问，如果想要的扩展插件既没有在可下载的列表中，又找不到或无法访问 GitHub 地址怎么办？当然有办法，那就是手动安装。其实手动安装也很简单，只要将其他人分享的扩展插件的整个文件夹存放到计算机的 Stable Diffusion 根目录 \extensions 文件夹下，然后重启 Stable Diffusion 就可以了。当然这种方式也有缺点，即通过这种方式安装的扩展插件可能不能在线自动更新。这里可以引申出一个备份还原扩展插件的方法，就是将整个 extensions 文件夹复制和粘贴，这个办法弥补了"备份 / 恢复"功能的缺点，只是对磁盘空间有一定的要求。

3.7 常用扩展插件简介

下面介绍几款常用的扩展插件，以及它们的安装和使用方法。

3.7.1 stable-diffusion-webui-localization-zh_Hans

stable-diffusion-webui-localization-zh_Hans 是一个汉化 Stable Diffusion 操作界面的扩展插件，也是作者比较推荐使用的汉化插件。它在运行时每小时会自动从翻译平台调取译文快照，保证译文的及时准确。扩展文件包含两套译文文件，其中 zh-Hans(Stable) 仅包含平台中标记已审阅的字串，zh-Hans(Testing) 包含所有翻译平台内含有译文的字串，还有两者各自的 vladmandic 分支（该扩展插件的发布者制作的另一个软件分支，按照该扩展插件的发布者的描述，该分支目前较为臃肿、设计混乱，对该分支提供完整支持的优先级较低，不建议无特殊需求的用户使用）。

此扩展插件的安装和使用方法非常简单，只需要从"扩展"选项卡的"可下载"子选项卡中搜索该扩展插件并下载和安装即可（这里介绍的几款扩展插件基本都可以通过这种方式进行下载和安装，之后不再专门说明）。

使用时，需要在 Stable Diffusion 的"设置"选项卡的"用户界面"分类里找到"本地化"选项（图 3.63），选择想要的译文后保存设置并重启（同类型的扩展插件一般都需要通过这个选项进行设置）。该扩展插件的发布者推荐选择 zh-Hans(Testing)。

如果对这个插件自带的译文不满意，或者想要自定义个性化译文，可以打开计算机的 Stable Diffusion 根目录 \extensions\stable-diffusion-webui-localization-zh_Hans\localizations，找到想要修改的 json 译文文件，如 zh-Hans (Testing).json，使用记事本打开，然后查找和编辑相应的内容。

图 3.63　"本地化"选项

3.7.2　stable-diffusion-webui-localization-zh_CN

　　stable-diffusion-webui-localization-zh_CN 也是一个汉化 Stable Diffusion 操作界面的扩展插件，相较于 zh_Hans，译文辨识和更新等方面略显不足，但也完全可以满足日常使用。

　　使用时，需要在 Stable Diffusion 的"设置"选项卡的"用户界面"分类里找到"本地化"选项，选择 zh_CN 后，保存并重启 Stable Diffusion。同样可以在 Stable Diffusion 根目录 \extensions\stable-diffusion-webui-localization-zh_CN\localizations 中找到 zh_CN.json 文件进行个性化编辑。

3.7.3　sd-webui-bilingual-localization

　　sd-webui-bilingual-localization 用于 Stable Diffusion 操作界面的本地化，它最大的特点是实现了双语对照翻译功能，不必再担心切换翻译后找不到原始功能，并且兼容原生语言包扩展，无须重新导入多语言语料，支持动态标题提示的翻译，额外支持作用域和正则表达式替换，翻译更加灵活。

　　安装完成后需要进行设置，但是要注意，与其他汉化扩展插件不同的是，该扩展插件需要确保"设置"选项卡的"用户界面"分类里的"本地化"选项为"无"，扩展插件会在"设置"选项卡中新增一个"双语对照翻译"的设置分类，在"本地化文件"下拉列表中选择想要的文件选项。

　　还有一点需要注意的是，该扩展插件没有自带本地化文件，即译文文件，需要另行下载安装，可以根据需要下载相应语种的本地化文件，从而实现双语化。自行下载的本地化文件需要存放到 Stable Diffusion 根目录的 localizations 文件夹下，该扩展插件的发布者建议可以配合 zh_CN 所带的本地化文件使用。

3.7.4 a1111-sd-webui-tagcomplete

a1111-sd-webui-tagcomplete 是一个 Tag 自动补全插件，用于英文提示词的自动补全。安装该扩展插件后，在输入提示词时只需输入关键词的前几个字母，就会自动出现一个列表，显示比较常用的与输入相关的关键词，方便用户参考和选择。此扩展插件的效果如图 3.64 所示。

图 3.64　a1111-sd-webui-tagcomplete 扩展插件的效果

安装该扩展插件后，在 Stable Diffusion 的"设置"选项卡中会新增一个"标签自动补全"的设置分类，如图 3.65 所示。其中包含了此扩展插件的相关设置选项，可以在这里调整扩展插件的相关参数。如果想要了解关于这个扩展插件的详细内容，可以到相关网站查看该扩展插件的发布者关于该扩展插件的详细说明。在 Stable Diffusion 根目录 \extensions\a1111-sd-webui-tagcomplete\tags 文件夹下有几个 csv 文件，可根据需要通过记事本程序进行个性化编辑，以实现不同的效果。

图 3.65　"标签自动补全"设置分类

3.7.5 sd-webui-prompt-all-in-one

sd-webui-prompt-all-in-one 是一个与提示词输入有关的扩展插件，旨在提高正向提示词 / 反向提示词输入框的使用体验。它拥有更直观、强大的输入功能，而且提供了自动翻译、历史记录和收藏等功能，还支持多种语言，可满足不同用户的需求。安装此扩展插件后的界面如图 3.66 所示。

图 3.66　安装 sd-webui-prompt-all-in-one 扩展插件后的界面

如果操作界面杂乱，可以使用该扩展插件自带的折叠功能，使其变得整洁明了。这样不仅可以折叠收藏列表，还可以折叠它的提示词编辑区域，甚至可以折叠 Stable Diffusion 原本的提示词输入框。

该扩展插件的翻译能力强大，对 UI 的翻译支持 12 种语言，而对提示词的翻译支持几乎所有语言。

该扩展插件支持以下三种模式的翻译功能。

（1）不需要 API KEY：非常不稳定，并不是每个 API 都能在计算机中使用。如果翻译失败，可尝试切换其他 API。

（2）需要 API KEY：需要自行申请 API KEY（它们大部分都是免费的）。不同 API KEY 的申请方法，在切换到对应接口后，会出现对应的申请教程。

（3）离线翻译：在初始化扩展插件时需要自动下载语言模型。如果网络环境不好，可能无法完成自动下载并初始化的操作。

该扩展插件的特性如下。

（1）直观的输入界面：提供更直观、强大的输入界面功能，提示词双语对照显示，一目了然。

（2）自动翻译：自动翻译提示词，支持多种语言。

（3）几十种翻译服务：提供几十种语言的在线翻译功能，还有离线翻译模型。

（4）多国（地区）语言——支持世界上大部分国家和地区语言的翻译，可以使用任何语言输入提示词。

（5）历史记录：当提示词发生变化时，会自动记录。

（6）收藏夹：可以一键收藏、批量收藏喜欢的提示词。

（7）快速调整：拖曳调整提示词的位置，支持一键增减提示词权重，以及一键删除、禁用、翻译、收藏等。

（8）批量操作：框选多个提示词，可一键删除、翻译、收藏等。

（9）ChatGPT：通过 ChatGPT 智能生成提示词。

（10）提示词黑名单：设置黑名单，会自动过滤提示词。

（11）一键添加提示词：几千个提示词，单击即可使用。

（12）关键词高亮：支持对 LoRA、LyCORIS、Textual Inversion 的高亮和检测。

（13）关键词自定义颜色：不同种类的关键词，可以自定义显示不同的颜色。

（14）自定义主题：支持自定义主题和扩展插件的风格。

3.7.6 stable-diffusion-webui-wd14-tagger

stable-diffusion-webui-wd14-tagger 是一个提示词反推扩展插件，有点类似于 Stable Diffusion 图生图中自带的反推工具，但它的功能更加强大，参数设置更加精细。安装该扩展插件后，会在 Stable Diffusion 主界面中新增一个"WD1.4 标签器"选项卡，如图 3.67 所示。

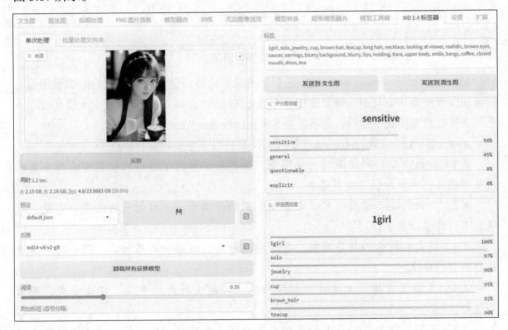

图 3.67 "WD1.4 标签器"选项卡

可以看到，在这里不仅可以对单张图像进行提示词反推，还可以进行批量操作。该扩展插件支持对反推引擎、标签筛选阈值、排序等参数的调整，还可以将设置参数保存为预设文件，方便以后的操作。

在使用这个扩展插件时需要注意一点，某些情况下，反推完成后无法自动将反推引擎从内存中卸载，占用系统资源，需要手动单击"卸载所有反推模型"按钮清除占用的系统资源，或者勾选下方的"反推完成后卸载模型"复选框并将设置保存为预设，如图 3.68 所示。

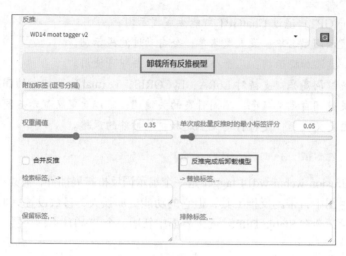

图 3.68　清除占用的系统资源设置

3.7.7　sd-webui-infinite-image-browsing

sd-webui-infinite-image-browsing 是一个图像浏览器，也是一个强大的图像管理器。精确的图像搜索功能与多选择操作相结合，允许过滤 / 存档 / 打包，可以大大提高效率。它还支持在独立模式下运行，而不需要 Stable Diffusion WebUI。

sd-webui-infinite-image-browsing 扩展插件具有以下主要功能和特点。

（1）快速浏览：即使面对大量图像，该扩展插件通过缓存机制也可以在几毫秒内显示图像，大大加快了浏览速度。

（2）灵活的显示设置：可以调整缩略图的分辨率，并控制网格图像的宽度，以适应不同的显示需求。

（3）强大的搜索和排序功能：支持模糊搜索、收藏和排序功能，便于用户快速找到所需的图像。

（4）多语言支持：支持自动翻译功能，目前支持简体中文、繁体中文、英语和德语。

（5）丰富的操作选项：支持多种文件操作，如移动、删除等，还支持图像或视频的浏览、查看生成信息、发送到其他选项卡和第三方扩展插件等。

（6）图像对比功能：提供图像对比功能，方便用户比较不同图像的差异。

（7）快捷键支持：为了提高操作效率，该扩展插件还支持快捷键功能。

（8）文件树预览：提供基于文件树的预览功能，可以帮助用户快速了解文件结构。

安装此扩展插件后会在 Stable Diffusion 主界面添加"无边图像浏览"选项卡，该选项卡使用起来简单明了，如图 3.69 所示，这里不再过多介绍。

图 3.69 "无边图像浏览"选项卡

3.7.8 ADetailer

ADetailer 是一个非常好用的人物面部与手部修复的扩展插件，全称为 After Detailer，相较于 Stable Diffusion 自带的面部修复功能，该扩展插件的功能更加强大，可控性更高，修复效果更好。它支持调用另一款非常实用的扩展插件 ControlNet（关于 ControlNet 的内容会在第 6 章介绍），以在图像生成过程中更精准有效地把控图像的修复效果。

ADetailer 扩展插件的工作流程可以简单理解如下：首先由 Stable Diffusion 按常规流程生成图像；然后根据设定参数自动对生成的图像进行检测，识别其中想要修复的部分（如面部）；最后对识别区域添加蒙版，再进行蒙版重绘。蒙版重绘会经历放大、重绘、再缩小的过程。因此，在使用 ADetailer 扩展插件生成图像时会看到右侧预览区域显示两次 EAT 倒计时，第一次是正常的图像生成，第二次是蒙版重绘。同时在预览区域中也会显示图像生成、局部放大并重绘的过程。

安装此扩展插件后，会同时在"文生图"和"图生图"选项卡的"随机数种子"选项下新增一个名为 ADetailer 的可折叠功能区，如图 3.70 所示。

下面对 ADetailer 可折叠功能区进行简单的介绍。

1. 扩展插件主界面

（1）启用 ADetailer：勾选该复选框使该扩展插件生效。

（2）模型选择：用于图像修复的模型，不同的模型适用于不同的图像内容，具体内容见表 3.2。

（3）提示词输入框：这里包含了正向提示词和反向提示词。它们只针对需要修复的图像内容（如面部），对主提示词输入框的内容起补充作用。如果主提示词已经足够细致，则这里可以只输入与质量相关的提示词或者留空。

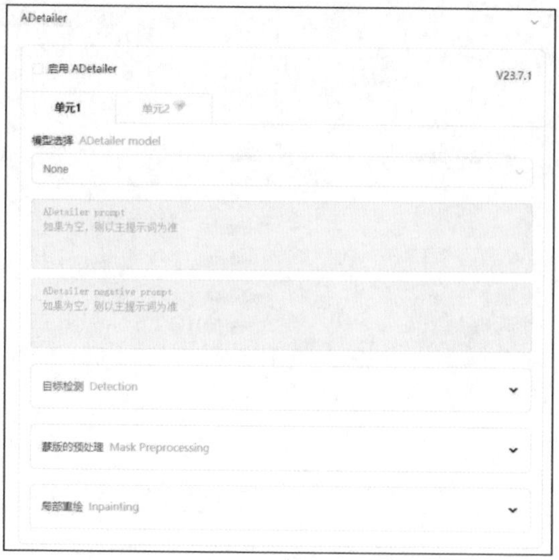

图 3.70　ADetailer 可折叠功能区

表 3.2　不同模型的适用目标

模型（Model）	适用目标（Target）	mAP 50	mAP 50~95
face_yolov8n.pt	2D 或真实人物的面部（2D/realistic face）	0.66	0.366
face_yolov8s.pt	2D 或真实人物的面部（2D/realistic face）	0.713	0.404
hand_yolov8n.pt	2D 或真实人物的手部（2D/realistic hand）	0.767	0.505
person_yolov8n-seg.pt	2D 或真实人物的全身（2D/realistic person）	0.782 (bbox); 0.761 (mask)	0.555 (bbox); 0.460 (mask)
person_yolov8s-seg.pt	2D 或真实人物的全身（2D/realistic person）	0.824 (bbox); 0.809 (mask)	0.605 (bbox); 0.508 (mask)
mediapipe_face_full	真实人物的面部（realistic face）	—	—
mediapipe_face_short	真实人物的面部（realistic face）	—	—
mediapipe_face_mesh	真实人物的面部（realistic face）	—	—

2. 目标检测

这里的参数用于调整对目标图像的识别程度（图 3.71），一般保持默认即可。

（1）目标检测阈值：只有检测模型置信度高于此阈值的对象才会被修复。

（2）最小 / 大面积比例：用于确定蒙版区域相对于整个图像面积的比例范围。具体来说，该参数限制了蒙版区域的最小和最大面积比例。

最大面积比例定义了蒙版区域面积相对于整个图像面积的最大允许倍数。例如，如果设置"最大面积比例"为 0.5，那么蒙版区域的最大面积只能是整个图像面积的一半。

最小面积比例定义了蒙版区域面积相对于整个图像面积的最小允许倍数。如果设置"最小面积比例"为 0.2，那么蒙版区域的最小面积只能是整个图像面积的 20%。

通过设置合适的最大面积比例和最小面积比例，可以在处理图像时限制蒙版区域的大小，从而更好地控制图像修复的范围和精度。这样可以避免对不相关或不重要的区域进行不必要的处理，提高处理效率，并确保只对需要修复的区域进行操作。

3. 蒙版的预处理

可在这里对生成的蒙版进行一些调整（图 3.72）。

（1）蒙版水平/垂直位移：调整蒙版的水平和垂直方向的偏移量，取值范围为 –200~200，单位为 px。

（2）蒙版缩小/扩大：放大或缩小检测到的蒙版，取值范围为 –128~128，单位是 px。

（3）合并模式：设置当识别出多个目标时的处理模式。"独立"单选按钮的功能为对每个目标单独进行重绘；"合并"单选按钮的功能为合并所有蒙版再进行重绘；"合并并反转"单选按钮的功能为合并所有蒙版后，对蒙版进行反转（即将非蒙版区域与蒙版区域互换）后再重绘。一般情况下，这里默认选择"独立"。

图 3.71 目标检测

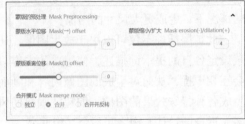

图 3.72 蒙版的预处理

4. 局部重绘

"局部重绘"功能的部分选项与"局部重绘"选项卡中的选项一致，其余选项与"文生图"选项卡中的部分选项类似。"在 Detailer 之后面部修复"复选框的作用是在 ADetailer 修复完成再使用 Stable Diffusion 自带的面部修复功能进行一次修复（图 3.73）。

图 3.73 局部重绘

安装 ADetailer 扩展插件后还会在 Stable Diffusion 的"设置"选项卡中新增 ADetailer 的设置分类，在这里可以对扩展插件进行相应的设置，其中最常用的是"最大模型数量"选项，通过该选项可以修改操作界面中可控单元的数量。

3.7.9 multidiffusion-upscaler-for-automatic1111

multidiffusion-upscaler-for-automatic1111 是一个非常实用的图像放大扩展插件，可以实现在有限的显存中绘制更大的图像。使用 Stable Diffusion 进行图像的生成，主要依赖于显卡的运算，而显存容量的大小直接决定了生成的图像的大小。现在可以借助于这个扩展插件，使用特有的算法，将需要生成的图像进行分块化处理（tiled），将较大尺寸的图像按照设定的参数进行分块，并逐一生成各个分块，然后重新拼合到一起。通过这种方式可以在一定程度上突破显存容量的限制，实现在具有相同显存容量的情况下，生成更大尺寸的图像。

此扩展插件不仅可以用于放大图像，还能够实现分区提示词控制功能，对不同区域设定各自的提示词描述，使想要的内容只在固定区域生成，与其他区域或提示词不会互相干扰，从而对生成的图像内容和画面结果进行精准的控制。通过这个方式可以生成各种特殊效果的图像，如超宽画幅的风景图像、超大尺寸的全身人像，以及实现多人近身场景且人物之间不会互相冲突。

安装此扩展插件后，会同时在 Stable Diffusion "文生图"和"图生图"选项卡中新增两个可折叠功能区：Tiled Diffusion 和 Tiled VAE，如图 3.74 所示。

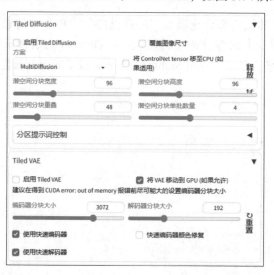

图 3.74　Tiled Diffusion 和 Tiled VAE 可折叠功能区

1. Tiled Diffusion

Tiled Diffusion 可折叠功能区可以对想要生成的图像进行分块化处理，从潜在空间层面根据选定方案以设定的分块大小和重叠大小进行分块。

（1）潜空间分块宽度 / 高度（即分块的大小）：一般设定为 32 的倍数，建议值的范围为 64~160，该扩展插件的发布者推荐使用 96 或者 128。

（2）潜空间分块重叠：其大小会影响生成速度和拼合效果，重叠部分越大，分块数量越多，生成的重复内容也越多，会延长整体生成时间；设置得过低容易导致分块之间融合效果不好，拼贴痕迹明显。在"方案"下拉列表中，与 MultiDiffusion 相比，Mixture of Diffusers 需要较少的重叠，因为它使用高斯平滑。因此，该扩展插件的发布者建议使用 MultiDiffusion 方案时可以设置"潜空间分块重叠"为 32 或 48，而使用 Mixture of Diffusers 方案时可以设置"潜空间分块重叠"为 16 或 32。

（3）潜空间分块单批数量：与单批数量效果类似，是指一次处理多少个分块。

（4）"覆盖图像尺寸"复选框：调整图像的大小，使其与分块大小相匹配。如果设定的分块大小与原始图像的尺寸不匹配，则需要使用该选项调整图像尺寸，使其能够适应分块处理的要求。如果原始图像的尺寸小于分块大小，则该选项可以放大图像至分块大小；如果原始图像的尺寸大于分块大小，则该选项可以缩小图像至分块大小。通过设置覆盖图像的尺寸，可以确保图像处理的一致性和准确性。

图像分块处理效果如图 3.75 所示。

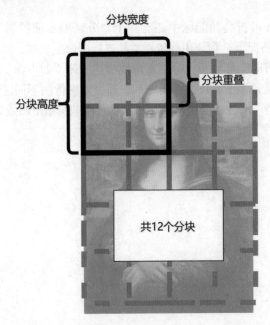

图 3.75　图像分块处理效果

"图生图"选项卡中的 Tiled Diffusion 可折叠功能区中还会新增图像放大和噪声反转的相关选项（图 3.76）。其中的"放大算法"和"放大倍数"选项与"图生图"选项卡中原有的选项相同，使用该功能时，"图生图"选项卡中原有的选项自动失效。在图生图操作过程中，如果不想改变作画结构，可使用"噪声反转"功能，尤其是放大人像，但不想大幅度改变人物面部时。"噪声反转"功能还可以与 ControlNet 扩展插件中的 Tile 模型协同工作，从而生成细节合适的高质量大尺寸图像。与"图生图"选项卡自带的 Ultimate SD Upscale 脚本相比，噪声反转的算法更加忠于原图，生成效果更好，且产生的奇怪结果更少。

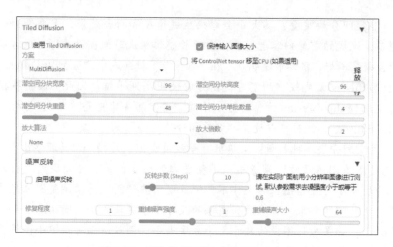

图 3.76　图像放大和噪声反转的相关选项

2. 分区提示词控制

Tiled Diffusion 可折叠功能区中还有一个"分区提示词控制"可折叠子功能区（图 3.77）。通常情况下，在使用此扩展插件进行图像生成时，所有分块会共享相同的主提示词，所以有时会导致每个分块都出现描述主体（如人物）的情况。而"分区提示词控制"功能就是用于解决这个问题的，通过对图像的不同区域进行划分，自定义不同区域的"类型"和相应的提示词，从而达到精准控制出图效果的目的。

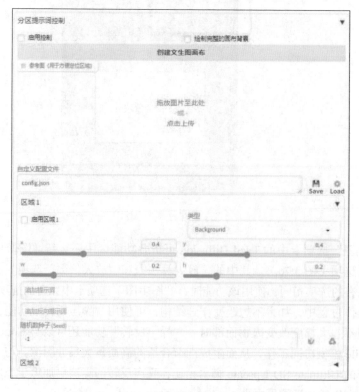

图 3.77　"分区提示词控制"可折叠子功能区

（1）要使用分区提示词控制功能，需要勾选"启用控制"复选框。这里首先需要注意的是，在勾选该复选框后，Tiled Diffusion 的分块处理功能将会被自动禁用，即有关分块的参数会失效。另外，如果自定义区域不能填充整个画布，则将在未覆盖的区域中产生棕色（选择 MultiDiffusion 方案时）或噪点图像（选择 Mixture of Diffusers 方案时）。可使用自己绘制的区域来填充整个画布，因为生成时速度可能更快。如果不想绘制，也可以启用"绘制完整的画布背景"功能，但是这将显著降低整体生成速度。

（2）可以通过上传界面上传一张图像，也可以通过单击"创建文生图画布"按钮创建一张空白底图作为参考图像。在图生图界面，该按钮变成了"从图生图导入"，单击该按钮后自动将图生图界面已经上传的图像导入到这里。

（3）勾选"区域1"中的"启用区域1"复选框，将会在参考图像位置看到一个红色的矩形。在区域中单击并拖动鼠标以移动和调整区域大小，会发现下方的 x/y/w/h 4 个关于自定义区域坐标比例的参数会随着调整而变化，同样可以手动修改这些参数以更精确地控制自定义区域。

（4）如果想要绘制人物等画面主体，应在"类型"下拉列表中选择 Foreground（前景），否则选择 Background（背景）。如果选择 Foreground，则会出现"羽化"选项，设置较大的值将提供更平滑的边缘。

（5）在"追加提示词""追加反向提示词"和"随机数种子"文本框中输入针对分区的正向提示词、反向提示词和随机数种子。注意，这里输入的提示词将附加到页面顶部的主提示词当中，因此，可以利用此功能来节省主提示词的描述内容，如只输入与提示画面质量相关的提示词。这里的提示词输入框与主提示词输入框一样支持 LoRA 与 Embedding（Textual Inversion）等辅助模型的调用。

3.Tiled VAE

Tiled VAE 可折叠功能区中的选项主要针对大尺寸的图像。要使用此功能，需勾选"启用 Tiled VAE"复选框，其他选项一般保持默认就可以获得较好的效果。按照其中的提示，可以将编码器/解码器分块大小尽可能设置到最大。如果生成的图像变得灰暗和不清晰，需要勾选"快速编码器颜色修复"复选框进行调整。

第 4 章　提示词

4.1　提示词的定义

提示词（Prompt）是指用于指导模型生成输出的一系列文本或短语，可以是一段描述、一个问题、一个主题或任何其他形式的文本，用于激发模型生成所需的输出。提示词的作用是为模型提供一个起始点或引导，帮助模型更好地理解任务和生成有效的输出。

提示词可以是自然语言（可以简单地理解为人类日常交流所使用的完整语句），也可以由一个或多个标签（Tag）构成。标签用于对模型的输出结果进行分类和标注，它是一个标记，用于表示输出结果的特定含义或类别。在图像分类任务中，可以是图像对应的类别，如猫、狗、花等；在文本分类任务中，可以是文本所属的类别，如新闻、小说、评论等；在回归任务中，可以是连续的值，如预测房价、股票价格等。标签通常用于告诉模型什么是正确的输出。

若干个标签可创建混合组，混合组可无限嵌套。当前 Stable Diffusion WebUI 应用格式中支持以下三种混合组。

（1）标签替换（Prompt Editing，又称为分步渲染）：该混合组接收 1~2 个标签和 1 个百分数。在百分数所代表的生成步数前，生成引擎将采用组内第 1 个标签；到达该步数后，生成引擎将自动改为采用组内第 2 个标签。

（2）标签轮转（Alternating Words）：该混合组接收两个或更多标签。在生成过程中，生成引擎将在生成的每一步中依次轮换采用组内的标签。

（3）标签组：只由标签组成的组合。

提示词有时也会被称为关键词，但两者并不完全一样，尤其是当输入的提示词为自然语言时，AI 的理解方式其实是自动提取提示词中能够识别的标签作为关键词来进行操作的。所以可以得到这样的关系：一个标签 / 标签组相当于一个关键词，而一段提示词又是多个关键词的集合。

4.2　提示词的分类

提示词可以分为两类：正向提示词和反向提示词。

（1）正向提示词：想要什么写什么。

正向提示词用于引导模型生成与给定主题相关的内容。它通常是一个简短的文本片段，包含了与主题相关的关键词或短语。例如，若主题是关于"宠物猫"的，则正向提示词可以是"我的宠物猫很可爱，每天都会跟我一起看电视"这样的内容，可以帮助模型更好地理解主题，并生成与主题相关的内容。

（2）反向提示词：不想要什么写什么。

反向提示词用于帮助模型排除与给定主题不相关的内容。它通常是一个包含与主题无关的关键词或短语的文本片段。例如，在"宠物猫"主题中，反向提示词可以是"我的宠物是一条狗，它非常喜欢玩球"这样的内容，可以帮助模型更好地理解不需要涉及的主题，从而减少生成与主题"宠物猫"无关的内容。

4.3 提示词的使用

Stable Diffusion 支持的输入语言主要为英语，表情符号（emoji）也可以使用。Stable Diffusion 支持自然语言描述等多种写法，不过还是推荐使用以英文半角逗号","分隔开的一个个的关键词来书写，在日常使用中有以下几点建议。

（1）由于 Stability AI 公司在 2023 年 7 月发布的新版本模型 SDXL 1.0 对自然语言的支持有了更好的训练，所以在 SDXL 1.0 版本以前的模型及其衍生模型上使用时，尽量以标签语法为主，根据需求使用自然语法。而在 SDXL 1.0 版本以后（含）的模型及其衍生模型上，则尽可能使用自然语言。

（2）Stable Diffusion 还没有针对中文进行的专门训练，所以目前基本上无法识别中文。在实际使用中，如果在没有翻译插件等软件支持的情况下，最好使用英文而不是中文作为提示词。

（3）除了一些常见的提示词是所有模型都能支持的外，有很多提示词是需要模型支持的。也就是说，同样的提示词在不同模型上使用，可能会出现因无法识别某些关键词而导致输出结果相去甚远的情况。

（4）一定要注意提示词的拼写，一旦拼写错误或者是用到了 AI 无法识别的提示词，AI 将会将其拆解成其可以理解的成分，甚至可能拆分成单个字母的形态。

（5）emoji 和颜文字在实际测试中使用效果很差，一般不建议使用。

（6）提示词越清晰越好，而不是越详细、越长越好，过多的提示词会导致模型在理解时出现语意冲突的情况，难以判断具体要以哪个关键词为准。应尽量使用最具代表性的、关键性的词语代替冗长的描述，如 schoolgirl（女学生），就能代替 girl, student, young, sailor suit, school uniform（女孩，学生，年轻的，水手服，校服）等的细节描述。

（7）在 Stable Diffusion 中，提示词默认并不是无限输入的，在提示词输入框右侧可以看到 75 的字符数量限制。不过不用担心内容过长的问题，其作者已在 Stable Diffusion WebUI 中预设好了规则，如果超出 75 个参数，多余的内容会被截成两段内容来理解。注意，这里的 75 表示的并非 75 个英文字母或单词，因为模型是按照标记参数来计算数量的，一个单词可能对应多个参数。

（8）如果读者还记得之前关于 AI 绘画原理的讲解，应该明白提示词的作用是引导和辅助模型的绘图过程，并非硬性要求，即使提示词输入框中没有输入任何内容，模型仍然可以绘制出一张图，效果可能还不错。对于一个模型来说，能够使用尽量少的提示词生成好的图像，也是常常被用于作为评判的标准。

4.4 提示词的书写规则与语法

4.4.1 提示词内容

（1）单词：如 boy, girl, dog, cat ……（男孩，女孩，狗，猫……）

（2）词组：如 black hair, big eyes, angel wings, hat flower ……（黑头发，大眼睛，天使翅膀，头戴花环……）

（3）短句：如 movie shot of a mountainous rocky landscape, a cat is sitting in a kimono ……（山区岩石景观的电影镜头，一只身穿和服的猫坐着……）

4.4.2 提示词书写规则

（1）分隔：不同的关键词之间需要使用英文逗号","分隔，逗号前后有空格或者换行并不影响出图。有时也会用到斜杠"/"来分隔单词或标签内部的特定部分。在提示词中，斜杠可以用于分隔单词中的不同部分，以表示它们之间的关系。如果想要输入包含多个单词的提示词，并希望将单词内部的特定部分进行分隔，如"田野里长满了玫瑰、雏菊和薰衣草"，就可以使用 the fields are covered with rose/ daisy/ lavender 来描述。需要注意的是，具体的用法可能会根据 Stable Diffsuion WebUI 的版本和设置而有所不同。

（2）标点符号：提示词中通常不包含除英文逗号外的其他标点符号，因为模型可能会将其解释为命令或结束标记。

（3）字母的大小写：一般来说，模型对提示词的大小写不敏感，但是有个别模型可能会对大小写敏感，因此，通常情况下一般都用小写形式来书写提示词。

（4）组合词汇：使用"+"将多个单词组合在一起，以告诉模型将它们视为一个整体概念。例如，若要生成一只蓝色的猫，可以使用 blue+cat 作为提示词输入 Stable Diffsuion WebUI 中，告诉 Stable Diffsuion WebUI 将两个单词合并为一个描述，以便生成符合描述的图像。另外，使用"+"还可以将多个描述性词汇组合在一起，如使用 blue+cat+jumping 将生成一张描述为"一只蓝色的猫在跳跃"的图像。同样可以使用词组或短句的形式来描述，生成的效果基本相同。

（5）打断：打断的语法非常简单，也很好理解，就是在提示词之间加上大写的关键词 BREAK，它的作用是打断前后提示词的联系，在一定程度上减少提示词的污染情况。Stable Diffusion 模型在理解提示词时，并非像人类一样逐字逐句地阅读，而是识别和抽取所有的标签内容来统一理解，这就导致在运行过程中有时会出现前后关键词相互影响的情况，也就是俗称的"污染"。最常见的污染现象，是对颜色的运用，如指定了"红色 T 恤"和"蓝色牛仔裤"，但出图效果却是统一的红色或蓝色。这时就可以在两个关键词之间加入关键词 BREAK，打断前后之间的联系，模型会将前后内容分为两段话来理解。

（6）转义语法：在使用 Stable Diffsuion WebUI 进行绘图时，转义是一种重要的语法，它可以用于避免提示词的污染。转义的用法主要是在特定字符前加上反斜杠"\"。常见的转义字符及其用法如下。

● 双引号："""，两个半角引号之间输入的内容将被以文字的形式表现在图像中。

● 换行符："\n"，在文本内容中插入断行（与按 Enter 键的作用相同）。

● 制表符："\t"，在文本内容中插入制表符，形成一个列表的形式。

举个例子，通过类似于 a piece of paper with written "blue"\n(sky) on it 的提示词，可以生成一张写着文字的纸的图像，文字的内容是第一行是带有引号的 blue，第二行是带有括号的 sky，其中的内容都会以文本的形式被识别和展现，不会被当成颜色或权重调整（有些模型对文字的识别可能不太精准）。

当然，使用 AI 绘图展现文字的场景一般不太常见，多用于门店招牌、展板、路牌等，最常用的还是对辅助性描述的括号进行转义，从而与权重调整符号进行区分，如一个单独的关键词 chicken，AI 无法确认表达的到底是动物还是食物，甚至是一个形容词"胆怯的"，而使用 chicken\(food\) 就可以明确鸡肉的概念。

4.4.3 调节权重（增强 / 减弱）

很多人都认为，提示词的前后位置会影响它的权重，其实默认情况下，在使用 Stable Diffusion WebUI 生成图像时，提示词的书写顺序与它的权重之间通常并没有联系。权重是根据训练数据和模型架构来计算的，与输入的提示词顺序无关。

然而，在某些情况下，提示词的顺序确实会影响生成图像的质量和结果。例如，某些 Stable Diffusion 模型可能会根据输入的提示词顺序来决定生成图像的焦点。如果提示词具有逻辑顺序或特定的含义，可能需要按照正确的顺序输入这些提示词，以确保生成图像的正确性和一致性。

例如，假设想使用一个能够生成艺术风格的 Stable Diffusion 模型，可以选择一系列提示词，如梵高风格、夜空、星空、明亮的星星等。如果将这些提示词按照任意顺序输入，模型可能会生成一张具有梵高风格的艺术图像，但它可能不会清晰地显示夜空和星空。但是，如果首先输入"夜空"和"星空"，然后输入"梵高风格"和"明亮的星星"，模型可能会更好地理解，并生成一张更符合期望的艺术图像。这并不是说提示词的顺序会直接影响模型的权重，而是说在某些情况下，提示词的顺序可能会影响模型对生成图像的理解和表现。因此，在使用 Stable Diffusion 模型时，尝试使用不同的提示词顺序并观察结果是很重要的。所以，如果想在 AI 绘画过程中明确某个主体，就可以使其对应提示词的排序靠前，可参考"画面质量→主要元素→细节规律"这样的排序规则进行提示词的描述。

如果想要明确风格，则与风格相关的提示词应当优于内容方面的提示词，可参考"画面质量→风格→主要元素→细节规律"的顺序安排提示词。

某些情况下，风格权重或许需要优于画面质量，从而确保特殊风格质感不至于被画面质量污染，如像素风等。

手动设置权重时，权重数值默认为 1，范围为 0.1~100，低于 1 就是减弱，大于 1 就是加强，如 (1cat:1.3),(1dog:0.8)。

使用 ( )、{ }、[ ] 设置标签的权重，不同的括号分别表示对所包含的标签的权重进行增加或减小。括号可以多层嵌套，如果将嵌套后的权重以字母 X 表示，括号的基础权重倍数以 Y 表示，括号的嵌套层数以 Z 表示，则 X=YZ。

下面是每种括号所表示的含义。

（1）大括号：每嵌套一层"{ }"使标签权重增强 1.05 倍，即 {TAG} 等价于 (TAG:1.05)，{{TAG}} 等价于 (TAG:1.1025)，以此类推。

（2）圆括号：每嵌套一层"( )"使标签权重增强 1.1 倍，即 (TAG) 等价于 (TAG:1.1)，((TAG)) 等价于 (TAG:1.21)，以此类推。

（3）方括号：每嵌套一层"[ ]"使标签权重减弱到原来的 0.91 倍，即 [TAG] 等价于 (TAG:0.91)，[[TAG]] 等价于 (TAG:0.83)，以此类推。

一般情况下，应使用"(TAG：权重数值)"的语法来调整关键词的权重，它的可读性、可控性更高。

在日常使用中，还经常遇见一种将多个关键词打包来修改提示词的描述方式，具体格式为"(关键词 1，关键词 2，关键词 3，…，关键词 n：权重数值)"。

使用这种描述方式可以同时对多个关键词的权重进行统一修改，在某些情况下使用稍微简便快捷一些，但具体效果目前没有官方说明，一般测试结果与分别标注权重的操作没有明显区别，在不同模型上可能略有不同。

在对关键词权重进行调整时，建议用 {}、( )、[ ] 时要一层一层地慢慢加减权重，用数字时就以 0.05 为步长进行调整，不要一次设置很多层，或者直接给权重加减太多，这样可能会掩盖其他关键词效果的显现，尤其是当步长很大时，过多的 {}、( )、[ ] 和与其余关键词相差甚远的权重甚至会起相反的效果。例如，不管是白天还是夜晚，天空中都是有星星的，为什么在夜晚能看见星光而白天不行，就是因为在白天，太阳的亮度（权重）过高，遮掩了星光（权重偏低）。也就是说，对某个关键词的权重进行修改时，其效果并不只针对该关键词，而是会从整体上进行判断。因此，在实践中，如果发现修改某个关键词的权重后，出图仍未达到理想效果，先不要修改太多，应该先思考一下，是否因为该关键词与其他关键词在语义、权重等方面有冲突或叠加的情况。

在日常使用中，无论是增减括号还是修改权重数字，操作起来都有一些烦琐，还有一种比较快捷的方式来对提示词的权重进行修改，具体操作如下。

拖动鼠标选择需要修改的提示词，然后在按住 Ctrl 键（在苹果计算机上是 command 键）的同时，使用上下方向键增加或减小提示词的权重（图 4.1），每按一次上键或下键，提示词的权重增加或减小 0.1。可以在设置中修改此默认数值。

图 4.1　修改提示词的权重

4.4.4 交替语法

Stable Diffusion WebUI 可以使用 "|" 分隔多个关键词来混合多个要素，用法为 [关键词 1| 关键词 2| 关键词 3…]。

此语法的作用是轮流使用输入的多个提示词生成某物与某物的交替演算产物，在绘制过程中，每一步迭代都会轮流切换用于绘制的关键词。交替语法本质为一种在平等权重下融合多个关键词来生成单个元素的方法，不限制混合元素的数量。当括号外面还有其他关键词，并且没有用逗号隔开时，这些关键词意味着融合过程中的共享元素。

如以下实例。

关键词：[cow|horse]in a field
含义："田野里的牛" 与 "田野里的马" 交替生成，最终会生成一个在田野中的类似 "牛马" 的形象。

关键词：1girl, [blue|red]hair, short hair
含义：生成一个蓝红混色染发的短发女孩。

4.4.5 混合语法

混合语法也称为融合语法，功能是使用关键词 AND 把多种要素强制融合起来，如使用 1cat AND 1dog，会出现一只猫和狗的 "融合怪"。

还可以用数字增加权重，如使用 1cat:2 AND 1dog AND 1tiger，会出现一只更倾向于猫的猫、狗、老虎的 "融合怪"。

混合语法与使用 "|" 的交替语法的功能类似，但在原理上交替语法和混合语法有本质区别：交替语法在每步绘制时只调取其中单独的关键词，而混合语法是将前后的关键词混合起来进行理解，因此交替语法最终呈现的效果更多是融合主体内容的画面特征，而无法像混合语法一样深度理解关键词之间的联系。一般使用混合语法居多，还可以配合权重来使用，所以描述更加精准，使用更加方便。但要注意的是，使用 AND 时必须大写，且 AND 前后要有空格，否则无法正常生效。

4.4.6 渐变语法

渐变语法可以按照指定步数 / 比例，先绘制前面提示词的内容，然后再绘制后面提示词的内容。其基本语法为 [from:to:when]。

其中所提到的步数为 Stable Diffusion WebUI 中的迭代步数。

将它替换为 [提示词 A: 提示词 B: 数字 N]，理解起来更形象。

在图像生成过程中，元素 A 与元素 B 互相叠加，可用于两个词条的融合绘制，数字 N 用于控制元素 A 与元素 B 在绘图过程中参与的程度。当 N>1 时，表示参与的迭代步数；当 N<1 时，则表示参与的迭代步数的比例。具体有以下几种情况。

（1）使用完整格式时，写法：[提示词 A: 提示词 B: 数字 N]。

当 N>1 时，第 N 步前绘制提示词 A，第 N 步后绘制提示词 B；当 N<1 时，是总步数的 C 比例之前绘制提示词 A，C 比例之后绘制提示词 B。

例如，[dog:girl:0.9] 表示总步数的前 90% 绘制狗，之后绘制女孩；而 [dog:girl:30] 则表示前 30 步绘制狗，之后绘制女孩。

（2）当前一个提示词为空时，写法：[提示词 B: 数字 N]，表示从第 N 步 / 比例开始绘制提示词 B。

例如，[cat:10] 表示从第 10 步开始绘制猫。

（3）当后一个提示词为空时，写法：[提示词 A:: 数字 N]，注意这里有两个冒号，表示第 N 步 / 比例停止绘制提示词 A。

例如，[cat::20] 表示到第 20 步停止绘制猫。

（4）组合 / 嵌套使用，使用本语法多层嵌套或与其他语法组合，从而能更加精准地控制提示词在图像生成过程中发挥的作用。如以下实例。

● [[cat:girl:10]:dog:20]：从第 1 ~ 9 绘制猫，第 10 ~ 19 步绘制女孩，从第 20 步到结束绘制狗。

● [[cat::20]:10]：从第 10 步开始绘制猫，到第 20 步结束。

● [cat:girl:10] AND cloud：从第 1 ~ 9 步绘制猫，第 10 步至结束绘制女孩，整个过程同时与云彩交替生成，最终结果可能会出现一个由云彩构成的"猫娘"。

4.4.7 Embedding、LoRA、Hypernetwork 等辅助模型的调用

Stable Diffusion WebUI 经常配合 Embedding、LoRA、Hypernetwork 等模型一起使用，能更容易、更精确地生成想要的图像，可以将这类模型称为辅助模型。调用这类模型，都有各自对应的固定形式，且大多数时候都是在提示词输入框中输入。在提示词中，需要按照以下格式引用 LoRA 模型：

```
<lora: 模型文件名 : 权重 > LoRA 触发词
```

其中，"模型文件名"是 LoRA 模型的名称，而"权重"是 LoRA 模型的权重参数。"LoRA 触发词"则是在提示词中用于触发 LoRA 模型的部分，通常是一个特定的关键词或短语。

因此，可以将这些辅助模型的调用命令当成提示词的一部分。在日常使用或大部分网站显示中，某张图像的提示词信息一般也都包含这些信息。需要注意的是，在生成图像时，如果只是单纯地在提示词的输入部分复制了调用命令，但运行环境里并没有下载安装相应的模型，那么这样的提示词是不会调用成功的。

4.5 实例演示

介绍完以上内容，相信读者已基本能够理解提示词到底是什么了。下面结合实例说明，可以更形象地理解提示词的使用。

4.5.1 主体和背景

任何形式的绘画，都需要有一个主体（subject），主体是绘画作品中的主要对象，通常用于描述在画作中占据主导地位的主题或主体，以及创作者通过选择、刻画和表达所要表现的主要对象。主体是创作者在绘画创作中所关注的核心，也是画作中最重要的元素之一。不同的艺术家在创作中会根据自己的风格和主题来选择不同的主体，如人物、自然风景、静物等。

背景（background）是指在一张画中起到衬托作用的内容。在绘画作品中，背景能够更好地突出主体，表现出主体所处空间的大小，展现周围的环境和特征，表现某种意境或氛围，帮助用户更好地构图，使画面更均衡，利用背景上的图案，获得构图上的装饰效果。

在 AI 绘画中，需要先明确想要创作的主体是什么。在这里，假设要绘制的是一幅以猫为主体的图像，而要生成这样一个图像，需要输入什么样的提示词呢？有些读者可能这么写：

Prompt：a cat
提示词：一只猫

这个提示词也太简单了，当然，也不是不可以，用这样的提示词进行生成，也可以实现绘制一只猫的效果，但往往并不能达到预期的效果。太少的提示词给了 AI 过于自由的发挥空间，所以需要补充更加详细的描述来控制 AI 的生成过程。在这个例子当中，我们需要提到猫长什么样，添加与它形象相关的描述词，如它是什么品种、猫毛是什么颜色、穿戴了什么服饰（二次元），还有关于动作姿态的描述，是站着、卧着，还是在树上爬？主体、背景环境又是什么样子？

Stable Diffusion 并不能猜到这些内容，于是会随机出现这些元素，既然是随机的，就很难正好符合用户的需求，这种凭运气的"抽卡"方式严重降低了绘图效率，所以需要更加详细地表达各个元素信息。

作为演示，这里把猫的形象设计成拟人化的二次元"猫王"，提示词如下：

Prompt：a white cat wearing a red cloak, wearing a crown on the head, sitting on the throne
提示词：一只白色的猫穿着红色的斗篷，头上戴着王冠，坐在宝座上

生成的图像效果如图 4.2 所示。

图 4.2　生成的图像效果

　　从图 4.2 可以看出，加入了详细的描述后，出图效果得到了很明显的控制。

4.5.2　画面风格

　　画面风格（medium）是指生成图像的整体画风或艺术类型，包括插画（illustration）、油画（oil painting）或摄影风（photography）等。这类描述词影响力很大，一个单独的描述词就能够很大限度地改变生成图像的效果。下面分别使用动漫（anime）、素描（sketch）、水彩（watercolor）和像素风（pixel art）四种不同的画面风格提示词生成图像（图 4.3），其他的基础提示词一样，读者可以比较一下有哪些相似之处和不同之处。

　　Prompt：a white cat wearing a red cloak, wearing a crown on the head, sitting on the throne
　　　　　××××

　　提示词：一只白色的猫穿着红色的斗篷，头上戴着王冠，坐在宝座上
　　　　　×××× 画面风格

anime   sketch

watercolor   pixel art

图 4.3   四种不同画面风格提示词所生成的图像

4.5.3   艺术风格

艺术风格（style）是指艺术家在艺术创作中表现出来的独特的创作风貌与艺术格调，是艺术家对客观世界的认识、感受，经过艺术处理后呈现出来的艺术特色，常见的传统艺术风格有印象派（impressionist）、抽象派（abstractionism）、野兽派（fauvism）、写实派（realism）、超现实主义（surrealist）、极简主义（minimalism）、波普艺术（pop art）等。到了现代，随着时代的发展及影视作品和游戏产业的快速崛起，还出现了如未来主义（futurism）、空间艺术（space art）、赛博朋克（cyberpunk）、蒸汽朋克（steampunk）、科幻风（science fiction）等新兴的艺术风格。

艺术风格与画面风格有很多相似的地方，同样会对出图效果产生明显的影响，很多人容易混淆这两个概念，甚至笼统地用"画风"一词来代替，其实两者之间还是有一些区别的。画面风格是指对画面基本元素的设计和布局，包括画面材质、绘画工具，以及色彩、线条、形状等；而艺术风格则更倾向于艺术家的创作风格，涉及艺术作品的内容和形式，包括主题、表现手法、构图、色彩、线条等方面。艺术风格可以体现艺术家的个性和审美观念，以及他们对现实世界的认识和表达方式。画面风格重点通常在"画"，是艺术风格的组成部分之一；而艺术风格重点往往在"人"，它涵盖了更加广泛和深入的内容，是对艺术作品的全面体现。

在对绘画作品的艺术风格进行描述时，艺术家的名字是强有力的修饰语。用户可以在提示词中加入特定艺术家的名字作为参考，以更精确地调整艺术风格。例如，提到梵高 [文森特·威廉·梵高（Vincent Willem van Gogh）]，立刻就能联想到极富扭曲效果的《星空》和《呐喊》，提到莫奈 [奥斯卡 - 克洛德·莫奈（Oscar-Claude Monet）]，人们脑海中马上会浮现出《日出·印象》和《睡莲》。对 AI 来说也是一样，在引用这些著名艺术家的名字时，同样可以很方便地引导 AI 生成类似的作品。而且，还可以使用多个艺术家名字来融合他们的风格。

下面，继续使用"猫王"来演示不同艺术风格的效果，基础提示词仍然保持不变，生成的图像效果如图 4.4 所示。

图 4.4　生成的图像效果

图 4.4 中的四张图像，分别是使用了 impressionist、abstractionism、surrealist、minimalism 4 个关键词生成的，可以很明显地捕捉到他们中各自的艺术风格元素。

接下来再次尝试使用艺术家名字作为关键词来生成图像，看一下这种描述方式又会产生怎样的效果。这里选择了在世界范围内知名度比较高的两位艺术家和两位漫画家：梵高、毕加索（Pablo Picasso）、宫崎骏（Miyazaki Hayao）和井上雄彦（Inoue Takehiko），考虑到梵高和毕加索的作品当中很少有动物形象出现，模型在训练和识别时缺少素材，生成的图像不容易出现理想的效果，这次的主角更换为"林间女孩"，对应的提示词如下。

Prompt：1girl, solo, pink dress, yellow hat, dense jungle, flowering shrubs
　　　　by ××××

提示词：一个女孩，独自，粉色连衣裙，黄色帽子，茂密的丛林，花丛
　　　　由 ×××× 创作

于是可以得到如图 4.5 所示的图像。

图 4.5　生成的图像效果

出图的效果看起来都不错，对于熟悉这 4 位艺术家作品的读者来说，可能不需要标注名字也能比较轻松地分辨各自的风格。

4.5.4　画面质量

　　人们在使用 AI 绘画软件进行图像生成时，都希望生成的图像画面质量越高越好，所以如果去各个相关网站查看发布的作品，尤其是 Stable Diffusion 平台生成的图像，大多带有长长的一串关于画面质量方面的提示词，而这一长串提示词，也是被称为"起手式"或者"标准化提示词"等名词的一部分内容，方便新手直接复制并粘贴到提示词输入框。常见的提示画面质量的提示词有 4k、8k、best quality、ultra-high definition picture quality、ultra-detailed、highly detailed、intricate detail、high-res、incredibly detailed、sharpen、masterpiece（4K 高清、8K 超清、最佳质量、超高清画质、超详细、高度详细、复杂的细节、高分辨率、令人难以置信的细节、锐化、杰作）等。

　　图 4.6 所示的两张图像，一张只输入了 1girl，而另一张则额外添加了 best quality, masterpiece, ultra-detailed background, highly detailed, intricate detail, HDR 等提示画面质量的提示词，读者能分辨得出来吗？

图 4.6　不同画面质量提示词生成的图像

　　很明显，无论是衣服细节还是光影效果，右图都比左图要丰富一些。

　　不过，随着 AI 绘画相关技术各方面的发展进步和模型训练集的更新扩大，越来越多的新模型都淘汰了画面质量低劣的元素，已经不再需要使用这一类描述，或仅使用极少的几个，就可以生成质量极佳的图像了。

4.5.5　整体色调

　　整体色调是指一张图像中画面色彩的总体倾向，是画面给人的整体印象和感受。在绘画中，色调是由色彩的色相、明度、纯度、冷暖等综合因素所构成的。不同的色调往往给人以不同的感受，常见的色调有以下几种。

　　（1）黄色调（也称金色调）通常给人一种温暖、明亮的感受，适合表现阳光、春天、秋天等主题。

　　（2）红色调可以表现出热情、激烈、危险等主题，也常常用于表现夕阳、冬天、秋天等主题。

　　（3）蓝色调给人一种沉静、清爽的感受，一般用于表现冷静、安详、清爽等效果，适合表现夜晚、冬天、海洋等主题。

（4）绿色调是一种自然、和谐、安静的色调，可以表现自然、生命、和平等，适合表现春天、森林、草地等主题。

（5）紫色调是一种神秘、优雅、柔和的色调，可以表现出神秘、优雅、高贵等效果，适合表现傍晚、夜晚、秋天等主题。

（6）亮色调是指色彩的明度较高，给人一种明亮、轻快、清新等感受的色调。亮色调通常用于表现白天、阳光、春夏等主题，可以表现积极、开朗、欢快的氛围。

（7）暗色调是一种较暗的色彩倾向，通过降低色彩的明度和饱和度来表现阴暗、沉重、神秘或者压抑的氛围。暗色调通常用于表现夜晚、阴影、阴暗的室内或者情感上的沉重等主题。

不同的色调可以带给观者不同的情感体验，创作者需要根据自己的创作意图选择合适的色调来表达自己的情感和主题。

下面看看不同色调在生成图像时有什么样的表现效果。

Prompt：1girl, solo, wedding dress, flower crown, garden, upper body
　　　　×××× theme
提示词：1个女孩，独自，婚纱，花冠，花园，上半身
　　　　×××× 颜色主题

生成的图像效果如图 4.7 所示。

图 4.7　生成的图像效果

4.5.6 光影效果

在 AI 绘画中，光影效果是一种表现物体形态、立体感、空间感等视觉效果的重要手段，即通过色彩和明暗的搭配可以营造出不同的氛围和情感。

光影效果的主要特点如下。

（1）光源：光影效果的表现需要设定一个光源，常见的是自然光和人工光源。自然光包括阳光、月光等，人工光源则包括灯光、火光等。

（2）明暗对比：物体在光源的作用下，会形成亮部和暗部，通过明暗对比可以表现出物体的形态、立体感和空间感。

（3）色彩变化：物体在光源的作用下，其色彩也会发生变化，如在阳光下，物体受光面的色彩会偏暖，而背光面的色彩会偏冷。

（4）投影：物体在光源的作用下会产生投影，投影的形状和位置可以表现出物体与光源的关系，同时也能够营造出一种空间感。

在 AI 绘画中，表现光影效果的提示词有很多种，有描述光源的，如 floodlight、neon light、moonlight（泛光灯、霓虹灯、月光）等；有描述光照角度的，如 back lighting、front lighting、oblique light（背光、正面光、斜光）等；有描述光照类型的，如 cinemalic lighting、dramatic light、global illumination（电影照明、舞台照明、全局照明）等。不同的提示词可以表现出不同的光影效果，也会使图像产生不同的视觉效果。

先看以下提示词。

Prompt：1girl, solo, pink skirt, yellow hat
　　　　　dense jungle, flowering shrubs, upper body, crepuscular rays
提示词：1 个女孩，独自，粉色裙子，黄色帽子
　　　　　茂密的丛林，花丛，上半身，黄昏的光线

Prompt：1girl, solo, pink skirt, yellow hat
　　　　　forest, flowering shrubs, multicolored, dappled light
提示词：1 个女孩，独自，粉色裙子，黄色帽子
　　　　　森林，花丛，五颜六色的，斑驳的光

Prompt：1girl, solo, pink skirt, yellow hat
　　　　　forest, flowering shrubs, night, chemiluminescence
提示词：1 个女孩，独自，粉色裙子，黄色帽子
　　　　　森林，花丛，夜晚，荧光

Prompt：1girl, solo, pink skirt, yellow hat
　　　　　city, street, multicolored, neon light
提示词：1 个女孩，独自，粉色裙子，黄色帽子
　　　　　城市，街道，五颜六色的，霓虹灯

这次举例所使用的提示词之间差别稍微多一些，因为想要生成合适的光影效果，

不单是一两个关键词就可以完成的，需要与其他提示词配合使用，就像是霓虹灯，不可能在白天，也不可能在野外。

生成的图像效果如图 4.8 所示。

图 4.8　生成的图像效果

4.5.7　画幅视角

有时想要生成一张人物的半身像或者人物背影，却总是没办法实现，因为没有对图像的画幅视角进行必要的描述，这类提示词一般包括主体与观察者之间的距离、主体在画面中的比例、观察者的视角、拍摄所使用的镜头类型等。

这次以一个机甲女孩为主体，通过变换不同的画幅视角提示词分别生成上半身（upper body）、鱼眼镜头（fisheye lens）、背影（from back）、俯视（from above）等效果的图像，基础提示词如下。

Prompt：masterpiece,1girl, solo, long hair, mecha musume, mechanical arms, headgear, bodysuit, simple background, multicolored

××××

提示词：杰作，1个女孩，独自，长发，机械姬，机械臂，头盔，紧身衣，简单背景，五彩缤纷的

×××× 视角 / 镜头

生成的图像效果如图 4.9 所示。

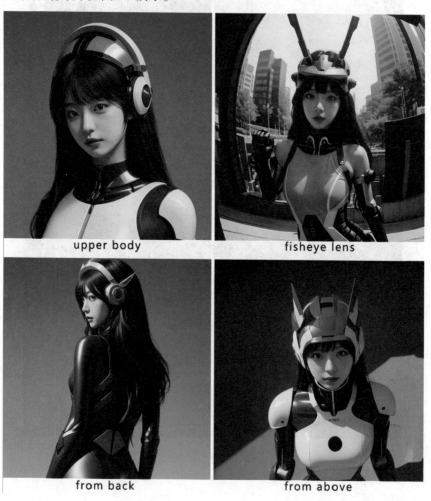

图 4.9　生成的图像效果

4.5.8　负面效果

很多带有负面效果的提示词，常常被输入反向提示词输入框中，用于在生成图像时，筛选掉不需要的画风、元素或错误的绘画结果，一般称这些提示词为反向提示词。比较常见的反向提示词可以参照以下内容。

Negative prompt：worst quality, low quality, normal quality, lowers, polar lowers, monochrome, grayscale, sketches, jpeg artifacts, blurry

ugly face, skin spots, acnes, skin blemishes, tilted head, bad hand, missing fingers, bad feet, poorly drawn hands, poorly drawn face, extra fingers, extra limbs, extra arms, extra legs, extra foot, malformed limbs, fused fingers, too many fingers, long neck, bad body, bad proportions, gross proportions, mutation, deformed, missing arms, missing legs, repeating hair

multiple people, error, cropped, facing away

extra digit, text, signature, watermark, username

反向提示词：最差质量，低质量，正常质量，较差的，极差的，单色，灰度图，草图，JPEG 伪影，模糊

丑陋的脸，皮肤斑点，痤疮，皮肤瑕疵，歪头，手不好，手指缺失，脚不好，手画得不好，脸画得不好，多余的手指，多余的四肢，多余的手臂，多余的腿，多余的脚，畸形的四肢，融合的手指，过多的手指，长脖子，糟糕的身体，糟糕的比例，肥胖而丑陋的比例，变异，畸形，手臂缺失，腿缺失，头发重复

多人，错误，裁剪，面朝外

额外数字，文本，签名，水印，用户名

这些反向提示词的组合，同样是所谓"起手式"或者"标准化提示词"名词的另外一个主要组成部分。可以发现，在这些提示词中，大部分都是与画面质量相关的，与前面提到过的描述画面质量的正向提示词相对应或互补，因此，同样因为 AI 技术的进步，很多新模型在被训练时都会尽量排除这些负面的元素，使用时也不再需要如此繁多冗长的提示词来控制画面质量了。

另外，上面介绍的这些反向提示词并不是全部，也不是一成不变的，需要根据具体情况自行增减，如单色、灰度图等关键词有时是想要的，则需要将其从反向提示词中删除，甚至加入正向提示词中。

当然，并不是说输入了反向提示词，就可以完全杜绝生成的图像出现相关问题，这只是优化图像的一种手段。就目前的 AI 技术来看，还不能达到人们理想中的所谓 AI 的水平，AI 对画面中的各种元素并不是像人类那样去理解，而是通过训练，总结出概率最多的像素并组合而已。

下面简单列举了在没有添加反向提示词时容易出现的结果，如图 4.10 所示。

图 4.10　没有添加反向提示词时容易出现的结果

4.5.9　其他

还有很多不太容易分类的提示词，如强调景深（depth of field）、黄金分割构图（golden section composition）、特技效果（special effects cinematography，SFX）、快速近似抗锯齿（fast approximate anti-aliasing，FXAA）、噪点（noise）、降噪（de-noise）、动态姿势（dynamic pose）、年代感（80s、1960s…）、年龄（18 yo、60 years old…）、史诗（epic）、分形（fractal）、Q 版人物（chibi）、高动态范围 10bit 色深（HDR10）、对称（symmetrical）等，以及很多世界著名影视作品和游戏里的主角名字，都可以根据需要，输入正向提示词或反向提示词输入框中，以产生别具一格的效果。

图 4.11 所示的四张图像分别展示了加入不同提示词后生成的图像效果，基础提示词与整体色调 4.5.5 小节中的婚纱女孩一样。

60 yo　　1960s

fractal　　symmetrical

图 4.11　加入不同提示词后生成的图片效果

　　看完上面所有这些实例，读者是否能更深刻地理解关于提示词编写所要遵循的规律呢？打个比方，使用 AI 绘图的过程就像是去餐馆吃饭，选择基础模型的过程就是选择哪种风味的餐馆。不同的模型可以生成不同风格的图像，选择二次元还是真实系风格，又或者类似游戏 CG 效果的 2.5D 效果，就像选择中餐馆还是西餐厅一样，而中餐又分浙菜、川菜、粤菜等；西餐也有法式餐厅、意大利餐厅等。提示词的作用就像是自助点餐，首先我们要明确自己的需求，即想要人物肖像，还是自然风光，就像要明确自己是想吃炒菜还是涮锅一样；然后输入提示词，如 1girl，就像在饭店跟服务员说"我要吃炒蛋"。提出的要求越少，餐馆的自由度越高，当然，提出的要求太多，互相干扰也是不行的，如之前点了炒蛋，餐馆就会拿一个蛋，只要是蛋就行，炒完给顾客。如果想要达到更好的预期，描述就要详细，如炒鸡蛋，配上西红柿、黄瓜、盐、糖等。权重，就像原材料的配比，如 4 个鸡蛋、2 个西红柿、1 根黄瓜、3 克盐、5 克糖等。至于反向提示词和一些提示品质的正向提示词，就像是说，我要的炒鸡蛋，不要火候过大，不要半生不熟，食材要新鲜的，不要臭鸡蛋与烂西红柿。Embedding 模型像行业习惯或一些约定俗成的事物，如西红柿炒蛋家常的做法，是顾客们都可以接受的食物品质。LoRA 模型的作用则更像是菜品的常用烹饪方法，就像同样是排骨，可以选择红烧，也可以选择清蒸。

在使用 Stable Diffusion WebUI 作图的过程中，写出一份比较好的提示词是文生图技术的关键。但是，这并不容易做到，不要着急输入提示词，想到什么就写什么，而是要先考虑以下问题。

（1）想要一张什么类型的图像，照片还是一幅画？

（2）若是照片，那主题是什么——人、动物还是风景？

（3）想添加哪些细节？例如，特殊照明（special lighting）: soft, ambient, ring light, neon …（柔和的，环境光，环形光，霓虹灯……）；环境（environment）: indoor, outdoor, underwater, in space …（室内，室外，水下，太空……）；配色（color scheme）: vibrant, dark, pastel …（鲜艳的，深沉的，淡雅的……）；视线（point of view）: front, overhead, side …（正面，俯视，侧面……）；背景（background）: solid color, nebula, forest …（纯色，星云，森林……）。

（4）想要哪种特殊艺术风格——3D 渲染、电影海报？

（5）想要哪种特定的照片类型——微距摄影、长焦摄影？

综合以上信息，你是否已经能够构思一段完善的提示词了？

4.6 提示词语法归纳

编写提示词时一般的思路是分为三大类进行准备：A+B+C。

1. A 类：图像类型（画质＋画风）

（1）画质提示词。

● 通用高画质：best quality, ultra-detailed, masterpiece, high-res, 8k …（最佳质量，超精细，杰作，高分辨率，8K 超清……）

● 特定高分辨率类型：extremely detailed CG unity 8k wallpaper, unreal engine rendered …（超精细的 8K Unity 游戏 CG，虚幻引擎渲染……）

（2）画风提示词。

● 插画风：illustration, painting, paintbrush …（插画，绘画，画笔……）

● 二次元：anime, comic, game CG …（动漫，漫画，游戏 CG……）

● 写实系：photorealistic, realistic, photograph …（照片真实感，写实的，照片……）

2. B 类：主体（人物、动物或建筑＋外观＋姿势＋服装＋色彩＋状态＋道具等）

● 人物 & 对象：1girl, panda, building …（一个女孩，熊猫，建筑物……）

● 发型发色：blonde hair, long hair …（金发，长发……）

● 五官特点：small eyes, big mouth …（小眼睛，大嘴巴……）

● 面部表情：smiling, crying …（微笑，哭泣……）

● 肢体动作：running, flying, stretching arms …（奔跑，飞行，伸展手臂……）

● 服装：white dress, blue t-shirt …（白色裙子，蓝色 T 恤……）

3. C 类：场景（环境 + 细节 + 镜头视角 + 光影特效等）

（1）场景特征。

● 室内 / 室外：indoor / outdoor。

● 大场景：forest, city, street …（森林，城市，街道……）

● 小细节：tree, bush, white flower …（树木，灌木，白色花朵……）

（2）环境光照。

● 白天 / 黑夜：day / night。

● 特定时段：morning, sunset …（清晨，日落……）

● 光环境：sunlight, bright, dark …（阳光，明亮的，黑暗……）

● 天空：blue sky, starry sky …（蓝天，星空……）

（3）画幅视角。

● 距离：close-up, distant …（近距离特写，遥远的……）

● 人物比例：full body, upper body …（全身，上半身……）

● 观察视角：from above, view of back …（俯视，背面视图……）

● 相机 / 镜头：wide angle, 35mm, Sony A7 Ⅲ, dslr …（广角镜头，35mm 定焦镜头，索尼A7 Ⅲ，数码单反相机……）

4.7 通用提示词参考模板

4.7.1 摄影人像

1. 正向提示词

（1）提示词：RAW photo, (high detailed skin:1.2), 8k uhd, dslr, soft lighting, high quality, film grain, Fujifilm XT3

译文：RAW 照片，（高细节皮肤：1.2），8K 高清，数码相机，柔和灯光，高质量，电影颗粒，富士胶片 XT3

（2）提示词：(RAW photo, best quality), (realistic, photo-realistic:1.3), best quality, masterpiece, light on face,looking at viewer, straight-on, staring, closed mouth

译文：（RAW 照片，最佳质量），（写实的，照片写实的：1.3），最佳质量，杰作，灯光照在脸上，看着观众，直视，凝视，闭口不言

2. 反向提示词

（1）(deformed iris, deformed pupils, semi-realistic, cgi, 3d, render, sketch, cartoon, drawing, anime:1.4), text, close up, cropped, out of frame, worst quality, low quality, jpeg artifacts, ugly, duplicate, morbid, mutilated, extra fingers, mutated hands, poorly drawn hands, poorly drawn face, mutation, deformed, blurry, dehydrated, bad proportions, disfigured, gross proportions, malformed limbs, missing arms, missing legs, extra arms, extra legs, fused fingers, too many fingers, long neck

译文：（变形的虹膜，变形的瞳孔，半真实的，Cgi，3D，渲染，素描，卡通，绘画，动漫：1.4），文字，特写，裁剪，出帧，最差质量，低质量，JPEG 人工制品，丑陋，

重复，病态，残缺，多余的手指，变异的手，画得不好的手，画得不好的脸，变异，畸形，模糊，脱水，糟糕的比例，毁容，严重的比例，畸形的四肢，缺胳膊，缺腿，多余的胳膊，多余的腿，融合的手指，过多的手指，长脖子

（2）paintings, sketches, (worst quality:2), (low quality:2), (normal quality:2), low-res, normal quality, ((monochrome)), ((grayscale)), skin spots, acnes, skin blemishes, age spot, extra fingers,fewer fingers,((watermark:2)),bad anatomy, bad hands, text, error, missing fingers,extra digit, fewer digits, cropped, worst quality, low quality, normal quality, jpeg artifacts, signature, watermark, bad feet, poorly drawn hands,poorly drawn face,mutation,deformed, extra limbs,extra arms,extra legs,malformed limbs,fused fingers,too many fingers,long neck,cross-eyed,mutated hands,polar low-res,bad body,bad proportions,gross proportions

译文：绘画，素描，（最差质量：2），（低质量：2），（正常质量：2），低分辨率，正常质量，（（单色）），（（灰度）），皮肤斑点，痤疮，皮肤瑕疵，老年斑，额外的手指，更少的手指，（（水印：2）），糟糕的解剖结构，糟糕的手，文本，错误，丢失的手指，多余的数字，更少的数字，最差的质量，低质量，正常质量，JPEG 伪影，签名，水印，画得不好的手，画得不好的脸，变异，畸形，多余的肢体，多余的手臂，多余的腿，畸形的肢体，融合的手指，太多的手指，长脖子，交叉眼，变异的手，极低分辨率，坏身体，坏比例，粗比例

（3）nsfw,paintings, sketches, (worst quality:2), (low quality:2), (normal quality:2), dot, mole, monochrome, grayscale, text, error, cropped, jpeg artifacts, ugly, duplicate, morbid, mutilated, out of frame, extra fingers, mutated hands, poorly drawn hands, poorly drawn face, mutation, deformed, blurry, dehydrated, bad anatomy, bad proportions, extra limbs, cloned face, disfigured, malformed limbs, missing arms, missing legs, extra arms, extra legs, fused fingers, too many fingers, long neck, username, watermark, signature

译文：nsfw，绘画，素描，（最差质量：2），（低质量：2），（正常质量：2），点，痣，单色，灰度，文本，错误，裁剪，JPEG 伪影，丑陋，重复，病态，残缺，帧外，多余的手指，变异的手，画得不好的手，画得不好的脸，变异，畸形，模糊，脱水，畸形的身体结构，畸形的比例，多余的四肢，克隆的脸，毁容，畸形的四肢，缺胳膊，缺腿，多余的手臂，多余的腿，融合的手指，太多的手指，长脖子，用户名，水印，签名

4.7.2 摄影风景

1. 正向提示词

masterpiece, best quality, ultra-detailed unity 8k wallpaper, extremely clear, close shot 35 mm, realism, trending on artstation, 35 mm camera, hyper detailed, photo-realistic maximum detail, volumetric light, moody cinematic epic concept art, hyper photorealistic, epic,movie concept art, cinematic composition, realistic

译文：杰作，最佳质量，超详细的统一 8K 壁纸，极其清晰，近距离拍摄 35mm，现实主义，在 artstation 上的趋势，35mm 相机，超详细，照片逼真的最大细节，体积光，情绪化的电影史诗概念艺术，超逼真，史诗，电影概念艺术，电影构图，写实的

2. 反向提示词

(low quality, worst quality:1.4), (bad anatomy), (inaccurate limb:1.2),bad composition, inaccurate eyes, extra digit,fewer digits,(extra arms:1.2), low-res, error, watermark, bad proportions, low quality, poor resolution, blurry, dull, uninteresting, clich, uninspired, overexposed, oversaturated, unrealistic, poorly executed, outdated, low effort, lacking in detail, generic, disfigured, ugly, grain, deformed, poorly drawn face, mutation, mutated, extra limb, poorly drawn hands, missing limb, floating limbs, disconnected limbs, malformed hands, out of focus, long neck, long body, disgusting, poorly drawn, childish, mutilated, mangled, old, surreal, (watermark)

译文：（低质量，最差质量 :1.4），（糟糕的解剖学），（不准确的肢体 :1.2），糟糕的构图，不准确的眼睛，多余的数字，更少的数字，（多余的手臂 :1.2），低分辨率，错误，水印，糟糕的比例，质量低，分辨率差，模糊，沉闷，无趣，陈词滥调，没有灵感，过度曝光，过度饱和，不现实，执行不力，过时，努力不足，缺乏细节，通用，毁容，丑陋，颗粒，畸形，画得不好的脸，突变，变异，多余的肢体，画得不好的手，缺少的肢体，漂浮的肢体，断开的肢体，畸形的手，失焦，长脖子，长身体，恶心，画得不好，幼稚，残缺，错乱，老，超现实，（水印）

4.7.3 平面插图

1. 正向提示词

(8k, best quality, masterpiece:1.2),(best quality:1.0), (ultra high-res:1.0), watercolor, Illustrations

译文：（8K，最佳质量，杰作 :1.2），（最佳质量 :1.0），（超高清 :1.0），水彩，插画

2. 反向提示词

3d, cartoon, anime, sketches, (worst quality:2), (low quality:2), (normal quality:2), low-res, ((monochrome)), ((grayscale)), skin spots, acnes, skin blemishes, girl, loli, young, red eyes, muscular, over saturated

译文：3D，卡通，动漫，素描，（最差质量 :2），（低质量 :2），（正常质量 :2），低分辨率，（（单色）），（（灰度）），皮肤斑点，痤疮，皮肤瑕疵，女孩，萝莉，年轻，红眼睛，肌肉，过度饱和

第 5 章　模　型

5.1　Stable Diffusion 官方模型

对于 AI 绘画而言，通过对算法程序进行训练，让机器来学习各类图像的信息特征，训练后得到的文件包被称为模型。用一句话来总结，模型就是经过训练学习后得到的程序文件。这和资料数据库完全不同，模型中储存的不是一张张可视的原始图像，而是将图像特征解析后的代码，因此模型更像是一个储存了图像信息的超级大脑，它会根据用户所提供的提示内容进行预测，自动提取对应的碎片信息并进行重组，最后输出一张图像。模型的实际运行原理要比这复杂得多，作为用户了解其大概概念即可。在正式介绍模型的类型之前，先重新认识一下 Stable Diffusion 这款官方模型。

读者是否产生过这样的疑惑：如今市面上有如此丰富的绘图模型，为什么 Stable Diffusion 官方模型会被人们热议？这是因为除了它本身能力强大外，更重要的是从零训练出的完整架构模型的成本非常高。据官方统计，Stable Diffusion v1~v5 模型的训练使用了 256 个 40GB 的 A100 GPU（专用于深度学习的显卡，对标 RTX 3090 以上显卡的算力），合计耗时 15 万个 GPU 小时（约 17 年），总成本达到了 60 万美元（约 390 万元人民币）。除此之外，为了验证模型的出图效果，上万名测试人员每天进行累计约 170 万张的出图测试，并且这款模型是免费开源的。

但对比开源社区里百花齐放的绘图模型，Stable Diffusion 官方模型的出图效果绝对算不上出众，甚至可以说有点差劲，为什么？因为 Stable Diffusion 作为专注于图像生成领域的大模型，它的目的并不是直接进行绘图，而是通过学习海量的图像数据进行预训练，提升模型整体的基础知识水平，这样就能以强大的通用性和实用性的状态完成后续下游任务的应用。简而言之，Stable Diffusion 官方模型更像是一本包罗万象的百科全书，虽然集合了 AI 绘图所需的基础信息，但是无法满足对细节和特定内容的绘图需求，所以想由此直接晋升为专业的绘图工具还是有些困难的。

Stable Diffusion 官方模型的真正价值在于降低了模型训练的门槛，也即它大大降低了在现有大模型的基础上训练新模型的成本。对众多 AI 绘图爱好者来说，只需在 Stable Diffusion 官方模型的基础上加上少量的文本图像数据，并配合微调模型的训练方法，就能得到应用于特定领域的定制模型。一方面训练成本大大降低，只需在本地用一张民用级显卡训练几小时就能获得稳定出图的定制化模型；另一方面，针对特定方向进行模型微调能够提升模型对绘图任务的理解和性能，从而显著提升实际出图效果。

5.2　常用模型

根据模型训练方法和难度的差异，可以将常用模型简单划分为两类：一类是主模型；另一类则是用于微调主模型的扩展模型。主模型是指包含了 TextEncoder、U-Net

和 VAE 的标准模型 Checkpoint，它是在 Stable Diffusion 官方模型的基础上通过全面微调得到的。但这样全面微调的训练方式对普通用户来说还是比较困难的，不仅耗时耗力，对硬件要求也很高，因此人们开始训练一些扩展模型，如 Embedding、LoRA、Hypernetwork 等，通过它们配合合适的主模型同样可以实现不错的控图效果。我们可以将主模型理解为一本面向特定科目的教材，而扩展模型则是针对教材内容进行补充的辅导资料或习题册。常用模型基本信息及对比见表 5.1。

表 5.1　常用模型基本信息及对比

模型名称	安装目录	训练方法	后　缀	大　小	使用方法	特　点
Checkpoint	\models\Stable-diffusion	DreamBooth	safetensors 或 ckpt	2 ~ 7GB	WebUI 顶部设置栏直接切换	主模型，效果最好，常用于控制画风，文件体积较大，不够灵活
Embedding	\embeddings	Textual Inversion	pt	约 50KB	在提示词输入框中输入触发关键词	最轻量的模型，适合控制人物角色，但控图能力有限
LoRA	\models\Lora	LoRA	safetensors	20 ~ 200MB	在提示词输入框中输入 <lora: filename: multiplier>	很热门的扩展模型，体积小且控图效果好，常用于固定角色特征
Hypernetwork	\models\hypernetworks	Hypernet-work	pt	50MB ~ 1GB	在提示词输入框中输入 <hypernet: filename; multiplier>	低配版的 LoRA 模型，因训练难度较高已逐渐被淘汰，多用于控制画风
VAE	\models\VAE	—	safetensors 或 ckpt	约 300MB	WebUI 顶部设置栏直接切换	作为外置模型来弥补主模型的 VAE 功能，用于辅助出灰图的主模型

模型推荐：Checkpoint > LoRA > Embedding > Hypernetwork > VAE。

5.2.1　Checkpoint 模型

Checkpoint 模型（主模型，又称基础模型、底模型、大模型或 ckpt 模型）是通过 DreamBooth 训练方式得到的主模型，特点是出图效果好，但由于训练的是一个完整的新模型，所以训练速度普遍较慢，生成的模型文件较大，一般为 2 ~ 7GB，文件格式为 safetensors 或 ckpt。通常情况下，Checkpoint 模型搭配 LoRA 或 Textual Inversion 模型使用，可以获得更好的出图效果。

存放路径：Stable Diffusion 安装目录下 \models\Stable-diffusion 文件夹中，如图 5.1 所示，模型效果如图 5.2 所示。

设
计
师
自
救
指
南
：
Stable
Diffusion
实
用
教
程

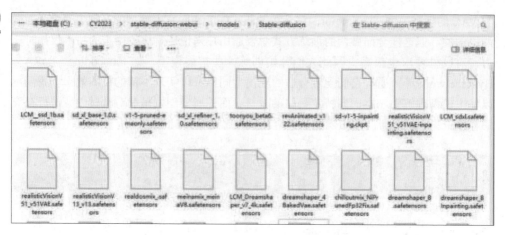

图 5.1 Checkpoint 模型存放路径

图 5.2 Checkpoint 模型效果

5.2.2 Embedding 模型

Embedding 模型（嵌入式向量，也被称为 Textual Inversion）使用文本提示来训练模型，可以简单理解为一组打包的提示词，用于生成固定特征的人或事物。特点是对于特定风格特征的出图效果好，模型文件非常小，一般为几十千字节，但是训练速度较慢，需要搭配主模型使用。

存放路径：Stable Diffusion 安装目录下 \embeddings 文件夹中，如图 5.3 所示，模型效果如图 5.4 所示。

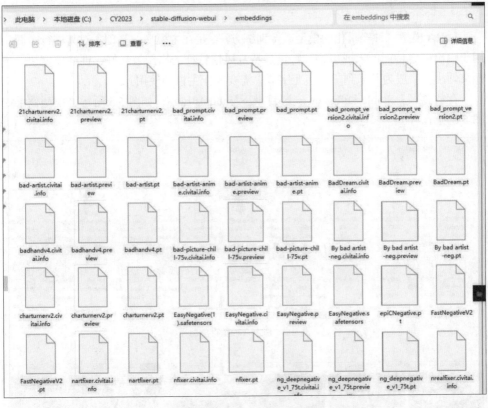

图 5.3　Embedding 模型存放路径

图 5.4　Embedding 模型效果

5.2.3 LoRA 模型

LoRA 模型一种轻量化的模型微调训练方法，是在主模型的基础上对其进行微调，用于输出固定特征的人或事物。特点是特定风格特征的出图效果好，训练速度快，模型文件小，一般为几十到一百多兆字节，需要搭配主模型使用。

存放路径：Stable Diffusion 安装目录下 \models\Lora，如图 5.5 所示，模型效果如图 5.6 所示。

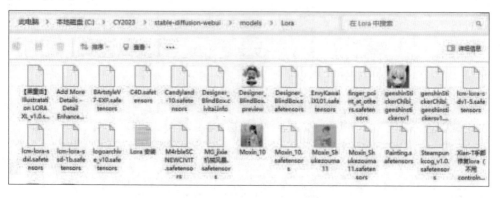

图 5.5　LoRA 模型存放路径

图 5.6　LoRA 模型效果

5.2.4 Hypernetwork 模型

Hypernetwork 模型与 LoRA 模型类似，但效果不如 LoRA 模型，需要搭配主模型使用。

存放路径：Stable Diffusion 安装目录下 \models\hypernetworks，如图 5.7 所示，模型效果如图 5.8 所示。

图 5.7 Hypernetwork 模型存放路径

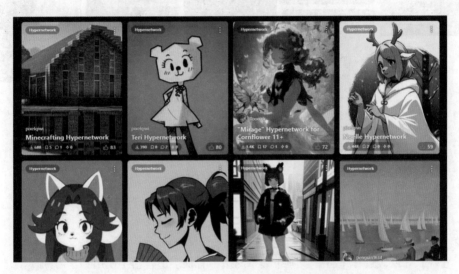

图 5.8 Hypernetwork 模型效果

5.2.5 VAE 模型

VAE 模型（变分自动编码器，可以理解为滤镜）的作用是提升图像色彩效果，让画面看上去不会灰蒙蒙的，此外对图像细节进行细微调整。

存放路径：Stable Diffusion 安装目录下 \models\VAE，如图 5.9 所示，模型效果如图 5.10 所示。

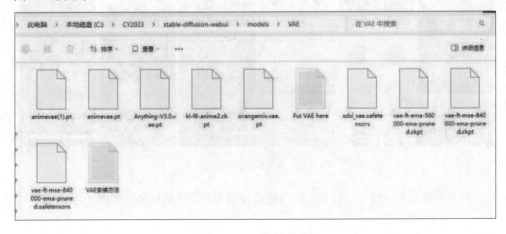

图 5.9 VAE 模型存放路径

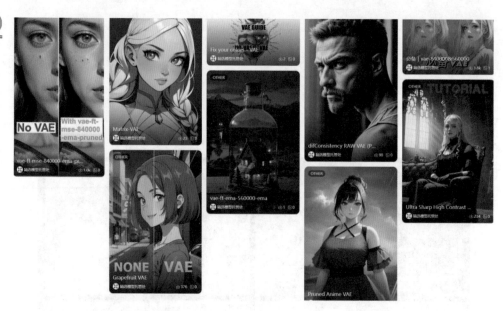

图 5.10 VAE 模型效果

5.3 新手必备模型推荐

　　国内 AI 绘画创作平台——哩布哩布网站中有很多适合新手使用和学习的模型，如图 5.11 所示。可以根据不同分类和排序方式对模型进行筛选和搜索。

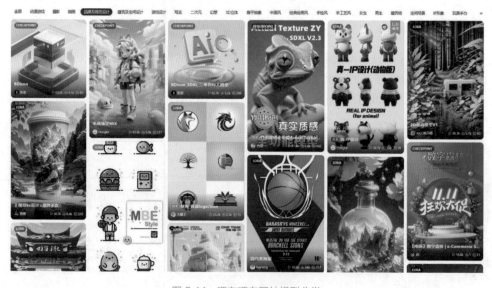

图 5.11 哩布哩布网站模型分类

　　打开具体的单个模型页面后，可以查看模型说明和下载模型，如图 5.12 所示。

图 5.12 查看模型说明和下载模型

图 5.13 所示为该模型使用注意事项，使用模型前都应该仔细阅读。

图 5.13 模型使用注意事项

5.3.1 DreamShaper 模型

DreamShaper（Checkpoint 模型）：胜任多种风格（如写实、原画、2.5D 等），可以生成精美的人像和风景图，如图 5.14 所示。

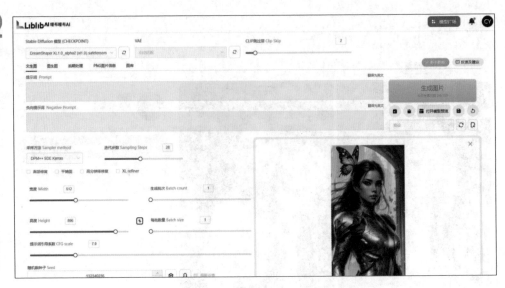

图 5.14　DreamShaper 模型

5.3.2　Lyriel 模型

Lyriel（Checkpoint 模型）：胜任多种风格，能实现顶级的光影效果和人物风景细节，如图 5.15 所示。

图 5.15　Lyriel 模型

5.3.3　真实感 Dreamlike Photoreal 2.0 模型

真实感 Dreamlike Photoreal 2.0（Checkpoint 模型）：生成的图像效果更偏向真实照片，如图 5.16 所示。

图 5.16　真实感 Dreamlike Photoreal 2.0 模型

5.3.4　Realistic Vision 模型

　　Realistic Vision（Checkpoint 模型）：能很好地实现极具真实感的人物和环境塑造，还原真实世界风格，如图 5.17 所示。

图 5.17　Realistic Vision 模型

5.3.5　MeinaMix 模型

　　MeinaMix（Checkpoint 模型）：可生成高质量二次元人物形象，如图 5.18 所示。

图 5.18　MeinaMix 模型

5.3.6　Vectorartz Diffusion 模型

　　Vectorartz Diffusion（Checkpoint 模型）：矢量风格模型，如图 5.19 所示。

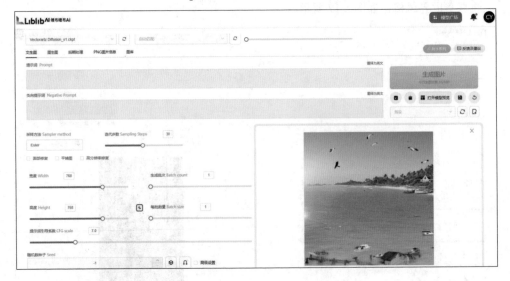

图 5.19　Vectorartz Diffusion 模型

5.3.7　architecture_Exterior_SDlife_Chiasedamme 模型

　　architecture_Exterior_SDlife_Chiasedamme（Checkpoint 模型）：用于建筑设计、人文景观设计，如图 5.20 所示。

图 5.20　architecture_Exterior_SDlife_Chiasedamme 模型

5.3.8　Interior Design 模型

　　Interior Design（Checkpoint 模型）：真实感室内设计模型，如图 5.21 所示。

图 5.21　Interior Design 模型

5.3.9　T-shirtprintdesigns 模型

　　T-shirtprintdesigns（Checkpoint 模型）：用于 T 恤印刷设计、Logo 设计、产品包装设计，如图 5.22 所示。

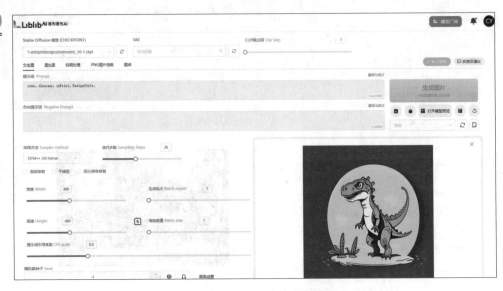

图 5.22　T-shirtprintdesigns 模型

5.3.10　Anime Natural Language XL 模型

　　Anime Natural Language XL（Checkpoint 模型）：首个能识别文字的二次元模型，如图 5.23 所示。

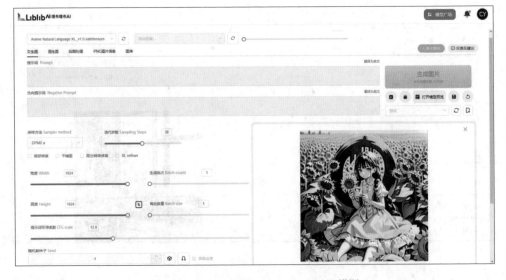

图 5.23　Anime Natural Language XL 模型

5.3.11　MR 3DQ 模型

　　MR 3DQ（Checkpoint 模型）：3D 模型、IP 手办类设计模型，如图 5.24 所示。

图 5.24　MR 3DQ 模型

5.3.12　SDArt: Elemental Flowers 模型

SDArt: Elemental Flowers（Checkpoint 模型）：植物绘画类模型，如图 5.25 所示。

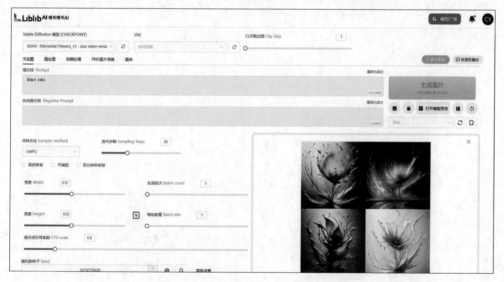

图 5.25　SDArt: Elemental Flowers 模型

5.3.13　《时光 2》高清人像版 SDXL 摄影大模型

《时光 2》高清人像版 SDXL 摄影大模型（Checkpoint 模型）：虚拟摄影、光效、真实感模型，如图 5.26 所示。

图 5.26　《时光 2》高清人像版 SDXL 摄影大模型

第 6 章　ControlNet 插件

6.1　什么是 ControlNet

AI 绘画的创造力令人叹为观止，然而其可控性的不足却是一大瓶颈。在实践中，许多工具甚至无法准确控制人物的姿势，导致每次绘画都像是开启"盲盒"，充满了不确定性，难以在实际工作中发挥出真正的价值。ControlNet 的出现彻底改变了这一现状。

作为 Stable Diffusion 迄今为止最强大的插件之一，ControlNet 通过额外的输入实现了对 AI 绘画效果的完美控制。无论是姿势控制、线稿上色，还是语义分割，都在其精准掌控中。这不仅极大地提高了 AI 绘画的可控性，更为其在现实工作中的应用提供了可能性。ControlNet 的创造者张吕敏，凭借其对 AI 绘画技术的深刻理解和精湛技能，成功开发出了这个强大的插件。他的智慧和努力为 AI 绘画领域带来了新的突破，也向人们展示了 AI 技术在未来工作中的无限潜力。

在 ControlNet 的帮助下，AI 绘画的可控性得到了极大的提升。这使得 AI 绘画不仅能够满足艺术创作的多样性需求，同时也能更好地适应实际工作的需要。无论是在设计、广告、游戏制作等领域，还是在医疗、建筑等需要高度精细化的行业中，AI 绘画都能发挥出更大的价值。通过 ControlNet，人们可以更加准确地控制 AI 绘画生成的效果，从而更好地实现自己的创意和想法。这不仅提高了工作效率，也使得作品的质量更加稳定可靠。同时，ControlNet 的出现也推动了 AI 技术的进一步发展，为人工智能领域带来了更多的创新和突破。

6.2　ControlNet 原理简述

ControlNet 是一种可以控制大型预训练扩散模型以适应额外输入条件的技术。其工作原理是将可训练的人工神经网络模块附加到稳定扩散模型的各个噪声预测器（U-Net）上，直接影响稳定扩散模型的各个解码阶段的输出。由于 Stable Diffusion 模型的权重是锁定的，因此它们在训练过程中是不变的，会改变的仅是附加的 ControlNet 模块的权重。在带有 ControlNet 的图像训练过程中，共有两种条件会作用到生成图像上，一种是提示词，另一种是由 ControlNet 引入的各种自定义条件。

ControlNet 可以从输入图像中提取轮廓、深度和分割等信息，并根据指令创建图像。其人工神经网络分为两种：固定权重的模型（locked）和复制权重的可训练模型（trainable copy）。ControlNet 可以仅在可训练模型上学习附加条件，即使是小数据集也可以高效且有效地进行学习。此外，为了稳定学习并加快学习速度，ControlNet 还可以通过向可训练模型添加一个称为零卷积的块，将卷积层的权重初始化为 0。ControlNet 端的 U-Net 的编码器部分变成了可训练的副本。在输入前，U-Net 的解码器部分被替换成了零卷积块，并与 Stable Diffusion 端的 U-Net（固定权重模型）相连接。

看到这里是不是有些疑惑？没关系，上述内容只是理论，简单了解即可。简单来说，ControlNet 是一种人工神经网络结构，其通过添加额外条件来控制扩散模型。这些条件可以是各种规则，如形状、大小、方向等，这些规则可以根据实际应用的需求进行定义。ControlNet 的设计思路是将这些额外的条件编码为人工神经网络中的特征图，从而对扩散模型进行约束。这种设计方法使得扩散模型在生成过程中可以更好地满足一些特定的规则或要求。具体来说，ControlNet 包括两个主要部分：一个扩散模型和一个编码器。编码器将额外的条件编码为特征图，然后将其输入扩散模型中。扩散模型在生成过程中会考虑这些特征图，从而生成符合特定规则的图像。

ControlNet 的应用场景非常广泛，如图像生成、图像修复、超分辨率重建等。通过使用 ControlNet，可以在保证生成图像质量的同时，更好地满足一些特定的规则或要求，从而实现更加智能化的图像处理。

这里着重需要了解的是 ControlNet 在 Stable Diffusion WebUI 中的使用途径，以及正确掌握使用 ControlNet 来控制图像生成的方法。ControlNet 可以通过边缘、深度、姿势、涂鸦等功能，让用户能够指定想要生成的图像的样式，利用强大的人工神经网络，用户可以生成想要的图像。此外，它还可以和其他的图像生成模型结合，为用户提供更多的选择。

6.3　ControlNet 的功能

总的来说，ControlNet 的核心作用就是控制，即通过额外输入一些指定的信息来更好地控制扩散模型，从而引导其生成指定内容。ControlNet 具有以下功能。

（1）形体姿态控制功能：主要用于控制人物的姿势、表情。

（2）线稿上色功能：根据线稿图渲染图像。通过实践可知，ControlNet 更擅长处理人物，包括真人和动漫形象。其可以将一张线条草图变得活灵活现，部分物品的渲染效果也不错。

（3）语义分割风格转换功能：根据不同色块生成对应内容。例如，墙的颜色是某一种灰色，在 ControlNet 语义分割模型的控制下，这种灰色的地方必然会被画成墙壁，诸如此类。换言之，在一幅空白的画布中，用户希望在什么地方出现什么内容，只需将其对应的色块涂上去，Stable Diffusion 就会根据布局绘制出对应的内容。

（4）建筑渲染功能：ControlNet 可以根据一张手绘草图、毛坯房照片图等，渲染出具体的外观和装修效果，包括软装和硬装。

（5）涂鸦生成功能：根据涂鸦线条渲染为人、物体、建筑等图像（图 6.1）。也就是说，不需要用户有绘画技术，也可以控制 Stable Diffusion 生成美观的图像。

（6）图片放大功能。

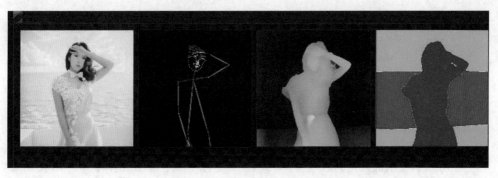

图 6.1 根据涂鸦线条渲染成图像

6.4 ControlNet 的下载与安装

（1）打开 Stable Diffusion WebUI 主界面，切换到"扩展"选项卡。

（2）在"扩展"选项卡中打开"从网址安装"子选项卡。

（3）在"扩展的 git 仓库网址"文本框中输入 https://github.com/Mikubill/sd-webui-controlnet。

（4）单击"安装"按钮，如图 6.2 所示。

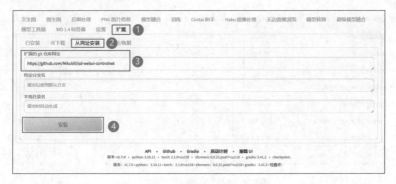

图 6.2 安装 ControlNet

（5）等待 5 秒，将看到消息 "Installed into stable-diffusion-webui\extensions\sd-webui-ControlNet.Use Installed tab to restart"。

（6）切换到"已安装"子选项卡，单击"应用更改并重启"按钮，重新启动 A1111 webui，包括用户终端（如果不知道什么是"终端"，则可以重新启动计算机以达到相同的效果）。

（7）将模型放入正确的文件夹后，可能需要刷新才能看到。"刷新"按钮位于"模型"下拉列表右侧，如图 6.3 所示。

（8）从 ControlNet 1.1 中下载模型：lllyasviel/ControlNet-v1-1 at main (huggingface.co)。需要下载以".pth"结尾的模型文件。

（9）将模型放入 stable-diffusion-webui\extensions\sd-webui-ControlNet\models 文件夹中，默认已经包含了所有 yaml 文件，只需要下载 pth 文件即可。

图 6.3　单击"刷新"按钮

（10）单击 Hugging Face 中的下载按钮进行下载，如图 6.4 所示。不要右击 Hugging Face 网站中的文件名进行下载。因为右击这些 Hugging Face HTML 网站，只是将这些 HTML 页面保存为 pth/yaml 文件，并没有下载正确的文件。

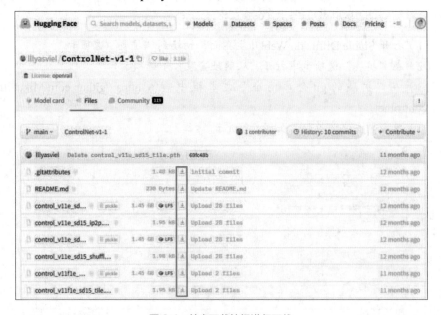

图 6.4　单击下载按钮进行下载

6.5　ControlNet 1.1 模型及预处理器

ControlNet 1.1 共有 14 个模型（11 个生产模型和 3 个实验模型）：

（1）control_v11p_sd15_canny（canny\threshold）。

（2）control_v11p_sd15_mlsd（mlsd）。

（3）control_v11f1p_sd15_depth（depth_leres\depth_leres++\ depth_zoe）。

（4）control_v11p_sd15_normalbae（normal_map\ normal_bae）。

（5）control_v11p_sd15_seg（segmentation\oneformer_coco\oneformer_ade20k）。

（6）control_v11p_sd15_inpaint（inpaint\inpaint_only）。

（7）control_v11p_sd15_lineart（lineart\lineart_coarse\lineart_standard）。

（8）control_v11p_sd15s2_lineart_anime（lineart_anime\lineart_anime_denoise）。

（9）control_v11p_sd15_openpose（openpose\openpose_face\openpose_faceonly\openpose_full）。

（10）control_v11p_sd15_scribble（pidinet_scribble\scribble_xdog\scribble_hed）。

（11）control_v11p_sd15_softedge（hed_safe\pidinet\pidinet_safe\pidinet_sketch）。

（12）control_v11e_sd15_shuffle（shuffle\clip_vision）。

（13）control_v11e_sd15_ip2p。

（14）control_v11f1e_sd15_tile（tile_resample\tile_colorfix\tile_colorfix+sharp）。

其他未分类的六组预处理器分别是 mediapipe_face、color、invert、reference_only、reference_adain、reference_adain+attn。

6.6 ControlNet 子模型

6.6.1 Canny 模型

Canny 模型（边缘图）是一种用于控制图像稳定扩散的模型，它利用 Canny 边缘图作为导向来生成图像。Canny 边缘图是一种经过二值化处理的图像，仅保留了图像中的主要边缘信息，而忽略了其他细节。它能够识别输入图像的边缘信息，并从图像中生成线稿。该模型可以非常精准和细致地获取原图的更多细节内容，包括毛发（头发）、衣服上的花纹、背景树木的细节、房屋的纹理等。通过应用 Canny 模型，可以根据 Canny 边缘图生成逼真的图像，或者根据用户输入的提示词改变图像的内容或风格。Canny 模型是使用频率最高的一种 ControlNet 子模型，适用于各种场景和风格。

Canny 边缘检测是一种流行的边缘检测算法，它使用多阶段过程来检测图像中的边缘。以下是使用 Python 和 OpenCV 库实现 Canny 边缘检测的简单示例代码：

```
import cv2
import numpy as np
# 读取图像
img = cv2.imread('image.jpg', cv2.IMREAD_GRAYSCALE)
# 应用 Canny 边缘检测算法
edges = cv2.Canny(img, 100, 200)
# 显示结果
cv2.imshow('Original Image', img)
cv2.imshow('Edges', edges)
cv2.waitKey(0)
cv2.destroyAllWindows()
```

在上述代码中，首先使用 OpenCV 库的 imread() 函数读取图像，并将其转换为灰度图像。然后通过 Canny() 函数应用 Canny 边缘检测算法，并设置两个阈值参数。最后使用 imshow() 函数显示原始图像和检测到的边缘。注意，Canny() 函数还有其他参数，如 apertureSize 和 L2HysThreshold，可以根据需要进行调整。同时，还需要注意图像的路径和文件名应根据实际情况进行修改。

Canny 模型操作演示文件如下，操作演示步骤如图 6.5 和图 6.6 所示，演示效果如

图 6.7 所示。

● 模型文件：control_v11p_sd15_canny.pth。

● 配置文件：control_v11p_sd15_canny.yaml。

图 6.5　操作演示步骤（1）

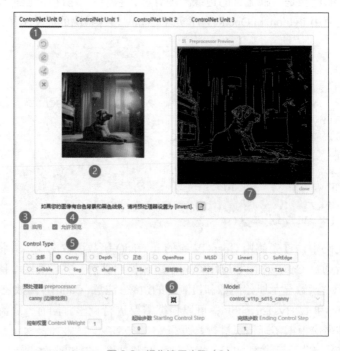

图 6.6　操作演示步骤（2）

图 6.7 演示效果

6.6.2 MLSD 模型

　　MLSD 模型（直线图）是一种基于 M-LSD（Modified-Line Segment Detector，多尺度检测）直线线条检测算法的图像生成模型，利用 ControlNet 结构来控制稳定扩散的过程。MLSD 模型的特点是可以根据用户输入的直线图和提示词生成逼真的图像，同时也可以调节 M-LSD 直线线条检测的阈值来改变直线图的细节。该模型使用 M-LSD 算法从图像中提取直线，并将其作为控制信号输入稳定扩散模型。MLSD 模型在建筑设计和室内设计方向的处理上表现良好。在建筑设计中，直线是构成设计的基础元素之一，通过使用 MLSD 模型，设计师可以快速准确地检测出图像中的直线部分，从而更好地进行布局和结构设计。在室内设计中，直线同样也是重要的元素之一，通过使用 MLSD 模型，设计师可以更好地了解室内空间的结构和特征，以便更好地进行装修和装饰设计。此外，MLSD 模型也可以用于其他领域，如机器视觉和图像处理等。它可以帮助机器快速准确地检测出图像中的直线特征，从而更好地进行图像分析和处理。该模型可以生成具有清晰边缘和几何结构的图像，适用于建筑设计、室内装饰、城市规划等领域。

　　M-LSD 是一种改进的直线线条检测算法，它具有更好的性能和准确性。以下是一个简单的 M-LSD 直线线条检测示例代码，使用 Python 和 OpenCV 库实现：

设计师自救指南：Stable Diffusion 实用教程

```
import cv2
import numpy as np
# 读取图像
img = cv2.imread('image.jpg', cv2.IMREAD_GRAYSCALE)
# 应用M-LSD算法进行直线线条检测
lines = cv2.ximgproc.mlsd(img, None, 0.5, 8, 100, 100, cv2.
        ximgproc.LSD_REFINEMENT_6, 5)
# 在图像上绘制检测到的直线
for line in lines:
    x1, y1, x2, y2 = line[0]
    cv2.line(img, (x1, y1), (x2, y2), (0, 0, 255), 2)
# 显示结果
cv2.imshow('M-LSD Lines', img)
cv2.waitKey(0)
cv2.destroyAllWindows()
```

在上述代码中，首先使用 OpenCV 库的 imread() 函数读取图像，并将其转换为灰度图像。然后通过 cv2.ximgproc.mlsd() 函数应用 M-LSD 算法进行直线线条检测。这个函数返回一个包含检测到的直线段的列表。然后再使用 cv2.line() 函数在图像上绘制检测到的直线。最后使用 imshow() 函数显示结果。

MLSD 模型操作演示文件如下，操作演示步骤如图 6.8 和图 6.9 所示，演示效果如图 6.10 所示。

● 模型文件：control_v11p_sd15_mlsd.pth。

● 配置文件：control_v11p_sd15_mlsd.yaml。

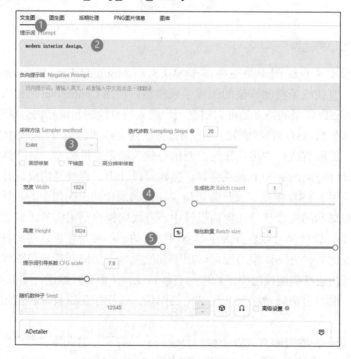

图 6.8　操作演示步骤（1）

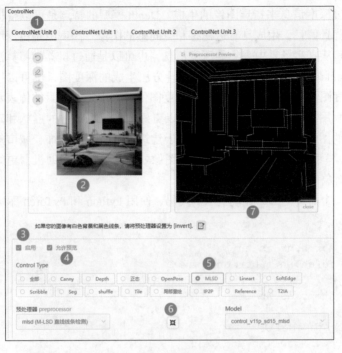

图 6.9　操作演示步骤（2）

图 6.10　演示效果

6.6.3　Depth 模型

Depth 模型（深度图）是一种基于深度图的图像生成模型，它利用深度图作为控制信号，通过深度信息来指导图像的生成。Depth 模型的特点是可以根据深度图中的前景信息和背景信息，生成具有透视感和空间感的图像。深度图是由深度感知技术生成的，可以是从真实场景中采集的深度信息，也可以是通过机器学习算法估计出的深度信息。Depth 模型接收由不同的深度估计方法生成的深度图，也可以接收由渲染引擎生成的深度图。深度图通常被处理为灰度图像，其中每个像素的值表示该像素到相机的距离。利用深度信息，Depth 模型可以更好地理解场景中的形状和对象，从而生成更加逼真的图像。Depth 模型广泛应用于建筑设计、室内装饰、城市规划等领域。同时，Depth 模型也可以用于机器视觉和图像处理等领域，帮助机器更好地理解图像中的形状和对象。

以下是一个简单的 Depth 模型示例代码，使用 Python 和 PyTorch 库实现：

```python
import torch
import torch.nn as nn
import torch.nn.functional as F
import cv2
import numpy as np

# 定义 DepthModel 类
class DepthModel(nn.Module):
    def __init__(self):
        super(DepthModel, self).__init__()
        self.conv1 = nn.Conv2d(3, 64, kernel_size=3, stride=1, padding=1)
        self.conv2 = nn.Conv2d(64, 128, kernel_size=3, stride=1, padding=1)
        self.conv3 = nn.Conv2d(128, 256, kernel_size=3, stride=1, padding=1)
        self.relu = nn.ReLU(inplace=True)

    def forward(self, x):
        x = self.relu(self.conv1(x))
        x = self.relu(self.conv2(x))
        x = self.relu(self.conv3(x))
        return x

# 加载预训练的 Depth 模型
model = DepthModel()
model.load_state_dict(torch.load('depth_model.pth'))
model.eval()

# 读取随机图像
img = cv2.imread('random_image.jpg')
img = cv2.cvtColor(img, cv2.COLOR_BGR2RGB)
img = img.astype(np.float32) / 255
img = torch.from_numpy(img).permute(2, 0, 1).unsqueeze(0)

# 生成深度图
depth_map = model(img)
depth_map = depth_map.squeeze(0).detach().numpy()
```

```
# 将深度图转换为二值图像并显示
depth_map_ 阈值化 = np.zeros_like(depth_map)
depth_map_ 阈值化[depth_map > 0.5] = 1
cv2.imshow('Depth Map', depth_map)
cv2.imshow('Threshold Binary Map', depth_map_ 阈值化)
cv2.waitKey(0)
cv2.destroyAllWindows()
```

在上述代码中，首先定义了一个名为 DepthModel 的 PyTorch 模型类，它包含三个卷积层和一个 ReLU 激活函数。然后加载了一个预训练的 Depth 模型，并将其设置为评估模式。接着读取一张随机图像，将其转换为 PyTorch 张量，并对其进行预处理。接着使用加载的 Depth 模型生成深度图，并将其调整为二值图像。最后，使用 OpenCV 库显示原始深度图和阈值化的二值图像。请注意，上述代码仅为示例，具体实现可能因不同的 Depth 模型和数据集而有所不同。

Depth 模型操作演示文件如下，操作演示步骤如图 6.11 和图 6.12 所示，演示效果如图 6.13 所示。

● 模型文件：control_v11f1p_sd15_depth.pth。
● 配置文件：control_v11f1p_sd15_depth.yaml。

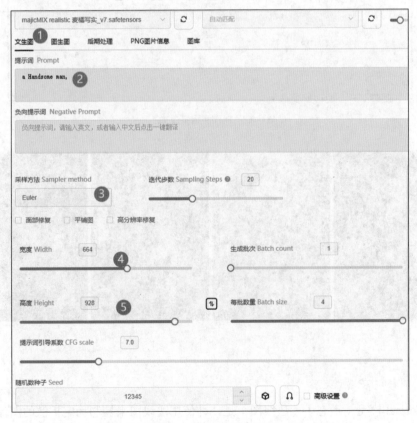

图 6.11　操作演示步骤（1）

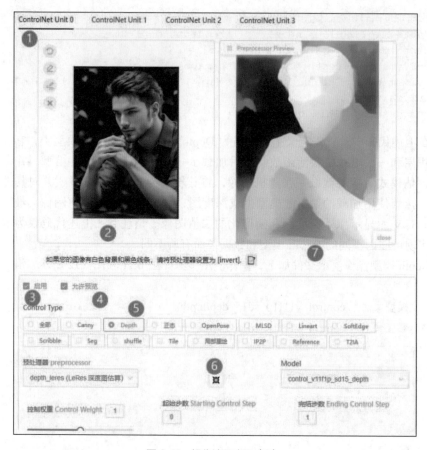

图 6.12　操作演示步骤（2）

图 6.13　演示效果

6.6.4　Normal 模型

Normal 模型（正态）（法线图）是一种使用法线图来控制稳定扩散的图像生成模型。法线图是一种表示表面方向的图像，可以用于增强光照和纹理效果。Normal 模型的特点是可以根据用户输入的法线图和文本提示生成逼真的图像，同时也可以调节 Normal 模型生成图像的阈值来改变法线图的细节。在 Normal 模型中，法线图被用作控制信号，以指导图像的生成。该模型可以接收由贝叶斯方法估计的法线图，也可以接收由渲染引擎生成的真实法线图，只要其遵循 ScanNet 的协议。ScanNet 是一个用于三维重建和场景理解的开源数据集，它提供了一些场景的法线图作为输入。Normal 模型的应用场景包括游戏开发、动画制作、艺术创作等。在游戏开发中，可以利用 Normal 模型生成逼真的游戏场景和角色；在动画制作中，可以利用 Normal 模型增强角色的光照和纹理效果，使其更加逼真；在艺术创作中，可以利用 Normal 模型生成具有独特风格的艺术作品。以下是使用 PyTorch 实现 Normal 模型的简单示例代码：

```python
import torch
import torch.nn as nn
import torch.nn.functional as F

class NormalModel(nn.Module):
    def __init__(self):
        super(NormalModel, self).__init__()
        self.conv1 = nn.Conv2d(6, 64, kernel_size=3, stride=1, padding=1)
        self.bn1 = nn.BatchNorm2d(64)
        self.conv2 = nn.Conv2d(64, 64, kernel_size=3, stride=1, padding=1)
        self.bn2 = nn.BatchNorm2d(64)
        self.conv3 = nn.Conv2d(64, 128, kernel_size=3, stride=1, padding=1)
        self.bn3 = nn.BatchNorm2d(128)
        self.conv4 = nn.Conv2d(128, 128, kernel_size=3, stride=1, padding=1)
        self.bn4 = nn.BatchNorm2d(128)

    def forward(self, x):
        x = F.relu(self.bn1(self.conv1(x)))
        x = F.relu(self.bn2(self.conv2(x)))
        x = F.relu(self.bn3(self.conv3(x)))
        x = F.relu(self.bn4(self.conv4(x)))
        return x
```

可以使用以下代码来加载预训练的 Normal 模型并生成 Normal 图像：

```python
# 创建模型实例
model = NormalModel()
# 加载预训练模型参数
model.load_state_dict(torch.load('normal_model_weights.pth'))
# 将模型设置为评估模式，这样模型的某些层（如 Dropout）会关闭
model.eval()

# 随机输入图像（假设是 RGB 图像，每个像素的值的范围为 0 ~ 1）
input_image = torch.randn(1, 6, 256, 256)
# 这里的维度可能需要根据实际情况调整
```

```
# 通过模型生成 Normal 图像
normal_image = model(input_image)
# 调整生成的 Normal 图像大小（假设想把它变成 8×8 的图像）
normal_image = F.interpolate(normal_image, size=(8, 8),
mode='bilinear', align_corners=False)
# 将生成的 Normal 图像转换为二值图像（如可以设定阈值为 0.5）
binary_image = (normal_image > 0.5).float()
```

Normal 模型操作演示文件如下，操作演示步骤如图 6.14~ 图 6.18 所示，演示效果如图 6.19 所示。

- 模型文件：control_v11p_sd15_normalbae.pth。
- 配置文件：control_v11p_sd15_normalbae.yaml。

图 6.14　操作演示步骤（1）

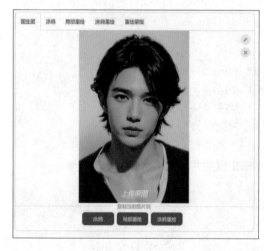

图 6.15　操作演示步骤（2）

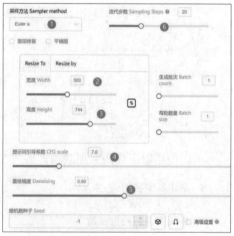

图 6.16　操作演示步骤（3）

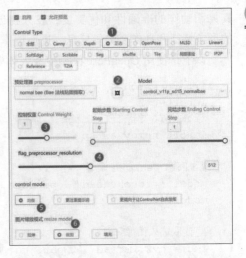

图 6.17　操作演示步骤（4）　　　　　　　　图 6.18　操作演示步骤（5）

图 6.19　演示效果

6.6.5　OpenPose 模型

　　OpenPose 模型（姿势控制）是一种使用姿态图控制稳定扩散的模型，可以接收人体、手部和面部的姿态信息。该模型可以处理不同的组合，如只有人体、只有手部、只有面部，或者人体＋手部、人体＋面部、手部＋面部，或者人体＋手部＋面部。该模型使用 PyTorch 实现，与卡内基梅隆大学的 C++ OpenPose 项目进行了比较，使得预处理器更加准确，尤其对于手部。该模型可以用于生成不同姿态的人物图像，也可以与其他控制网结合使用。

　　OpenPose 模型的特点是可以根据用户输入的人体姿态图和提示词来生成逼真的图像，同时也可以调节 OpenPose 人体姿态估计的阈值来改变人体姿态图的细节。这使得 OpenPose 模型在运动分析、舞蹈教学、人物创作等领域具有广泛的应用前景。例如，在运动分析领域，可以通过 OpenPose 模型获取运动员的姿态信息，进而分析其动作和技巧；在舞蹈教学领域，可以通过 OpenPose 模型获取舞者的姿态信息，进而指导其舞蹈动作的准确性和优美度；在人物创作领域，可以通过 OpenPose 模型获取人物的形象特征和动作姿势等信息，进而创作更加逼真的人物图像。

以下是使用 OpenPose 模型生成人体姿态图的示例代码：

```python
import torch
import cv2
from PIL import Image
import numpy as np

# 加载 OpenPose 模型
model = torch.load('openpose.pth')
model.eval()

# 读取输入图像
img = cv2.imread('input.jpg')

# 将图像转换为 RGB 格式并处理为适合模型输入的形状
img = cv2.cvtColor(img, cv2.COLOR_BGR2RGB)
img = img.transpose((2, 0, 1))
img = img.reshape(1, 3, 256, 256)
img = torch.from_numpy(img).float()

# 通过模型进行预测
with torch.no_grad():
    output = model(img)
    pose_map = output[0]
    pose_map = pose_map.permute(1, 2, 0).numpy() * 255
    pose_map = cv2.applyColorMap(pose_map.astype(np.uint8), cv2.
            COLORMAP_JET)
    pose_map = cv2.resize(pose_map, (256, 256))
    cv2.imwrite('output.jpg', pose_map)
```

在上述代码中，首先加载了 OpenPose 模型，然后读取输入图像并将其转换为适合模型输入的形状。通过调用 model(img) 进行预测，其中 output[0] 是姿态图。将姿态图从 0 ~ 1 的浮点数转换为 0 ~ 255 的整数，并使用 JET 色彩映射进行可视化。最后，将姿态图调整为原始图像大小并保存输出图像。

OpenPose 模型操作演示文件如下，操作演示步骤如图 6.20~ 图 6.23 所示，演示效果如图 6.24 所示。

● 模型文件：control_v11p_sd15_openpose.pth。

● 配置文件：control_v11p_sd15_openpose.yaml。

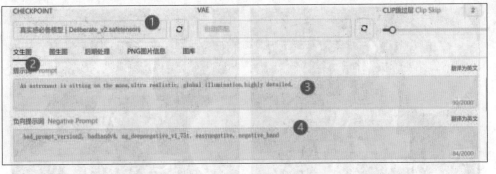

图 6.20　操作演示步骤（1）

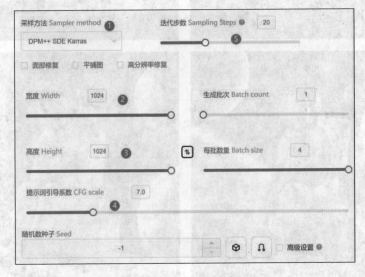

图 6.21　操作演示步骤（2）

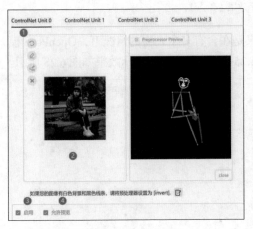

图 6.22　操作演示步骤（3）

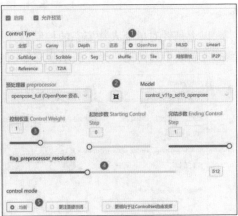

图 6.23　操作演示步骤（4）

图 6.24　演示效果（单人）

　　以上是针对单个人物姿态的控制，如果是在含有多个人物的情况下，OpenPose 模型的控制效果如何呢？操作演示步骤如图 6.25~ 图 6.27 所示，演示效果如图 6.28 所示。

图 6.25　操作演示步骤（1）

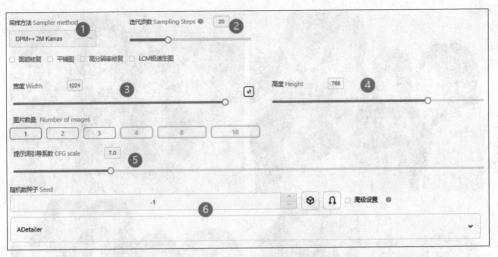

图 6.26　操作演示步骤（2）

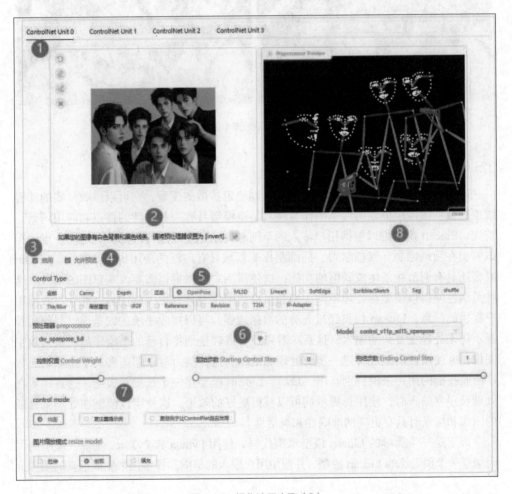

图 6.27　操作演示步骤（3）

图 6.28　演示效果（多人）

6.6.6　Lineart 模型

　　Lineart 模型（线稿）也是一种用于控制稳定扩散的模型，它可以接收真实的动漫线条图或从图像中提取的线条图作为输入。该模型具有一些独特的特点和应用场景。首先，Lineart 模型可以根据用户输入的草图和提示词生成逼真的图像，这一特点使得该模型在漫画绘制、素描学习、插画制作等领域具有广泛的应用价值。其次，Lineart 模型还具有调节线条生成阈值的功能，这使得用户可以根据需要改变草图的细节，这种灵活性使得该模型在处理不同类型和风格的图像时具有更大的优势。此外，根据用户提供的信息，Lineart 模型经过充分的数据增强，可以接收手绘的线条图，并使用长提示词来处理更复杂的输入，这意味着用户可以轻松地将自己的手绘作品转换为数字图像，并使用该模型进行进一步的处理和编辑，这种能力对于那些喜欢手绘但缺乏数字绘画技能的用户来说特别有用。最后，Lineart 模型是一个长提示模型，这意味着在处理长序列输入时，使用长提示词可以获得更好的效果。这使得该模型在处理更复杂的图像和场景时具有更高的准确性和灵活性。

　　以下是一个简单的 Lineart 模型示例代码，使用 Python 和 PyTorch 实现。该示例代码加载一个预训练的 Lineart 模型，并使用用户输入的草图和提示词来生成逼真的图像。

```
import torch
import torchvision.transforms as transforms
```

```python
from PIL import Image
import numpy as np

# 加载预训练的线性模型
model = torch.load('linearmodel.pth')
model.eval()

# 定义图像转换器
transform = transforms.Compose([
    transforms.ToTensor(),
    transforms.Normalize(mean=[0.485, 0.456, 0.406], std=[0.229,
                          0.224, 0.225])
])

# 加载用户输入的草图和提示词
sketch = Image.open('sketch.png')
text = 'A beautiful sunset on a beach'

# 对草图进行预处理
sketch = transform(sketch)
sketch = torch.unsqueeze(sketch, dim=0)

# 生成提示词的嵌入向量
text_embed = torch.tensor([model.embedding(text)])

# 将草图和文本嵌入向量传递给线性模型以生成图像
output = model(sketch, text_embed)
output = output.detach().numpy()
output = output.reshape((256, 256, 3))
output = output.astype(np.uint8)

# 将生成的图像保存为 JPEG 文件
cv2.imwrite('output.jpg', output)
```

在上述代码中，首先加载了一个预训练的线性模型，并定义了一个图像转换器，用于将图像转换为 PyTorch 张量并进行归一化处理。然后加载用户输入的草图和提示词，并对草图进行预处理。接着使用模型将草图和文本嵌入向量传递给线性模型以生成图像。最后将生成的图像保存为 JPEG 文件。

Lineart 模型操作演示文件如下，操作演示步骤如图 6.29~ 图 6.31 所示，演示效果如图 6.32 所示。

● 模型文件：control_v11p_sd15_lineart.pth。
● 配置文件：control_v11p_sd15_lineart.yaml。

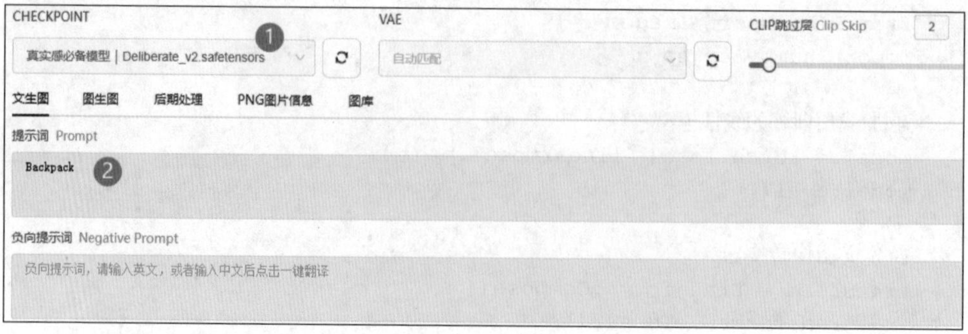

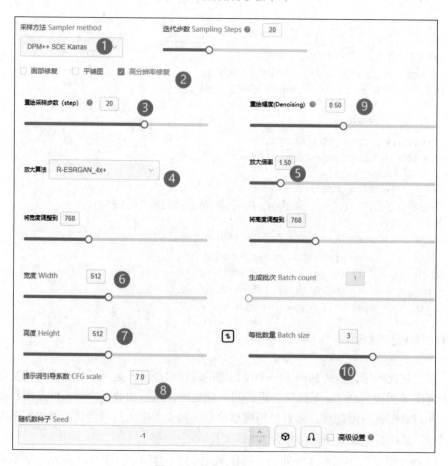

图 6.29 操作演示步骤（1）

图 6.30 操作演示步骤（2）

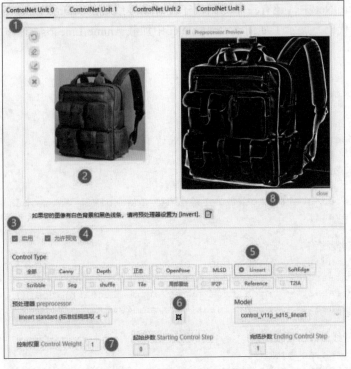

图 6.31　操作演示步骤（3）

图 6.32　演示效果

在 ControlNet 中，还有一个专门用于处理动漫线稿的 Anime Linearts 模型。以下是一个示例代码，展示了如何在 ControlNet 中加载 Anime Linearts 模型并使用它来处理动漫线稿：

```
import torch
import cv2
from PIL import Image
import numpy as np
from ControlNet import ControlNet

# 加载 ControlNet 模型
model = ControlNet()
model.load_state_dict(torch.load('ControlNet_anime.pth'))
model.eval()

# 加载动漫线稿
anime_lineart = Image.open('anime_lineart.png')
anime_lineart = cv2.cvtColor(np.array(anime_lineart), cv2.COLOR_BGR2RGB)
anime_lineart = torch.from_numpy(anime_lineart).float()
anime_lineart = anime_lineart.unsqueeze(0)

# 对动漫线稿进行特征提取
with torch.no_grad():
    features = model.embedding(anime_lineart)

# 生成动漫线稿的 3D 模型
output = model(features)
output = output.detach().numpy()
output = output.reshape((256, 256, 3))
output = output.astype(np.uint8)

# 将生成的 3D 模型保存为 JPEG 文件
cv2.imwrite('output_anime.jpg', output)
```

在上述代码中，首先加载了 ControlNet 模型，并使用预训练的权重加载了 Anime Linearts 模型。然后使用 OpenCV 和 Pillow 库加载和处理动漫线稿图像，将其转换为 PyTorch 张量并进行特征提取。接着使用 ControlNet 模型对特征进行进一步处理，生成 3D 模型。最后将生成的 3D 模型保存为 JPEG 文件。

Anime Linearts 模型操作演示文件如下，操作演示步骤如图 6.33~ 图 6.35 所示，演示效果如图 6.36 所示。

● 模型文件：control_v11p_sd15s2_lineart_anime.pth。
● 配置文件：control_v11p_sd15s2_lineart_anime.yaml。

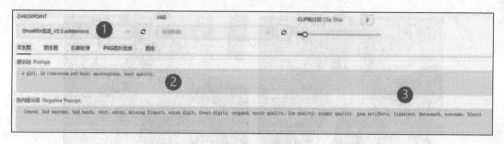

图 6.33 操作演示步骤（1）

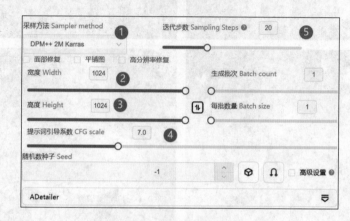

图 6.34 操作演示步骤（2）

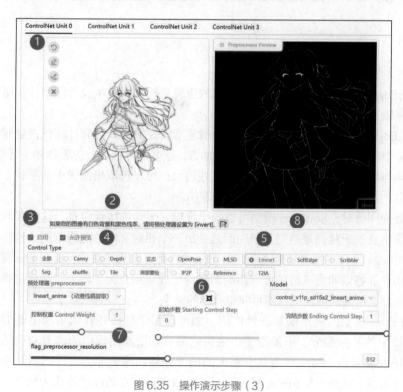

图 6.35 操作演示步骤（3）

图 6.36　演示效果

6.6.7　SoftEdge 模型

SoftEdge 模型（软边缘）是一种使用软边缘来控制图像生成的模型，常用于处理图像或视频等多媒体数据。

SoftEdge 模型的目标是检测图像的边缘轮廓。在图像处理和计算机视觉领域，边缘通常是指图像中颜色或亮度变化显著的地方，这些地方往往对应着物体与背景之间，或者物体与物体之间的交界。通过检测这些边缘，可以提取出图像中的形状、结构等重要信息，进一步用于识别、分类、标注等任务。

在处理图像时，SoftEdge 模型可以提供模糊、柔性的边缘信息，这意味着它并不会将边缘信息过于精确地确定下来，而是给出一个相对宽泛的边缘范围。这样的特性使得 SoftEdge 模型在处理复杂或多变的图像时具有更大的灵活性。SoftEdge 模型的特点是使用户能够以非常灵活的方式影响图像的生成。用户无须输入文字或选择图像，只需在屏幕上绘制灰度区域，即可获得有趣的结果。

SoftEdge 模型的应用场景非常广泛，如可以用于生成各种风格和主题的图像、改变图像中的某些部分、添加图像中缺失的部分、增加图像中的细节和质感等。这些应用场景表明 SoftEdge 模型具有强大的图像处理和编辑能力，可以满足用户对图像的各种需求。此外，SoftEdge 模型还可以接收已经存在的软边缘作为输入，如使用

HED（Holistically-nested Edge Detection，全面嵌套边缘检测）或 PIDI（Pyramid Image Decomposition and Interpolation，金字塔图像分解与插值）等方法从图像中提取软边缘。SoftEdge 模型的应用场景很广泛，包括但不限于图像分割、目标检测、图像识别等任务，它可以帮助算法更准确地识别和定位图像中的物体边缘。由于其提供的边缘信息相对模糊，也使得算法在处理图像时能够更加自然地考虑图像中的噪声和不确定性，从而在一些复杂的图像处理任务中取得更好的效果。

以下是一个简单的 SoftEdge 模型示例代码，使用 Python 和 TensorFlow 实现。该示例加载一个预训练的 SoftEdge 模型，并使用用户输入的图像作为输入，通过模型生成一张新的图像。

```python
import tensorflow as tf
import numpy as np
import cv2

# 加载 SoftEdge 模型
model = tf.keras.models.load_model('softedge_model.h5')

# 加载用户输入的图像
img = cv2.imread('input.jpg')
img = cv2.cvtColor(img, cv2.COLOR_BGR2RGB)
img = np.array(img, dtype=np.float32) / 255.0
img = np.expand_dims(img, axis=0)
img = np.expand_dims(img, axis=-1)

# 使用 SoftEdge 模型生成新的图像
output = model.predict(img)
output = np.squeeze(output, axis=0)
output = np.squeeze(output, axis=-1)
output = (output * 255.0).astype(np.uint8)

# 将生成的新图像保存为 JPEG 文件
cv2.imwrite('output.jpg', output)
```

在上述代码中，首先加载了一个预训练的 SoftEdge 模型，然后使用 OpenCV 库加载用户输入的图像，并将其转换为 0~1 之间的浮点数数组。接着使用 SoftEdge 模型对输入图像进行预测，得到输出图像。最后将输出图像转换为 0~255 之间的整数数组，并将其保存为 JPEG 文件。

SoftEdge 模型操作演示文件如下，操作演示步骤如图 6.37~ 图 6.39 所示，演示效果如图 6.40 所示。

● 模型文件：control_v11p_sd15_softedge.pth。
● 配置文件：control_v11p_sd15_softedge.yaml。

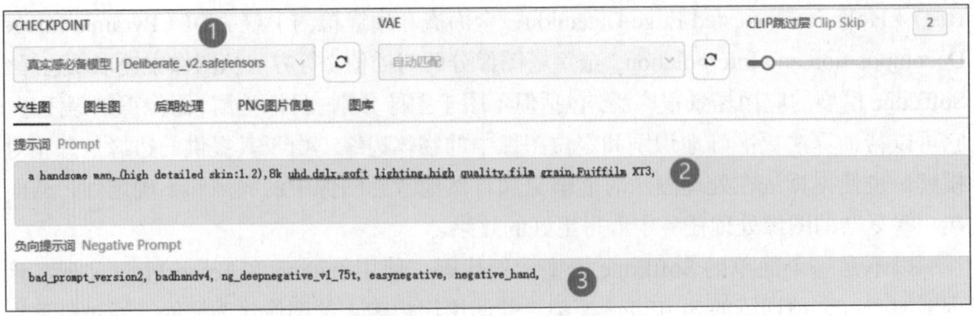

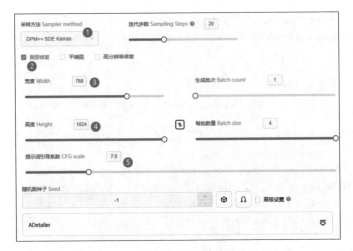

图 6.37 操作演示步骤（1）

图 6.38 操作演示步骤（2）

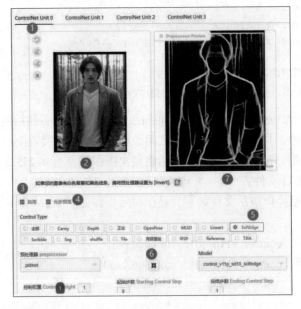

图 6.39 操作演示步骤（3）

图 6.40　演示效果

6.6.8　Scribble 模型

Scribble 模型（涂鸦）是一种使用涂鸦来控制图像生成的模型。用户可以通过涂鸦的方式，将图像中的一些区域涂上不同的颜色，以此来表达自己想要生成的图像内容。Scribble 模型会根据涂鸦的颜色和位置生成相应的图像内容。这种方式的优点是用户能够以非常直观和灵活的方式表达自己的创意，同时减少了对专业绘画技能的要求。

Scribble 模型的应用场景非常广泛，可以用于生成各种类型的图像，如风景、建筑、人物、动物等。此外，Scribble 模型还可以接收已经存在的涂鸦作为输入，进一步扩展了其应用范围。Scribble 模型通过使用 HED 或 PIDI 等方法从图像中提取涂鸦，可以处理类型更广泛的图像和更复杂的任务。

以下是一个简单的 Scribble 模型示例代码，使用 Python 和 TensorFlow 实现。该示例加载一个预训练的 Scribble 模型，并将用户输入的涂鸦作为输入，通过模型生成一张新的图像。

```python
import tensorflow as tf
import numpy as np
import cv2

# 加载 Scribble 模型
model = tf.keras.models.load_model('scribble_model.h5')

# 加载用户输入的涂鸦
scribble = cv2.imread('input.png')
scribble = cv2.cvtColor(scribble, cv2.COLOR_BGR2RGB)
scribble = np.array(scribble, dtype=np.float32) / 255.0
scribble = np.expand_dims(scribble, axis=0)
scribble = np.expand_dims(scribble, axis=-1)

# 使用 Scribble 模型生成新的图像
output = model.predict(scribble)
output = np.squeeze(output, axis=0)
output = np.squeeze(output, axis=-1)
```

```
output = (output * 255.0).astype(np.uint8)

# 将生成的新图像保存为 JPEG 文件
cv2.imwrite('output.jpg', output)
```

在上述代码中，首先加载了一个预训练的 Scribble 模型，然后使用 OpenCV 库加载用户输入的涂鸦，并将其转换为 0~1 之间的浮点数数组。接着使用 Scribble 模型对输入涂鸦进行预测，得到输出图像。最后将输出图像转换为 0~255 之间的整数数组，并将其保存为 JPEG 文件。需要注意的是，以上示例代码仅用于演示，在实际应用中，需要根据具体模型和数据集进行相应的调整和修改。

Scribble 模型操作演示文件如下，操作演示步骤如图 6.41~ 图 6.43 所示，演示效果如图 6.44 所示。

● 模型文件：control_v11p_sd15_scribble.pth。

● 配置文件：control_v11p_sd15_scribble.yaml。

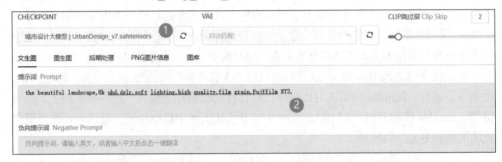

图 6.41 操作演示步骤（1）

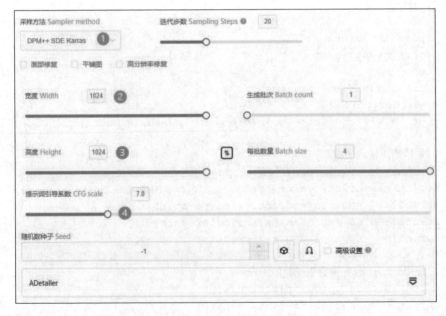

图 6.42 操作演示步骤（2）

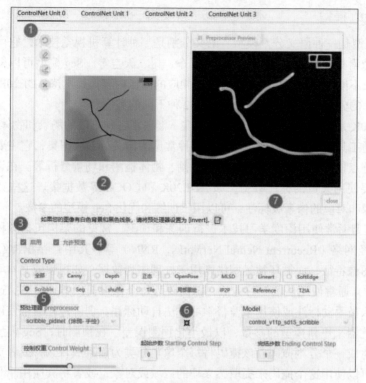

图 6.43 操作演示步骤（3）

图 6.44 演示效果

6.6.9　Seg 模型

Seg 模型是一种语义分割模型。语义分割是一种计算机视觉技术，它可以将图像中的每个像素标记为特定的类别，如人、车、树、天空等。Seg 模型可以根据语义分割的结果及不同类别的颜色和位置，生成相应的图像内容，其支持 ADE20K 和 COCO 两种数据库的分割协议，可以识别多达 332 种不同的类别。

ADE20K 是一种常见的语义分割数据集，涵盖了各种不同的场景和物体，包括人、动物、交通工具、建筑等。COCO 也是一种常见的语义分割数据集，它主要关注物体检测和关键点检测，但也可以用于图像分割、物体检测和场景分析等。在训练 Seg 模型时，需要使用大量的标注数据，如 ADE20K 和 COCO 等数据集。这些数据集包含大量的图像和对应的像素级标注，可以用于训练和优化 Seg 模型的参数。

Seg 模型通常使用深度学习技术进行训练和预测。常见的架构包括卷积神经网络和循环神经网络（Recurrent Neural Networks，RNN）等。其中，卷积神经网络通常用于提取图像特征，而循环神经网络则用于处理序列数据，如视频或文本等。在训练 Seg 模型时，通常使用监督学习方法，即需要为每个像素提供类别标签。这些标签通常由专业人员手动标注或使用半监督学习方法自动标注。训练过程通常使用反向传播算法和优化器来更新模型的参数，以最小化预测误差。在预测时，Seg 模型会根据输入的图像生成一个分割掩码，该掩码将每个像素分类为前景或背景，或者更具体的类别。然后可以使用这个掩码来提取感兴趣的区域或对象，或者将其应用于其他计算机视觉任务中。

除了用于图像分割，Seg 模型还可以与其他技术结合使用，如与生成对抗网络结合使用生成特定类别的图像，或者与物体检测模型结合使用来提高检测性能。此外，Seg 模型还可以用于视频分析，如对视频中的行为进行识别和理解。

以下是使用 Python 和 TensorFlow 实现 Seg 模型的示例代码：

```python
import tensorflow as tf
from tensorflow.keras import layers

class SEGModel(tf.keras.Model):
    def __init__(self, num_classes, input_shape):
        super(SEGModel, self).__init__()

        # 定义模型的层
        self.conv1 = layers.Conv2D(32, kernel_size=(3, 3),
        activation='relu', padding='same', input_shape=input_shape)
        self.conv2 = layers.Conv2D(64, kernel_size=(3, 3),
        activation='relu', padding='same')
        self.pool = layers.MaxPooling2D(pool_size=(2, 2))
        self.dropout = layers.Dropout(0.25)
        self.flatten = layers.Flatten()
        self.fc1 = layers.Dense(128, activation='relu')
        self.fc2 = layers.Dense(num_classes, activation='softmax')
```

```
    def call(self, inputs):
        # 定义模型的前向传播
        x = self.conv1(inputs)
        x = self.conv2(x)
        x = self.pool(x)
        x = self.dropout(x)
        x = self.flatten(x)
        x = self.fc1(x)
        x = self.fc2(x)

        return x

# 实例化模型
input_shape = (224, 224, 3)  # 假设输入图像大小为 224px × 224px, 3 个颜色通道
num_classes = 10             # 假设有 10 个类别
model = SEGModel(num_classes, input_shape)

# 编译模型
model.compile(optimizer='adam', loss='categorical_crossentropy',
             metrics=['accuracy'])

# 打印模型结构
model.summary()
```

Seg 模型操作演示文件如下，操作演示步骤如图 6.45~ 图 6.47 所示，演示效果如图 6.48 所示。

● 模型文件：control_v11p_sd15_seg.pth。

● 配置文件：control_v11p_sd15_seg.yaml。

图 6.45　操作演示步骤（1）

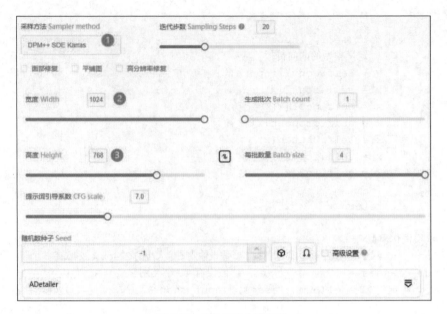

图 6.46　操作演示步骤（2）

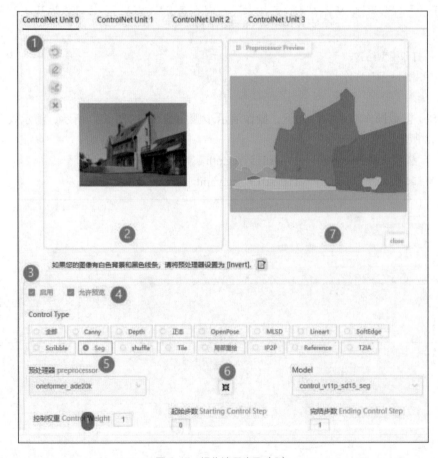

图 6.47　操作演示步骤（3）

图 6.48　演示效果

6.6.10　Shuffle 模型

Shuffle 模型是一种利用内容打乱来控制图像生成的模型。内容打乱是指将图像中的每个区域随机移动到一个新的位置，形成一张新的图像。Shuffle 模型可以根据内容打乱的图像，重新组织图像的内容，生成一张新的图像。

例如，若将一张人物图像打乱，Shuffle 模型可以生成一张全新的人物图像；同样，若将一张风景图像打乱，Shuffle 模型可以生成一张全新的风景图像。这种模型可以将已经打乱的图像作为输入，使用随机流来打乱图像。

Shuffle 模型的应用场景非常有趣。它可以被用于生成各种类型的图像，如抽象艺术、变形画、拼贴画等。此外，Shuffle 模型还可以用于创造一些新奇的组合，如将动物和植物混合在一起，将建筑和人物混合在一起等。这种模型提供了一种全新的方式来探索图像和创意的多样性，为艺术家和设计师提供了更多的创作选择和可能性。

以下是使用 Python 和 TensorFlow 实现 Shuffle 模型的示例代码：

```
import tensorflow as tf
import numpy as np
import cv2

# 加载预训练的 Shuffle 模型
model = tf.keras.models.load_model('shuffle_model.h5')
```

设计师自救指南：Stable Diffusion 实用教程

```python
# 加载输入图像
img = cv2.imread('input.jpg')
img = cv2.cvtColor(img, cv2.COLOR_BGR2RGB)
img = np.array(img, dtype=np.float32) / 255.0
img = np.expand_dims(img, axis=0)
img = np.expand_dims(img, axis=-1)

# 使用 Shuffle 模型进行预测
output = model.predict(img)
output = np.squeeze(output, axis=0)
output = np.squeeze(output, axis=-1)
output = (output * 255.0).astype(np.uint8)

# 将分割结果可视化并保存为 PNG 文件
color_map = [[0, 0, 0], [255, 0, 0], [0, 255, 0], [0, 0, 255],
             [255, 255, 0], [255, 0, 255], [0, 255, 255], [255, 255, 255]]
output_color = np.zeros((img.shape[0], img.shape[2], 3),
                dtype=np.uint8)
for i in range(img.shape[0]):
    for j in range(img.shape[2]):
        if output[i, j] == 0:
            output_color[i, j] = color_map[0]
        elif output[i, j] == 1:
            output_color[i, j] = color_map[1]
        elif output[i, j] == 2:
            output_color[i, j] = color_map[2]
        elif output[i, j] == 3:
            output_color[i, j] = color_map[3]
        elif output[i, j] == 4:
            output_color[i, j] = color_map[4]
        elif output[i, j] == 5:
            output_color[i, j] = color_map[5]
        elif output[i, j] == 6:
            output_color[i, j] = color_map[6]
        elif output[i, j] == 7:
            output_color[i, j] = color_map[7]
output_color = cv2.cvtColor(output_color, cv2.COLOR_RGB2BGR)
cv2.imwrite('output.png', output_color)```python
```

使用训练好的模型对随机生成的图像进行预测，并输出预测结果。

Shuffle 模型操作演示文件如下，操作演示步骤如图 6.49 和图 6.50 所示，演示效果如图 6.51 所示。

● 模型文件：control_v11e_sd15_shuffle.pth。

● 配置文件：control_v11e_sd15_shuffle.yaml。

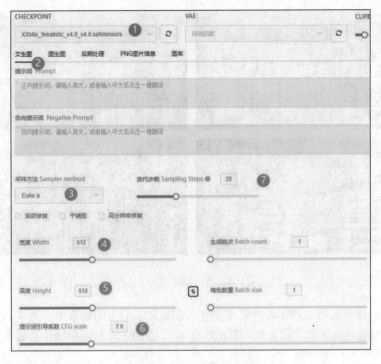

图 6.49　操作演示步骤（1）

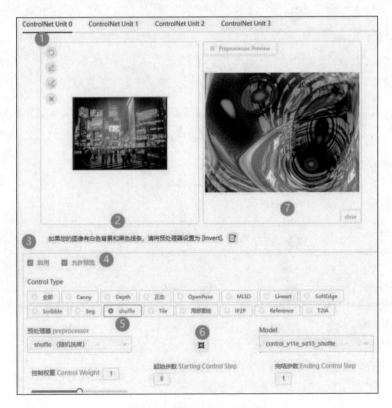

图 6.50　操作演示步骤（2）

图 6.51　演示效果

　　Shuffle 模型可以应用于各种需要变化、创新和吸引人的场景中，为人们带来更加丰富、有趣的视觉体验。图 6.52~ 图 6.55 所示为 Shuffle 模型示例操作及效果演示。

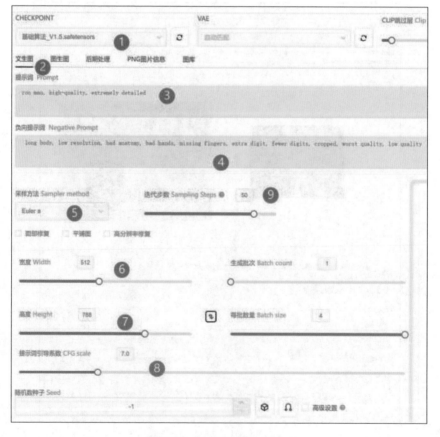

图 6.52　操作演示步骤（1）

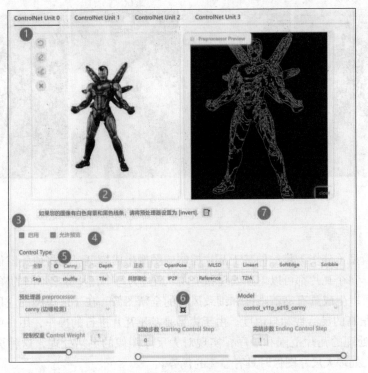

图 6.53 操作演示步骤（2）

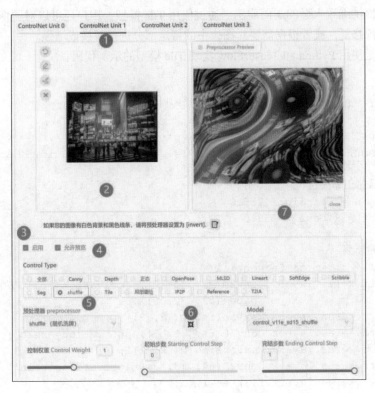

图 6.54 操作演示步骤（3）

图 6.55　演示效果

6.6.11　Tile 模型

Tile 模型（分块）是一种基于瓦片控制的图像生成模型。它将原始图像分割成若干个瓦片，每个瓦片都可以单独处理和生成。通过为每个瓦片分配不同的样式和细节，Tile 模型可以生成具有高清晰度和细致风格的全新图像。在 Tile 模型的应用中，用户可以体验很高的灵活性和自由度。由于模型是基于瓦片进行的操作，用户可以自由地选择需要处理的瓦片范围和顺序，实现对大尺寸图像的灵活处理，这种灵活性使得Tile 模型在处理大尺寸图像时具有显著的优势。

此外，Tile 模型还可以广泛应用于各种场景，如生成具有 4K 或 8K 分辨率的超高清图像，提供细致入微的画面质感。通过使用 Tile 模型，用户还可以对图像中的缺陷或噪声进行修复，或者根据需要对图像中的特定部分进行替换或增强。

以下是使用 Python 和 TensorFlow 实现 Tile 模型的示例代码：

```python
import tensorflow as tf
import numpy as np

# 加载 CIFAR-10 数据集
(x_train, y_train), (x_test, y_test) = tf.keras.datasets.cifar10.load_data()

# 将像素值缩放到 0 ~ 1 范围内
x_train = x_train / 255.0
x_test = x_test / 255.0

# 创建模型
model = tf.keras.Sequential([
    tf.keras.layers.Conv2D(32, (3, 3), activation='relu', input_
                    shape=(32, 32, 3)),
    tf.keras.layers.MaxPooling2D((2, 2)),
    tf.keras.layers.Conv2D(64, (3, 3), activation='relu'),
    tf.keras.layers.MaxPooling2D((2, 2)),
    tf.keras.layers.Conv2D(64, (3, 3), activation='relu'),
    tf.keras.layers.Flatten(),
    tf.keras.layers.Dense(64, activation='relu'),
```

```
        tf.keras.layers.Dense(10, activation='softmax')
])

# 编译模型
model.compile(optimizer='adam',
              loss='sparse_categorical_crossentropy',
              metrics=['accuracy'])

# 训练模型
model.fit(x_train, y_train, epochs=10, validation_data=(x_test, y_test))

# 随机生成图像并使用模型进行预测
img = np.random.rand(1, 32, 32, 3).astype(np.float32) / 255.0
img = tf.constant(img, dtype=tf.float32)
predictions = model(img)
print(predictions)```
```

上面这段代码首先加载了 CIFAR-10 数据集，并将像素值缩放到 0 ~ 1 范围内。然后创建了一个包含三个卷积层和两个池化层的卷积神经网络模型。最后，使用训练好的模型对随机生成的图像进行预测，并输出预测结果。在预测时，使用了模型的整个输出层，并使用 softmax 激活函数将输出转换为概率分布。

Tile 模型操作演示文件如下，操作演示步骤如图 6.56~ 图 6.58 所示，演示效果如图 6.59 所示。

● 模型文件：control_v11f1e_sd15_tile.pth。
● 配置文件：control_v11f1e_sd15_tile.yaml。

图 6.56　操作演示步骤（1）

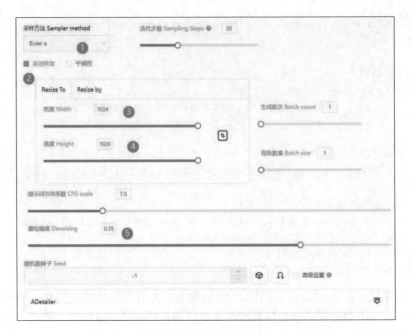

图 6.57　操作演示步骤（2）

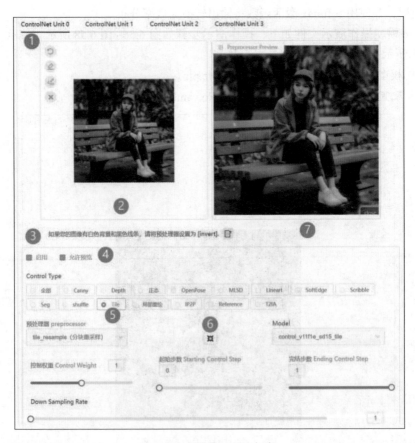

图 6.58　操作演示步骤（3）

图 6.59　演示效果

　　通过上述示例不难发现，使用 Tile 模型，用户可以实现对图像中的缺陷进行修复，或者根据需要对图像中的特定部分进行替换或增强。特别是对于低像素图像的修复，Tile 模型可以提高图像的分辨率和清晰度。在实践中，通常训练一个模型以预测在给定像素位置的相邻像素值，然后使用这些预测值来生成新的、更详细的图像。这通常被称为超分辨率或超采样。在修复缺陷方面，模型可以学习从周围的像素中预测出受损或噪声部分的正确值。这种方法通常被用于去噪、去模糊、去刮痕等任务。至于根据需要对图像中的特定部分进行替换或增强，这通常涉及图像分割和区域替换等技术。例如，可以训练一个模型来分割图像中的特定对象或区域，然后用新的、更详细或更高质量的图像片段来替换它们。

6.6.12　Inpaint 模型

　　Inpaint 模型（局部重绘）生成图像的原理是基于图像处理中的插值算法和边缘检测技术。首先，Inpaint 模型需要对输入的图像进行预处理，包括将图像转换为灰度图像、对图像进行平滑处理及去除噪声等操作。然后，Inpaint 模型使用边缘检测技术来确定需要修复的区域。边缘检测技术可以检测出图像中明显的边缘线条，这些边缘线条可以指示需要修复的区域。接着，Inpaint 模型使用插值算法来填充需要修复的区域。插值算法是一种通过已知数据点推断未知数据点的过程。在图像处理中，插值算法可以根据已知的像素值来估计未知像素值。常用的插值算法包括双线性插值、双三次插值等。在 Inpaint 模型中，插值算法会根据边缘检测的结果，将需要修复的区域进行填充。在填充过程中，插值算法会考虑图像的局部性质，即相邻像素之间的颜色和纹理往往相似。因此，Inpaint 模型会根据周围像素的颜色和纹理信息来估计需要修复的像素值，从而生成与原图像相似的填充效果。最后，Inpaint 模型会进行后续的处理操作，如对输出图像进行颜色校正、对比度调整等操作，以提高输出图像的质量。

Inpaint 模型是一种利用遮罩来控制图像生成的模型。遮罩是将图像中的某些区域涂黑，表示需要删除或填充的部分。Inpaint 模型根据遮罩的形状和位置，生成与遮罩相对应的图像内容。例如，在一个人物图像中，若用黑色遮住一个眼睛，Inpaint 模型将根据遮罩的形状和位置，生成一个新的、与原有眼睛相似但不同的眼睛。同样，在风景图像中，如果将一棵树用黑色遮住，Inpaint 模型会根据遮罩的形状和位置，生成一棵与原有树相似但不同的树。Inpaint 模型在许多应用场景中都发挥着作用，如修复图像中的缺陷或损坏部分、删除图像中不需要的物体、添加图像中缺失的物体、改变图像中的某些部分，以及增强图像的细节和质感等。通过使用 Inpaint 模型，用户可以实现对图像的精细控制，以实现各种创意效果。

以下是使用 Python 和 OpenCV 实现 Inpaint 模型的简单示例代码：

```python
import cv2
import numpy as np

# 加载输入图像和遮罩图像
img = cv2.imread('input.jpg')
mask = cv2.imread('mask.jpg')

# 将输入图像转换为灰度图像并对其进行平滑处理
gray = cv2.cvtColor(img, cv2.COLOR_BGR2GRAY)
blur = cv2.GaussianBlur(gray, (5, 5), 0)

# 使用 OpenCV 提供的 cv2.ximgproc.inpaint() 函数创建 Inpaint 模型
# 并传入灰度图像、遮罩图像和相关参数
dst = cv2.ximgproc.inpaint(blur, mask, 3, cv2.INPAINT_TELEA)

# 显示输入图像、遮罩图像和修复后的图像
cv2.imshow('Input', img)
cv2.imshow('Mask', mask)
cv2.imshow('Inpainted', dst)
cv2.waitKey(0)
cv2.destroyAllWindows()
```

在上述代码中，首先使用 cv2.imread() 函数加载输入图像和遮罩图像。然后将输入图像转换为灰度图像，并使用 cv2.GaussianBlur() 函数对其进行平滑处理。接着使用 cv2.ximgproc.inpaint() 函数创建 Inpaint 模型，并传入灰度图像、遮罩图像和相关参数。最后使用 cv2.imshow() 函数显示输入图像、遮罩图像和修复后的图像，并使用 cv2.waitKey() 函数等待用户按任意键后关闭所有窗格。

　　Inpaint 模型操作演示文件如下，操作演示步骤如图 6.60~ 图 6.62 所示，演示效果如图 6.63 所示。

　　● 模型文件：control_v11p_sd15_inpaint.pth。

　　● 配置文件：control_v11p_sd15_inpaint.yaml。

图 6.60　操作演示步骤（1）

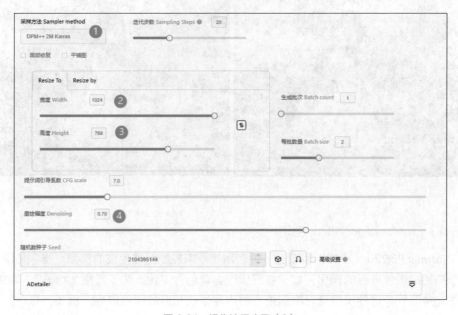

图 6.61　操作演示步骤（2）

图 6.62　操作演示步骤（3）

图 6.63　演示效果

6.6.13　Instruct Pix2Pix 模型

　　Instruct Pix2Pix（IP2P）模型是一种利用指令来控制图像生成的模型。指令是用文字来描述对图像进行的操作，如"将背景改为蓝色""让人物变得更加可爱""添加一些花朵"等。这种模型可以根据指令的内容生成相应的图像内容。例如，对一张人物图像输入指令"将头发变为红色"，Instruct Pix2Pix 模型将生成一张新的人物图像，人物的头发是红色的；对一张风景图像输入指令"使天空更加明亮"，Instruct Pix2Pix 模型将生成一张新的风景图像，天空变得更加明亮。Instruct Pix2Pix 模型的特点在于，它使用户能够以非常自然的方式表达他们想要生成的图像。用户无须输入完整的描述或选择图像，只需使用简单的语言输入一些指令，就可以获得满意的结果。Instruct Pix2Pix 模型的应用场景非常有趣，如可以用于生成各种风格和主题的图像、修改图像中的特定部分、添加图像中缺失的部分、增加图像中的细节和质感等。这种模型提供了一种非常灵活和强大的方式来处理和生成图像，使用户能够以自然和直观的方式表达他们的创意和想法。

以下是使用 Python 和 TensorFlow 实现 Instruct Pix2Pix 模型的简单示例代码：

```python
import tensorflow as tf
from tensorflow.keras.models import Model
from tensorflow.keras.layers import Input, Conv2D, MaxPooling2D,
    UpSampling2D, concatenate, Dropout

def create_model(input_shape, num_classes):
    inputs = Input(shape=input_shape)
    x = Conv2D(64, (3, 3), activation='relu', padding='same')(inputs)
    x = Conv2D(64, (3, 3), activation='relu', padding='same')(x)
    x = MaxPooling2D(pool_size=(2, 2))(x)
    x = Dropout(0.5)(x)

    x = Conv2D(128, (3, 3), activation='relu', padding='same')(x)
    x = Conv2D(128, (3, 3), activation='relu', padding='same')(x)
    x = MaxPooling2D(pool_size=(2, 2))(x)
    x = Dropout(0.5)(x)

    x = Conv2D(256, (3, 3), activation='relu', padding='same')(x)
    x = Conv2D(256, (3, 3), activation='relu', padding='same')(x)
    x = Conv2D(256, (3, 3), activation='relu', padding='same')(x)
    x = MaxPooling2D(pool_size=(2, 2))(x)
    x = Dropout(0.5)(x)

    x = Conv2D(512, (3, 3), activation='relu', padding='same')(x)
    x = Conv2D(512, (3, 3), activation='relu', padding='same')(x)
    x = Conv2D(512, (3, 3), activation='relu', padding='same')(x)
    x = MaxPooling2D(pool_size=(2, 2))(x)
    x = Dropout(0.5)(x)

    gen_input = Input(shape=(num_classes,))
    gen_output = concatenate([gen_input, x], axis=-1)
    gen_output = Dropout(0.5)(gen_output)
    gen_output = Dense(7 * 7 * 128, activation='relu')(gen_output)
    gen_output = Reshape((7, 7, 128))(gen_output)
    gen_output = Conv2DTranspose(512, (3, 3), strides=(2, 2),
                padding='same')(gen_output)
    gen_output = Conv2DTranspose(256, (3, 3), strides=(2, 2),
```

```
                    padding='same')(gen_output)
gen_output = Conv2DTranspose(128, (3, 3), strides=(2, 2),
                    padding='same')(gen_output)
gen_output = Conv2DTranspose(64, (3, 3), strides=(2, 2),
                    padding='same')(gen_output)
gen_output = Conv2DTranspose(num_classes, (3, 3), strides=(1, 1),
                    padding='same', activation='softmax')(gen_output)
generator = Model([inputs, gen_input], gen_output)
```

Instruct Pix2Pix 模型的应用场景非常广泛，包括但不限于以下几个方面。

（1）图像修复和填充：可以用于修复图像中的缺陷或损坏部分，或者删除图像中不需要的物体，以及填充缺失的物体。

（2）图像风格转换：可以将语义／标签转换为真实图像，将灰度图转换为彩色图，将航空图转换为地图，将白天图像转换为黑夜图像，以及将线稿图转化为实物图等。

（3）图像生成：可以用于生成具有特定风格或标签的新图像。

注意，虽然上述应用场景中有些已经实现了商业化应用，但 Instruct Pix2Pix 模型在具体应用时仍需要根据具体需求进行相应的调整和优化。

Instruct Pix2Pix 模型操作演示文件如下，操作演示步骤如图 6.64 和图 6.65 所示，演示效果如图 6.66 所示。

● 模型文件：control_v11e_sd15_ip2p.pth。

● 配置文件：control_v11e_sd15_ip2p.yaml。

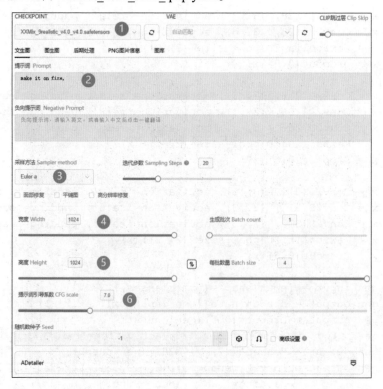

图 6.64　操作演示步骤（1）

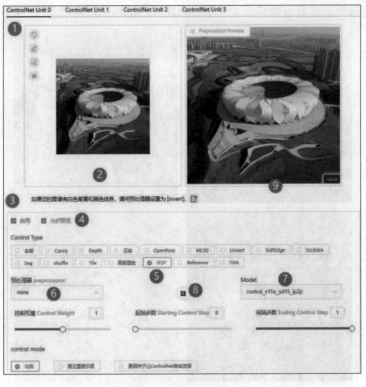

图 6.65 操作演示步骤（2）

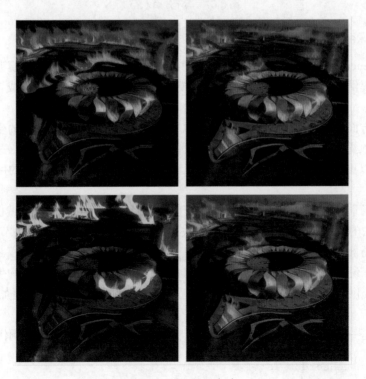

图 6.66 演示效果（1）

修改提示词，使其分别显示 4 个季节的效果，如图 6.67 所示。

图 6.67　演示效果（2）

6.6.14　Reference 模型

Reference 模型（参考图）是一种使用参考图像来控制图像生成的模型。参考图像为模型提供了风格或内容的信息，然后模型会根据参考图像的特征生成相应的图像内容。

特点方面，Reference 模型允许用户以非常直观的方式来影响图像的生成。用户不需要输入文字，只需要选择一些参考图像，就可以得到想要的结果。这种方式的优点是可以更直接地控制图像的生成，对于一些不擅长使用文本描述的用户来说更加友好。

应用场景方面，Reference 模型可以用于生成各种风格和主题的图像，也可以用于改变图像中的某些部分、添加图像中的缺失的部分，以及增加图像中的细节和质感等。有些应用场景已经得到了商业化的应用。

总的来说，Reference 模型是一种灵活且强大的工具，可以用于处理和生成图像，其为用户提供了一种直观的方式来表达创意和想法，使图像生成的过程更加有趣且富有创造性。

以下是一个使用 Python 和 TensorFlow 实现 Reference 模型的简单示例代码：

```
import tensorflow as tf
from tensorflow.keras.layers import Input, Dense, Reshape,
```

```
                    Flatten, Dropout
from tensorflow.keras.models import Model

# 定义参考图像输入层
ref_img = Input(shape=(256, 256, 3), name='ref_img')

# 定义内容编码器
content_encoder = Sequential([
    Flatten(input_shape=(256, 256, 3)),
    Dense(128, activation='relu'),
    Dense(128, activation='relu'),
    Dense(128, activation='relu'),
    Dense(128, activation='relu'),
])

# 定义风格编码器
style_encoder = Sequential([
    Flatten(input_shape=(256, 256, 3)),
    Dense(256, activation='relu'),
    Dense(256, activation='relu'),
    Dense(256, activation='relu'),
    Dense(256, activation='relu'),
])

# 定义生成器
generator = Sequential([
    Dense(7 * 7 * 128, activation='relu', input_shape=(128,)),
    Reshape((7, 7, 128)),
    Conv2DTranspose(512, (3, 3), strides=(1, 1), padding='same',
                    activation='relu'),
    Conv2DTranspose(256, (3, 3), strides=(2, 2), padding='same',
                    activation='relu'),
    Conv2DTranspose(128, (3, 3), strides=(2, 2), padding='same',
                    activation='relu'),
    Conv2DTranspose(3, (3, 3), strides=(1, 1), padding='same',
                    activation='sigmoid')
])

# 定义判别器
discriminator = Sequential([
    Conv2D(64, (3, 3), strides=(2, 2), padding='same', input_
                       shape=(256, 256, 3)),
    Flatten(),
    Dense(128, activation='relu'),
    Dense(1)
])
```

```
# 构建完整模型
img_gen = Model(inputs=ref_img, outputs=generator(content_
       encoder(ref_img)))
disc = Model(inputs=ref_img + discriminator(generator(content_
       encoder(ref_img))), outputs=discriminator)
```

Reference 模型操作演示文件如下，操作演示步骤如图 6.68~图 6.70 所示，演示效果如图 6.71 所示。

● 模型文件：control_v11e_sd15_reference.pth。

● 配置文件：control_v11e_sd15_reference.yaml。

图 6.68　操作演示步骤（1）

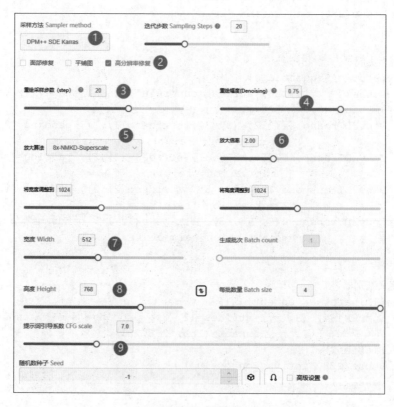

图 6.69　操作演示步骤（2）

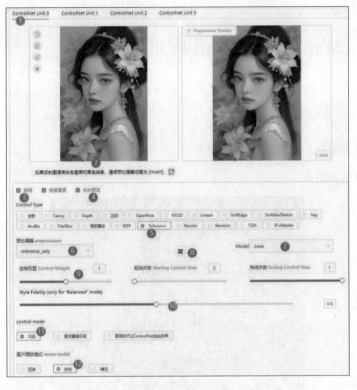

图 6.70　操作演示步骤（3）

图 6.71　演示效果

第7章　Stable Diffusion 应用案例

7.1　动漫人物创意设计

7.1.1　用手绘稿制作粘土风格雕塑

手绘原稿如图 7.1 所示。

图 7.1　手绘原稿

基础模型：【Type-A】Disney Pixar Cartoon_v1.0，提示词如图 7.2 所示。

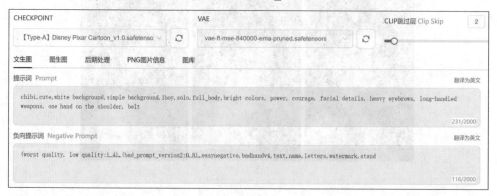

图 7.2　提示词

LoRA 模型：blindbox/ 大概是盲盒，权重：1.28。如图 7.3 所示。

图 7.3　选择 LoRA 模型和权重

采样面板设置如图 7.4 所示。

图 7.4　采样面板设置

ControlNet 面板设置如图 7.5 所示。

设计师自救指南：Stable Diffusion 实用教程

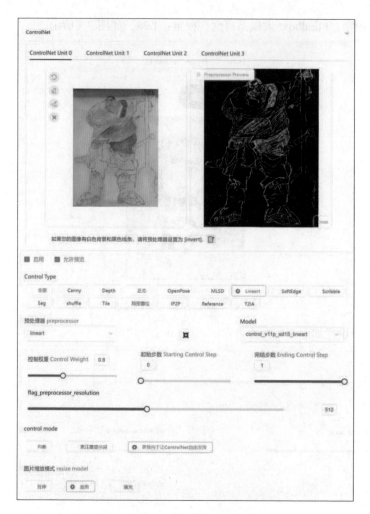

图 7.5　ControlNet 面板设置

生成效果如图 7.6 所示。

图 7.6　生成效果

单品高清图如图 7.7 所示，生成信息如下。

Prompt：chibi,cute,white background, simple background, 1boy,solo,full_body,bright colors, power, courage, facial details, heavy eyebrows, long-handled weapons, one hand on the shoulder, belt

正向提示词：卡通形象，可爱，白色背景，简单背景，一个男孩，独立，全身，明亮的颜色，力量，勇气，面部细节，浓密的眉毛，长柄武器，一只手放在肩上，腰带

Negative prompt：(worst quality, low quality: 1.4), (bad_prompt_version2:0.8), EasyNegative, badhandv4, text, name, letters, watermark, stand

反向提示词：（最差质量，低质量：1.4），（不良提示版本2：0.8），易负面，不良手法版本4，文字，名称，字母，水印，支架

Steps：20

Size：768×1152

Seed：1117237739

Model：【Type-A】Disney Pixar Cartoon_v1.0, blindbox/ 大概是盲盒

Sampler：14

CFG scale：7

图 7.7　单品高清图

7.1.2　用简笔画制作 3D 手办

简笔画原稿如图 7.8 所示。

图 7.8　简笔画原稿

基础模型：ReVAnimated_v122，提示词如图 7.9 所示。

图 7.9　提示词

LoRA 模型：Q 版角色 --niji 风格卡哇伊，权重：0.80。如图 7.10 所示。

采样面板设置如图 7.11 所示。

图 7.10　选择 LoRA 模型和权重

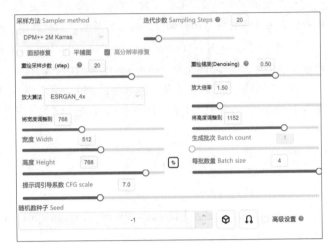

图 7.11　采样面板设置

ControlNet 面板设置如图 7.12 所示。

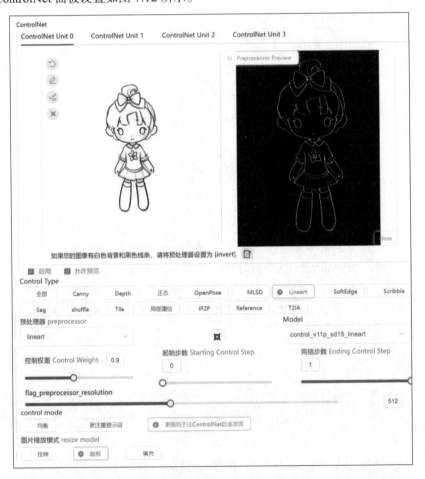

图 7.12　ControlNet 面板设置

生成效果如图 7.13 所示。

图 7.13　生成效果

单品高清图如图 7.14 所示，生成信息如下。

Prompt：masterpiece, best quality, 8k, cinematic light, ultra high res, chibi, 1girl, child, pink hair, multicolored hair, long hair, solo, dress, star hair ornament, horns, blue hair, star \, (symbol\), bangs, gradient hair, artist name, gradient, smile, closed mouth, full body, pink background, gradient background

正向提示词：杰作，最佳质量，8K，电影般的光线，超高分辨率，卡通风格，一个女孩，儿童，粉色头发，多彩头发，长发，独立，穿着裙子，星星头饰，角，蓝色头发，星星，（符号），刘海，渐变头发，艺术家姓名，渐变，微笑，闭嘴，全身，粉色背景，渐变背景

Negative prompt：(worst quality, low quality:1.4), (bad_prompt_version2:0.8), EasyNegative, badhandv4, text, name, letters, watermark, stand, comic, sketch

反向提示词：（最差质量，低质量：1.4），（不良提示版本2：0.8），易负面，不良手法版本4，文字，名称，字母，水印，支架，漫画，素描

Steps：20

Size：768×1152

Seed：2731724203

Model：ReVAnimated_v122,Q 版角色 --niji 风格卡哇伊

Sampler：15

CFG scale：7

图 7.14　单品高清图

7.1.3　动漫人物创作全过程

（1）通过文生图生成线稿。

基础模型：AWPainting_v1.2，提示词如图 7.15 所示 [注意要加上 linear and monochrome（线性和单色）]。

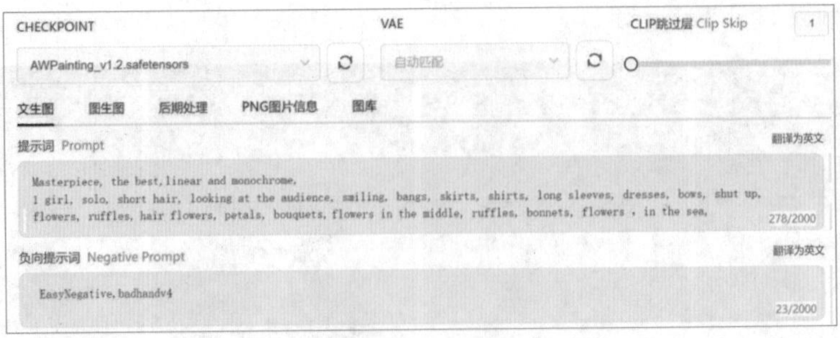

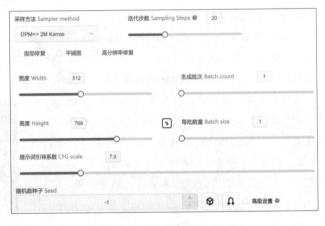

图 7.15　提示词

LoRA 模型：动漫 AnimeLineart/Manga-like(线稿 / 線画 / マンガ風 / 漫画风)Style，权重：1.00。如图 7.16 所示。

采样面板设置如图 7.17 所示。

图 7.16　选择 LoRA 模型和权重

图 7.17　采样面板设置

生成的漫画线稿图如图 7.18 所示，生成信息如下。

Prompt：masterpiece, the best,linear and monochrome, 1 girl, solo, short hair, looking at the audience, smiling, bangs, skirts, shirts, long sleeves, dresses, bows, shut up, flowers, ruffles, hair flowers, petals, bouquets, flowers in the middle, ruffles, bonnets, flowers, in the sea

正向提示词：杰作，最佳质量，线条清晰且单色，一个女孩，独立，短发，面向观众，微笑，刘海，裙子，衬衫，长袖，连衣裙，蝴蝶结，闭上嘴，花朵，褶边，发饰花朵，花瓣，花束，花朵中间，褶边，无檐帽，花海

反向提示词：易负面，不良手法版本 4

Negative prompt：easynegative,badhandv4

Steps：20

Sampler：DPM++ 2M Karras

CFG scale：7.0

图 7.18　生成的漫画线稿图

Seed：2588066324

Size：512×768

Model hash：3d1b3c42ec

Model：AWPainting_v1.2.safetensors

Denoising strength：0

RNG：CPU

Lora 1：动漫 AnimeLineart/Manga-like(线稿 / 線画 / マンガ風 / 漫画风)Style

Lora Hash 1：2FCD88E6AA

Lora Weight 1：1.00

vae_name：automatic

TI hashes：EasyNegative: c74b4e810b, badhandv4：5E40D722FC

（2）给生成的线稿上色。

基础模型：AWPainting_v1.2，提示词如图 7.19 所示（此时只需删除之前要求生成单色线稿的提示词即可）。

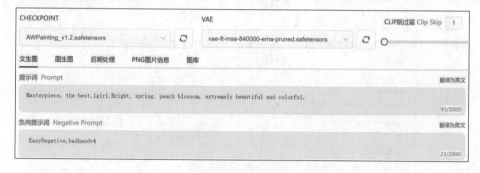

图 7.19　提示词

采样面板设置如图 7.20 所示，ControlNet 面板设置如图 7.21 所示。

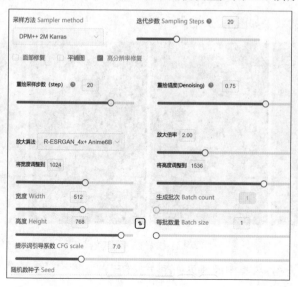

图 7.20　采样面板设置

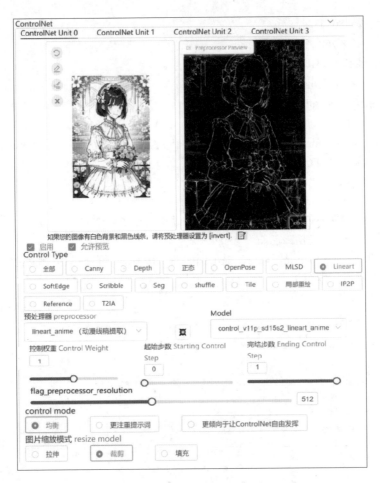

图 7.21　ControlNet 面板设置

线稿上色后的效果如图 7.22 所示。

图 7.22　线稿上色后的效果

线稿图转换为 3D 效果图的效果如图 7.23 所示。

图 7.23　线稿图转换为 3D 效果图

线稿图转换为真人效果图的效果如图 7.24 所示。

图 7.24　线稿图转换为真人效果图

真人高清效果图如图 7.25 所示，生成信息如下。

Prompt：masterpiece, top quality, best quality, (close-up: 1), official art, unified 8k wallpaper, ultra detailed, best quality, natural light, (masterpiece: 1.2)

1 girl, solo, short hair, looking at the audience, smiling, bangs, skirts, shirts, long sleeves, dresses, bows, shut up, flowers, ruffles, hair flowers, petals, bouquets, flowers in the middle, ruffles, bonnets, flowers

正向提示词：杰作，顶级品质，最佳质量，（特写：1），官方艺术，统一的 8K 壁纸，超高细节，最佳品质，自然光，（杰作：1.2）

一个女孩，独立，短发，面向观众，微笑，刘海，裙子，衬衫，长袖，连衣裙，蝴蝶结，闭上嘴，花朵，褶边，发饰花朵，花瓣，花束，花朵中间，褶边，无檐帽，花朵

图 7.25　真人高清效果图

Negative prompt：nsfw, easynegative,

negative_hand, ng_deepnegative_v1_75t, badhandv4, bad_prompt_version2, easynegativev2, (badhandv4:1.2), crosseye,watermark, website, characters,(worst quality:2),(low quality:2), (normal quality:2), low-res, normal quality, ((monochrome)), ((grayscale)), skin spots, acnes, skin blemishes, age spot, (ugly:1.331), (duplicate:1.331), (morbid:1.21), (mutilated:1.21), (tranny:1.331), mutated hands, (poorly drawn hands:1.5), blurry, (bad anatomy:1.21), (bad proportions:1.331), extra limbs,(disfigured:1.331), (missing arms:1.331), (extra legs:1.331), (fused fingers:1.61051), (too many dingers:1.61051), (unclear eyes:1.331),bad hands, missing fingers, extra digit,(((extra arms and legs)))

反向提示词：nsfw，易负面，负面手法，深度负面_v1_75t，不良手法版本4，不良提示版本2，易负面V2，（不良手法版本4：1.2），斜视，水印，网站，角色，（最差质量：2），（低质量：2），（普通质量：2），低分辨率，普通质量，（单色），（灰度），皮肤斑点，青春痘，皮肤瑕疵，老年斑，（丑陋：1.331），（重复：1.331），（病态：1.21），（残缺：1.21），（跨性别：1.331），变异的手，（画得不好的手：1.5），模糊，（解剖错误：1.21），（比例失调：1.331），额外的肢体，（畸形：1.331），（缺胳膊：1.331），（额外的腿：1.331），（融合的手指：1.61051），（太多手指：1.61051），（不清晰的眼睛：1.331），不良手法，缺失手指，额外的数字，（额外的手臂和腿）

Steps：20

Size：768×1152

Seed：3431145870

Model：majicMIX realistic 麦橘写实，手部优化_V0.9,【全网首发】发光真实光泽机甲V2 - 帅全国

Sampler：16

CFG scale：7

7.1.4　2D 古风游戏角色设计

基础模型：GhostMix 鬼混，如图 7.26 所示。

图 7.26　选择基础模型

LoRA 模型：古风武侠立绘（游戏角色），权重：1.00。如图 7.27 所示。

图 7.27　选择 LoRA 模型和权重

女性角色提示词如图 7.28 所示。

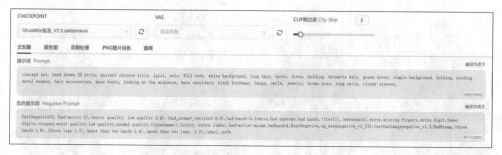

图 7.28　女性角色提示词

男性角色提示词如图 7.29 所示。

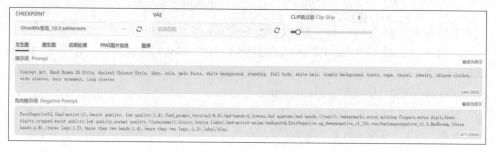

图 7.29　男性角色提示词

采样面板设置如图 7.30 所示。

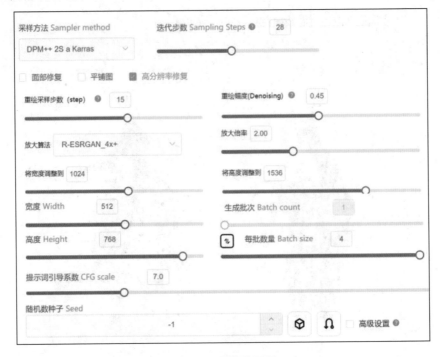

图 7.30　采样面板设置

生成的角色效果图如图 7.31 所示。

图 7.31　生成的角色效果图

单品高清图如图 7.32～图 7.35 所示，生成信息如下。

Prompt：concept art, hand drawn 2D style, ancient chinese style, 1boy, solo, male focus, white background, standing, full body, white hair, simple background, boots, cape, tassel, jewelry, chinese clothes, wide sleeves, hair ornament, long sleeves

正向提示词：概念艺术，手绘2D风格，古代中国风格，一个男孩，独立，以男性为中心，白色背景，站立，全身，白发，简单背景，靴子，披风，流苏，珠宝，中国服装，宽袖子，发饰，长袖

Negative prompt：bad_prompt_version2, badhandv4, ng_deepnegative_v1_75t, EasyNegative, negative_hand,FastNegativev2,(bad-artist:1),(worst quality, low quality:1.4),(bad_prompt_version2:0.8),bad-hands-5,low-res,bad anatomy,bad hands,((text)),(watermark),error,missing fingers,extra digit,fewer digits,cropped,worst quality,low quality,normal quality,((username)),blurry,(extra limbs),bad-artist-anime, verybadimagenegative_v1.3, BadDream, (three hands:1.6),(three legs:1.2),(more than two hands:1.4),(more than two legs:1.2),label

反向提示词：不良提示版本 2，不良手法版本 4，深度负面 _v1_75t，易负面，负面手法，快速负面 v2，（糟糕的画家：1），（最差质量，低质量：1.4），（不良提示版本 2：0.8），不良手法 -5，低分辨率，不良解剖，不良手法，（文字），（水印），错误，缺失手指，额外的数字，更少的数字，裁剪，最差质量，低质量，普通质量，（用户名），模糊，（额外的肢体），不良艺术 - 动漫，非常差的图像负面 _v1.3，噩梦，（三只手：1.6），（三条腿：1.2），（超过两只手：1.4），（超过两条腿：1.2），标签

Steps：28

Size：1024×1536

Seed：1319704936

Model：GhostMix 鬼混，古风武侠立绘（游戏角色）

Sampler：14

CFG scale：7

Prompt：concept art, hand drawn 2D style, ancient chinese style, 1girl, solo, dress, white dress, white background, full body, wings, jewelry, hair accessory, simple background, breasts, looking at the audience, white footwear, tassels, bracelets, long hair, halo, red eyes, bangs, short hair

正向提示词：概念艺术，手绘 2D 风格，古代中国风格，一个女孩，独立，穿着裙子，白色裙子，白色背景，全身，翅膀，珠宝，发饰，简单背景，胸部，面向观众，白色鞋子，流苏，手镯，长发，光环，红色眼睛，刘海，短发

Negative prompt：FastNegativeV2,(bad-artist:1), (worst quality, low quality:1.4),(bad_prompt_version2:0.8),bad-hands-5, low-res, bad anatomy,bad hands,((text)),(watermark), error,missing fingers,extra digit,fewer digits, cropped, worst quality,low quality,normal quality, ((username)),blurry,(extra limbs),bad-artist-anime,badhandv4,EasyNegative,ng_deepnegative_v1_75t,verybadimagenegative_v1.3, BadDream,(three hands:1.6),(three legs:1.2), (more than two hands:1.4),(more than two legs,:1.2), label

反向提示词：快速负面 V2，（糟糕的画家：1），（最差质量，低质量：1.4），（不良提示版本 2：0.8），不良手法 -5，低分辨率，不良解剖，不良手法，（文字），（水印），错误，缺失手指，额外的数字，更少的数字，裁剪，最差质量，低质量，普通质量，（用户名），模糊，（额外的肢体），不良艺术 - 动漫，不良手法版本 4，易负面，深度负面 _v1_75t，非常差的图像负面 _v1.3，噩梦，（三只手：1.6），（三条腿：1.2），（超过两只手：1.4），（超过两条腿：1.2），标签

Steps：28

Size：1024×1536

Seed：110211509

Model：GhostMix 鬼混，古风武侠立绘（游戏角色）

Sampler：14

CFG scale：7

图 7.32　单品高清图（1）

图 7.33　单品高清图（2）

图 7.34　单品高清图（3）

Prompt：multi-view,front view,side view,rear view,concept art,character painting,two-dimensional culture,1girl,long hair,brown hair,multiple views,virtual youtuber,breasts,hair ornament,thigh strap,dress,gradient,reference sheet,gradient background,full body,brown eyes,boots,looking at viewer,high heels

正向提示词：多视角，正视图，侧视图，后视图，概念艺术，人物绘画，二维文化，一个女孩，长发，棕色头发，多个视角，虚拟主播，胸部，发饰，大腿带，连衣裙，渐变，参考图，渐变背景，全身，棕色眼睛，靴子，注视观众，高跟鞋

Negative prompt：(bad-artist:1),(worst quality, low quality:1.4),(bad_prompt_version2:0.8),bad-hands-5,low-res,bad anatomy,bad hands,((text)),(watermark),error,missing fingers,extra digit,fewer digits,cropped,worst quality,low quality,normal quality,((user name)),blurry,(extra limbs),bad-artist-anime,badhandv4,EasyNegative,ng_deepnegative_v1_75t,verybadimagenegative_v1.3,BadDream,(three hands:1.6),(three legs:1.2),(more than two hands:1.4),(more than two legs,:1.2)

反向提示词：（糟糕的画家：1），（最差质量，低质量：1.4），（不良提示版本2：0.8），不良手法 -5，低分辨率，不良解剖，不良手法，（文字），（水印），错误，缺失手指，额外的数字，更少的数字，裁剪，最差质量，低质量，普通质量，（用户名），模糊，（额外的肢体），不良艺术 - 动漫，不良手法版本 4，易负面，深度负面 _v1_75t，非常差的图像负面 _v1.3，噩梦，（三只手：1.6），（三条腿：1.2），（超过两只手：1.4），（超过两条腿：1.2）

Steps：32

Size：1728×1248

Seed：762222473

Model：GhostMix 鬼混，游戏角色三视图（二次元）

Sampler：15

CFG scale：8

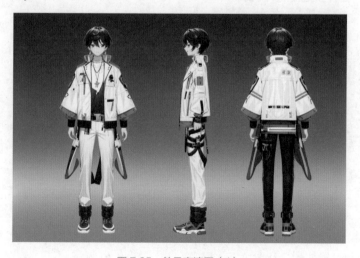

图 7.35 单品高清图（4）

Prompt：multiple view,front view,side view,back view,concept art,character painting,2d culture,virtual youtuber,jacket,gradient,shirt,1boy,white shirt,gradient background,black pants,male focus,white footwear,belt,necklace,open clothes,short hair,jewelry,earrings,boots,long sleeves

正向提示词：多视角，正视图，侧视图，背视图，概念艺术，人物绘画，2D 文化，虚拟主播，夹克，渐变，衬衫，一个男孩，白色衬衫，渐变背景，黑色裤子，以男性为中心，白色鞋子，腰带，项链，敞开的衣服，短发，珠宝，耳环，靴子，长袖

Negative prompt：fastnegativev2,(bad-artist:1),(worst quality, low quality:1.4),(bad_prompt_version2:0.8),bad-hands-5,low-res,bad anatomy,bad hands,((text)),(watermark),error,missing fingers, extra digit,fewer digits,cropped,worst quality,low quality,normal quality,((username)),blurry,(extra limbs),bad-artist-anime,badhandv4,easynegative,ng_deepnegative_v1_75t,verybadimagenegative_v1.3,baddream,(three hands:1.6),(three legs:1.2),(more than two hands:1.4),(more than two legs,:1.2),1abel

反向提示词：快速负面 v2，（糟糕的画家：1），（最差质量，低质量：1.4），（不良提示版本 2：0.8），不良手法 -5，低分辨率，不良解剖，不良手法，（文字），（水印），错误，缺失手指，额外的数字，更少的数字，裁剪，最差质量，低质量，普通质量，（用户名），模糊，（额外的肢体），不良艺术 - 动漫，不良手法版本 4，易负面，深度负面 _v1_75t，非常差的图像负面 _v1.3，噩梦，（三只手：1.6），（三条腿：1.2），（超过两只手：1.4），（超过两条腿：1.2），标签

Steps：32

Size：1536×1024

Seed：1086100001

Model：GhostMix 鬼混，游戏角色三视图（二次元）

CFG scale：7

7.2　工艺品创意设计

7.2.1　玉雕

基础模型：XXMix_9realistic_v4.0，提示词如图 7.36 所示。

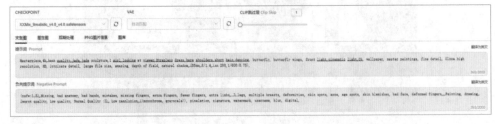

图 7.36　提示词

LoRA 模型：翠玉白菜 | 玉雕风格，权重：0.80。如图 7.37 所示。

采样面板设置如图 7.38 所示。

图 7.37 选择 LoRA
模型和权重

图 7.38 采样面板设置

生成效果如图 7.39 所示。

图 7.39 生成效果

单品高清图如图 7.40 所示，生成信息如下。

Prompt: masterpiece,4k,best quality, jade,jade sculpture,1 girl,looking at viewer, strapless dress,bare shoulders,short hair, dancing, butterfly, butterfly wings, front light,cinematic light,cg, wallpaper, master paintings, fine detail, ultra high resolution, hd, intricate detail, large file size, amazing, depth of field, natural shadow,(85mm,f/1.4,iso 200,1/600:0.75)

正向提示词：杰作，4K，最佳品质，玉石，玉雕，一个女孩，注视观众，露肩礼服，裸露的肩膀，短发，跳舞，蝴蝶，蝴蝶翅膀，正面光，电影般的光线，CG，壁纸，杰作绘画，精细细节，超高分辨率，高清，复杂细节，大文件大小，令人惊叹，景深，自然阴影，（85mm，f/1.4，iso 200，1/600：0.75）

Negative prompt: (nsfw:1.5),missing, bad anatomy, bad hands, mistakes, missing fingers, extra fingers, fewer fingers, extra limbs, 3 legs, multiple breasts, deformities, skin spots,

图 7.40 单品高清图

CFG scale: 7

acne, age spots, skin blemishes, bad face, deformed fingers,painting, drawing,(worst quality, low quality, normal quality:2), low resolution,((monochrome, grayscale)), pixelation, signature, watermark, username, blur, digital

反向提示词：（nsfw：1.5），缺失，不良解剖，不良手法，错误，缺失手指，额外手指，更少手指，额外肢体，三条腿，多胸，畸形，皮肤斑点，青春痘，老年斑，皮肤瑕疵，面部不良，畸形手指，绘画，素描，（最差质量，低质量，普通质量：2），低分辨率，（单色，灰度），像素化，签名，水印，用户名，模糊，数码化

Steps: 28

Size: 1024×1536

Seed: 2573880093

Model: XXMix_9realistic_v4.0, 翠玉白菜|玉雕风格

Sampler: 15

7.2.2 剪纸

基础模型：基础算法 _XL，提示词如图 7.41 所示。

图 7.41 提示词

LoRA 模型：SDXL Chinese_paper_cut，权重：0.80。如图 7.42 所示。

采样面板设置如图 7.43 所示。

图 7.42　选择 LoRA
模型和权重

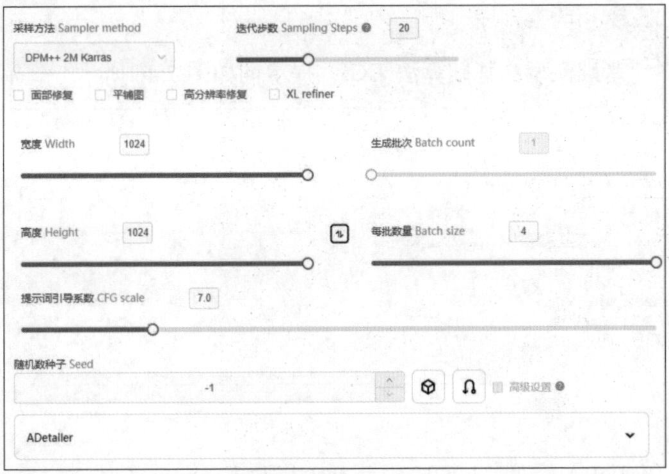

图 7.43　采样面板设置

生成效果如图 7.44 所示。

单品高清图如图 7.45 所示，生成信息如下。

Prompt: a cat, chinese_paper_cut, square composition composition, white background

正向提示词：一只猫，中国剪纸，正方形构图，白色背景

Negative prompt: nsfw

反向提示词：nsfw

Steps: 20

Size: 1024×1024

Seed: 1729093799

Model: SDXL Chinese_paper_cut

Sampler: 15

CFG scale: 7

图 7.44　生成效果

图 7.45　单品高清图

7.2.3 浮雕

基础模型：基础算法 _XL，提示词如图 7.46 所示。

图 7.46　提示词

LoRA 模型：ICON 尝新 test 和 Relief 浮雕画风 XL- 三绘，权重均设置为 0.80。如图 7.47 所示。

采样面板设置如图 7.48 所示，生成效果如图 7.49 所示。

单品高清图如图 7.50 所示，生成信息如下。

Prompt：chicken, relief style, chinese style, totem, fine, 8k

正向提示词：鸡，浮雕风格，中国风格，图腾，精细，8K

Negative prompt：nsfw

反向提示词：nsfw

Steps：20

Size：1024×1024

Seed：3141073177

Model：SDXL 正式版，ICON 尝新 test，Relief 浮雕画风 XL- 三绘

Sampler：2

CFG scale：7

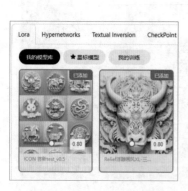

图 7.47　选择 LoRA 模型和权重

图 7.48　采样面板设置

图 7.49　生成效果

图 7.50　单品高清图

7.2.4　铜像

基础模型：chilloutmix_NiPrunedFp32，提示词如图 7.51 所示。

LoRA 模型：首发推荐艺术铜像，权重：0.80。如图 7.52 所示。

采样面板设置如图 7.53 所示。

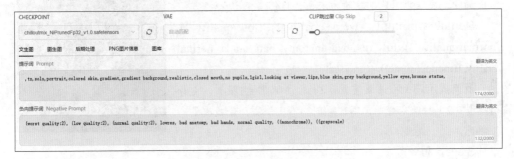

图 7.51　提示词

图 7.52　选择 LoRA 模型和权重

图 7.53　采样面板设置

生成效果如图 7.54 所示。

图 7.54　生成效果

单品高清图如图 7.55 所示，生成信息如下。

Prompt：tx,solo,male focus,1boy,colored skin, portrait, realistic,headphones,grey background,white eyes, collarbone, green skin,grey eyes,bronze statue

正向提示词：一个男孩，独自一人，男性为中心，有着有色皮肤，肖像，逼真，戴着耳机，灰色背景，白色眼睛，露出锁骨，皮肤为绿色，眼睛为灰色，仿佛青铜雕像

Negative prompt：(worst quality:2), (low quality:2), (normal quality:2), low-res, bad anatomy, bad hands, normal quality, ((monochrome)), ((grayscale))

反向提示词：（最差质量：2），（低质量：2），（普通质量：2），低分辨率，不良解剖，不良手法，普通质量，（单色），（灰度）

图 7.55　单品高清图

Steps：30

Size：1024×1536

Seed：1642167867

Model：chilloutmix_NiPrunedFp32，首发推荐_艺术铜像

CFG scale：7

7.2.5　水晶球

基础模型：NORFLEET 伪写实 2.5D 融合，提示词如图 7.56 所示。

图 7.56　提示词

LoRA 模型：圣诞节水晶球，权重：1.00。如图 7.57 所示。

图 7.57　选择 LoRA 模型和权重

采样面板设置如图 7.58 所示。

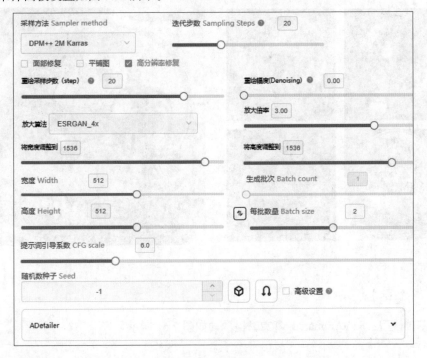

图 7.58　采样面板设置

生成效果如图 7.59 所示。

单品高清图如图 7.60 所示，生成信息如下。

Prompt：best quality,masterpiece,ultra high res,hat,solo,1boy,facial hair,male focus, christmas,santa hat,old,old man,santa costume, gloves,white hair,beard,snowing,(train:1),track, window, driving,vapors,steam locomotive,merry christmas,christmas ornaments

正向提示词：最佳质量，杰作，超高分辨率，帽子，独自一人，一个男孩，面部毛发，男性为中心，圣诞节，圣诞帽，老年，老人，圣诞装，手套，白发，胡须，下雪，火车，铁轨，

窗户，驾驶，蒸汽，蒸汽机车，圣诞快乐，圣诞装饰品

Negative prompt：ng_deepnegative_v1_75t, (worst quality:2), (low quality:2), (normal quality:2), low-res, bad anatomy, bad hands, normal quality, ((monochrome)), ((grayscale)), watermark, (negative_hand-neg:0.6),(NegfeetV2:0.5),(EasyNegativeV2:0.6)

反向提示词：深度负面_v1_75t，（最差质量：2），（低质量：2），（普通质量：2），低分辨率，不良解剖，不良手法，普通质量，（单色），（灰度），水印，（负面手法-neg：0.6），（负面脚底v2：0.5），（易负面v2：0.6）

Steps：25

Size：1536×1536

Seed：2886319729

Model：NORFLEET 伪写实 2.5D 融合，圣诞节水晶球

Sampler：15

CFG scale：5

图 7.59　生成效果

图 7.60　单品高清图

7.2.6　毛毡

基础模型：ReVAnimated_v122，提示词如图 7.61 所示。

图 7.61　提示词

LoRA 模型：Wool felt v1.0_ 毛毡，权重：0.80。如图 7.62 所示。

采样面板设置如图 7.63 所示。

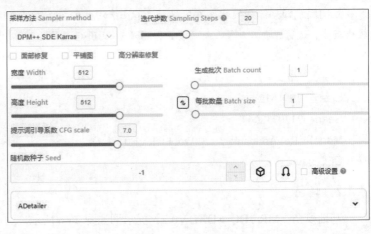

图 7.62　选择 LoRA
模型和权重

图 7.63　采样面板设置

生成效果如图 7.64 所示。

单品高清图如图 7.65 所示，生成信息如下。

图 7.64　生成效果

图 7.65　单品高清图

Prompt：masterpiece,best quality,wool felt, solo,no humans,girl with pearl earring
artist and #x27,s work,cartoon,chibi,lovely,dutch master,jan vermeer,van delft,smile,pink
background,hat,black eyes,standing

正向提示词：杰作，最佳质量，羊毛毡，独自一人，没有人类，女孩与珍珠耳环艺术
家的作品，卡通，卡通人物，可爱，荷兰大师，雅恩·维梅尔，范·德尔夫特，微笑，粉色背景，
帽子，黑色眼睛，站立

Negative prompt：low-res,bad anatomy,bad hands,text,error,missing fingers,extra
digit,fewer digits,cropped, worst quality,low quality,normal quality, jpeg artifacts,signature,water

mark,username,blurry,don and #x27,t show any facial expressions

反向提示词：低分辨率，不良解剖，不良手法，文字，错误，缺失手指，额外数字，较少数字，裁剪，最差质量，低质量，普通质量，JPEG 伪影，签名，水印，用户名，模糊，不显示任何面部表情

Steps：20

Size：512×512

Seed：2120738044

Model：ReVAnimated_v122,Wool felt v1.0_ 毛毡

CFG scale：7

7.2.7 陶艺

基础模型：MR 3DQ_SDXL V0.2，提示词如图 7.66 所示。

图 7.66 提示词

LoRA 模型：YFilter_TangSanCai，权重：0.80。如图 7.67 所示。

采样面板设置如图 7.68 所示。

图 7.67 选择 LoRA 模型和权重　　　　　　图 7.68 采样面板设置

生成效果如图 7.69 所示。

图 7.69　生成效果

单品高清图如图 7.70 所示，生成信息如下。

Prompt：tangsancai,a cute chicken in museum, tongue out, pixar,3d style,toon,chibi

正向提示词：唐三彩，博物馆里的一只可爱的小鸡，吐舌头，像皮克斯的 3D 风格，卡通，卡通人物

Negative prompt：(worst quality, low quality, text)

正向提示词：（最差质量，低质量，文字）

Steps：30

Size：512×768

Seed：414412987

Model：MR 3DQ, YFilter_TangSanCai

CFG scale：8

图 7.70　单品高清图

7.2.8　魔法书创意设计

基础模型：majicMIX realistic 麦橘写实 _v7，提示词如图 7.71 所示。

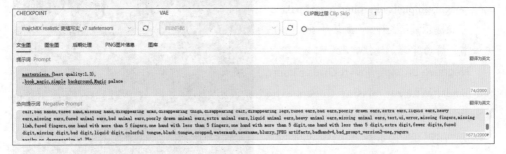

图 7.71　提示词

LoRA 模型：Magic book architecture style| 魔法书风格，权重：0.88。如图 7.72 所示。采样面板设置如图 7.73 所示。

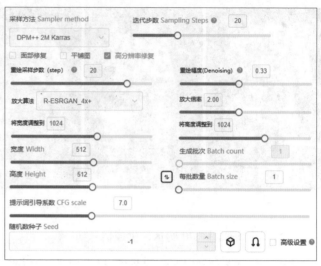

图 7.72　选择 LoRA 模型和权重　　　　　图 7.73　采样面板设置

生成效果如图 7.74 所示。

图 7.74　生成效果

单品高清图如图 7.75 所示，生成信息如下。

Prompt：masterpiece,(best quality:1.3), book_magic,simple background,magic palace

正向提示词：杰作，（最佳质量：1.3），魔法书，简约背景，魔法宫殿

Negative prompt：low-res,bad anatomy, bad hands,text,error,missing fingers,extra digit,fewer digits,cropped,worst quality,low quality,normal quality,jpeg artifacts,signature, watermark,username,blurry,((mutated hands and fingers)){{extra limb}},((nsfw))easynegative,paintings,sketches,(worst quality:2),(low quality:2),(normal quality:2),lowers,((monochrome)),((grayscales)), badhandv4,bad_prompt_

图 7.75　单品高清图

version2-neg, ng_deepnegative_v1_75t

反向提示词：低分辨率，不良解剖，不良手法，文字，错误，缺失手指，额外数字，较少数字，裁剪，最差质量，低质量，普通质量，JPEG伪影，签名，水印，用户名，模糊，（变异手和手指）{{ 额外肢体 }}，（nsfw）易负面，绘画，素描，（最差质量：2），（低质量：2），（普通质量：2），降低，（单色），（灰度），不良手法版本4，不良提示版本2-负面，深度负面 _v1_75t

Steps：20

Size：1024×1024

Seed：3326405864

Model：majicMIX realistic 麦橘写实 _v7，Magic book architecture style| 魔法书风格

Sampler：15

CFG scale：7

7.3 服饰珠宝创意设计

7.3.1 国风连衣裙创意设计

基础模型：基础算法 _V1.5，提示词如图 7.76 所示。

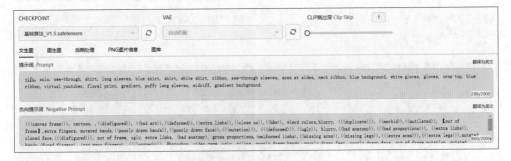

图 7.76 提示词

LoRA 模型：国风连衣裙 _v1.0，权重：0.80。如图 7.77 所示。

采样面板设置如图 7.78 所示，生成效果如图 7.79 所示。

单品高清图如图 7.80 所示，生成信息如下。

Prompt：(unmanned:1.4),a beautiful dress,(red clothes:1.1),rose pattern,Transparent material,Lace material,Simple background, Hang it on the hanger,high definition,details,the whole body,Movie lights,Volume light 8k,{{masterpiece}},{{{best quality}}},{{ultra-detailed}},clear facial features,beautiful scene, Dreamy Atmosphere,UE5,Quixel Megascans Render,8KHD,high detail,hyper quality,high resolution,beautiful lighting

正向提示词：（无人穿戴：1.4），一件美丽的连衣裙，（红色衣服：1.1），玫瑰图案，透明材质，蕾丝材质，简约背景，挂在衣架上，高清晰度，细节，全身，电影灯光，体积光8K，{{ 杰作 }}，{{{ 最佳质量 }}}，{{ 超高细节 }}，清晰的表面特征，美丽的场景，梦幻氛围，UE5，Quixel Megascans 渲染，8K 高清，高细节，超高质量，高分辨率，美丽的光线

设
计
师
自
救
指
南
：
：
Stable Diffusion 实
用
教
程

图 7.77　选择 LoRA
　　　模型和权重

图 7.78　采样面板设置

图 7.79　生成效果

Negative prompt：(((canvas frame))), cartoon, ((disfigured)), ((bad art)), ((deformed)), ((close up)), ((b and w)), wierd colors, blurry, (((duplicate))), ((morbid)), mutated hands, ((poorly drawn hands)), ((poorly drawn face)), (((mutation))), (((deformed))), ((ugly)), (((bad proportions))), out of frame, gross proportions, (malformed limbs), Photoshop, tiling, mutation, mutated, extra limbs, extra legs, extra arms, disfigured, deformed, cross-eye, body out of frame, bad art, watermark

反向提示词：(((画布框架))),卡通,((畸形)),((糟糕的艺术)),((变形)),((特写)),((黑白)),奇怪的颜色,模糊,(((重复))),((病态)),变异的手,

（（画得不好的手）），（（画得不好的脸）），
（（（突变））），（（（（变形）））），（（（（丑
陋）））），（（（不良比例））），超出画框，
毛糙的比例，（畸形的四肢），Photoshop，平铺，
突变，变异，额外的肢体，额外的腿，额外的胳膊，
畸形，变形，斜视，身体超出画框，糟糕的艺术，
水印

Steps：20

Size：1024×1536

Seed：3512622299

Model：chilloutmix_NiPrunedFp32，国风连
衣裙_v1.0

Sampler：15

CFG scale：7

还可以更换 Stable Diffusion 的提示词
和基础模型，使用真人模特展示衣服穿着
效果。

基础模型：墨幽真实系模型，提示词如
图 7.81 所示。

图 7.80　单品高清图

图 7.81　提示词

LoRA 模型：国风连衣裙_v1.0，使用真人模特展示时，适当降低 LoRA 模型权重
到 0.67 左右。如图 7.82 所示。

采样面板设置如图 7.83 所示。

图 7.82 选择 LoRA 模型和权重　　　　　图 7.83 采样面板设置

生成效果如图 7.84 所示。

图 7.84 生成效果

真人高清效果图如图 7.85 所示，生成信息如下。

Prompt：1girl,green skirt,sitting on the shore,random photo pose,(clear river water:1.1),goldfish,outdoor,{{{best quality}}},{{masterpiece}},{{ultra-detailed}},clear facial features,beautiful scene,dreamy atmosphere,ue5,quixel megascans render,8khd,high detail,hyper quality,high resolution,beautiful lighting

正向提示词：1 个女孩，绿色裙子，坐在岸边，随机拍照姿势，（清澈的河水：1.1），金鱼，户外，{{{最佳质量}}}，{{杰作}}，{{超高细节}}，清晰的面部特征，美丽的场景，

梦幻氛围，UE5，Quixel Megascans 渲染，8K 高清，高细节，超高质量，高分辨率，美丽的灯光

Negative prompt：(((canvas frame))),cartoon, ((disfigured)), ((bad art)),((deformed)),((extra limbs)), ((close up)), ((b and w)),wierd colors, blurry, ((((duplicate)))), ((morbid)), ((mutilated)), [out of frame], extra fingers,mutated hands, ((poorly drawn hands)), ((poorly drawn face),(((mutation))), ((ugly)), blurry,((bad anatomy)), (((bad proportions))), cloned face, (((disfigured))),out of frame, (bad anatomy), gross proportions, (malformed limbs), ((missing arms)), ((missing legs)), (((extra arms))), (((extra legs))), mutated hands,(fused fingers), (too many fingers), ((((longneck))), photoshop,video game, ugly, tiling, poorly drawn hands,poorly drawn feet,poorly drawn face, mutation, mutated,extra limbs,extra legs, extra arms, disfigured, deformed,cross-eye,body out of frame, bad art, bad anatomy

图 7.85　真人高清效果图

反向提示词：（（（画布框架））），卡通，（（畸形）），（（糟糕的艺术）），（（变形）），（（额外的肢体）），（（特写）），（（黑白）），奇怪的颜色，模糊，（（（重复））），（（病态）），（（残缺）），[超出画框]，额外的手指，变异的手，（（画得不好的手）），（（画得不好的脸）），（（（突变））），（（丑陋）），模糊，（（不良解剖）），（（（不良比例））），克隆脸（（（畸形））），超出画框，（不良解剖），毛糙的比例，（畸形的四肢），（（缺失手臂）），（（缺失腿）），（（（额外的胳膊））），（（（额外的腿））），变异的手，（融合的手指），（手指太多），（（（长脖子））），Photoshop，视频游戏，丑陋，平铺，画得不好的手，画得不好的脚，画得不好的脸，超出画框，突变，变异，额外的肢体，额外的腿，额外的胳膊，畸形，变形，斜视，身体超出画框，糟糕的艺术，不良解剖

Steps：20
Size：1024×1824
Seed：2446793627
Model：墨幽人造人，国风连衣裙 _v1.0
Sampler：15
CFG scale：7

7.3.2　运动鞋创意设计

基础模型：基础算法 _XL，提示词如图 7.86 所示。

图 7.86 提示词

LoRA 模型：鞋子广告摄影，权重：0.80。如图 7.87 所示。

采样面板设置如图 7.88 所示。

图 7.87 选项 LoRA 模型和权重

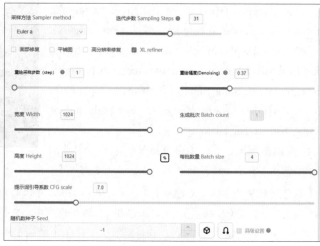

图 7.88 采样面板设置

生成效果如图 7.89 所示。

单品高清图如图 7.90 所示，生成信息如下。

Prompt：shoe,(monochrome),(gray scale), pencil sketch lines

正向提示词：鞋子，（单色），（灰度），铅笔素描线

Negative prompt：nsfw

反向提示词：nsfw

Steps：28

Sampler：Restart

CFG scale：7.0

Seed：469334715

Size：1024x1024

Model hash：31e35c80fc

Model：SDXL 正式版 _sdxl_1.0.safetensors

Denoising strength：0.0

Clip skip：2

RNG：CPU

Lora 1：全网首发 | 鞋子广告摄影 运动鞋

Lora Hash 1：6a145f1a77

Lora Weight 1：0.8

Lora 2：小皮插画 最好的插画模型

Lora Hash 2：67b7feace3

Lora Weight 2：0.8

vae_name：automati

图 7.89　生成效果　　　　　　　　图 7.90　单品高清图

7.3.3　高跟鞋创意设计

基础模型：幻想森林，提示词如图 7.91 所示。

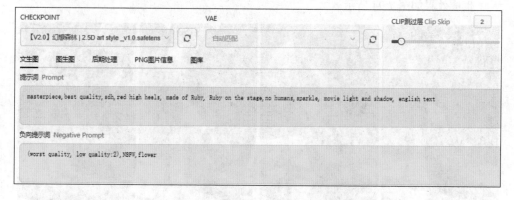

图 7.91　提示词

LoRA 模型：高跟鞋展品 _v1.0、电商商品展示台 _v1.0 和 3D rendering style，权重依次为 0.60、0.60、0.52。如图 7.92 所示。

图 7.92　选择 LoRA 模型和权重

采样面板设置如图 7.93 所示。

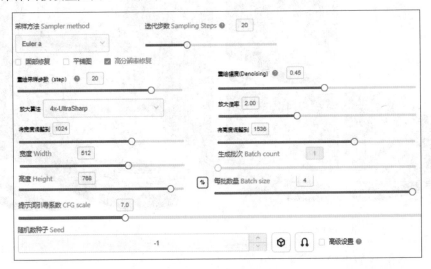

图 7.93　采样面板设置

生成效果如图 7.94 所示。

图 7.94　生成效果

单品高清图如图 7.95 所示，生成信息如下。

图 7.95 单品高清图

Prompt: masterpiece,best quality, sdh, purple heels, made of purple gems, purple gems on stage, (no humans), sparkle, movie light and shadow

正向提示词：杰作，最佳质量，SDH，紫色高跟鞋，由紫色宝石制成，舞台上的紫色宝石，（没有人类），闪闪发光，电影般的光影

Negative prompt: (worst quality, low quality:2), nsfw, flower, girl, leg

反向提示词：（最差质量，低质量：2），nsfw，花，女孩，腿

Steps：20

Size：1024×1536

Seed：2956811049

Model：【V2.0】幻想森林 | 2.5D art style_v1.0，电商商品展示台 _v1.0，3D rendering style，高跟鞋展品 _v1.0

CFG scale：7

7.3.4　珠宝创意设计

基础模型：jewelry 黄金钻石珠宝水晶翡翠饰品 _v1.0，提示词如图 7.96 所示。

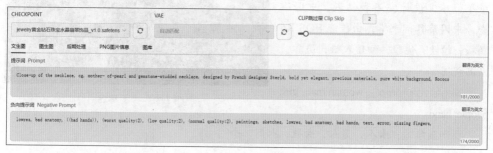

图 7.96　提示词

采样面板设置如图 7.97 所示。

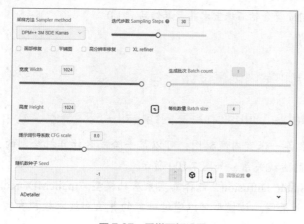

图 7.97　采样面板设置

生成效果如图 7.98 所示。

图 7.98　生成效果

单品高清图如图 7.99 所示，生成信息如下。

图 7.99　单品高清图

Prompt：(extremely detailed 8k wallpaper), jewelry designgemstones and diamonds, Chinese teapot, Chinese tea set, luxury,shot by canon eos R5, delicate, elegant,detailed intricate, photorealistic, product view

正向提示词：（极其详细的 8K 壁纸），珠宝设计宝石和钻石，中国茶壶，中国茶具，豪华，由佳能 EOS R5 拍摄，精致，优雅，细致入微，逼真，产品视图

Negative prompt：woman,man, girl, people, hand

反向提示词：女人，男人，女孩，人们，手

Steps：30

Size：2048×2048

Seed：2466370771

Model：jewelry 黄金钻石珠宝水晶翡翠饰品 _v1.0

CFG scale：7

7.4　建筑和室内创意设计

7.4.1　使用 Stable Diffusion 将室内线稿图生成实景效果图

（1）需要准备一张室内线稿图，可以是手绘或者计算机绘制的，但必须具备清晰的线条和明确的透视关系，如图 7.100 所示。

（2）打开 Stable Diffusion，选择真实系基础模型"majicMIX realistic 麦橘写实"生成更为逼真的效果图。该模型可以通过一定的算法和技术模拟真实的图像效果，使生成的效果图更具有真实感和可信度。

（3）选择"文生图"选项卡，撰写提示词。本案例使用的提示词如图 7.101 所示，这些提示词可以帮助模型更好地理解用户需求并生成符合要求的实景效果图。

图 7.100　室内线稿图

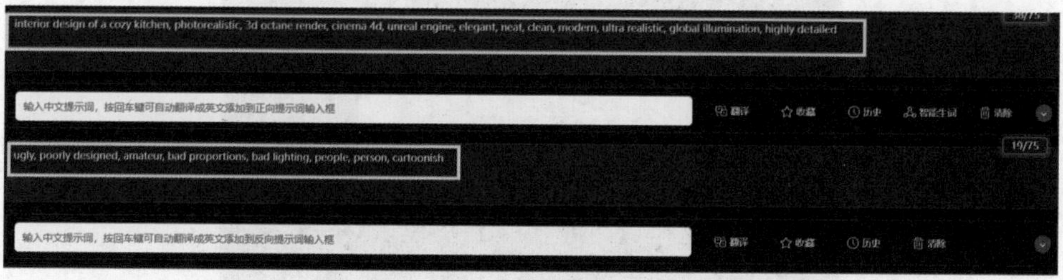

图 7.101　撰写提示词

本案例中使用的提示词及含义如下。

Prompt：interior design of a cozy kitchen, photorealistic, 3d octane render, cinema 4d, unreal engine, elegant, neat, clean, modern, ultra realistic, global illumination, highly detailed

正向提示词：温馨厨房室内设计，逼真的照片效果，3D Octane 渲染，Cinema 4D，虚幻引擎，优雅，整洁，干净，现代，超逼真，全局光照，高度详细

Negative prompt：ugly, poorly designed, amateur, bad proportions, bad lighting, people, person, cartoonish

反向提示词：丑陋，设计不佳，比例不佳，光线不佳，人物，人们，卡通形象

（4）在 Stable Diffusion 操作界面的"采样方法"面板中设置参数，如图 7.102 所示。

（5）勾选"启用"复选框，并将步骤（1）中准备好的线稿图作为参考图像上传至 ControlNet 中。在 Control Type 选项组中选中"深度"单选按钮，并设置"控制权重"为 1，如图 7.103 所示。

（6）单击"生成"按钮生成实景效果图。在这个过程中，算法会根据所输入的提示词和参考图像生成相应的实景效果图。完成后，可以将生成的实景效果图保存并导出为常用的图像格式，如 JPEG 或 PNG 等，如图 7.104 所示。

（7）上述流程生成的实景效果图，还可以使用 SDXL 1.0 大模型用图生图的方式进行重绘，重绘效果如图 7.105 所示。

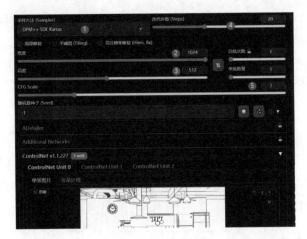

图 7.102　设置采样方法

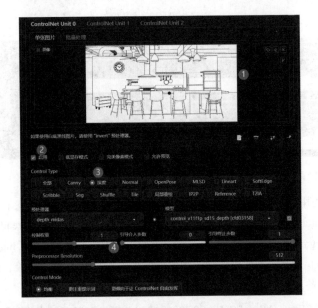

图 7.103　上传参考图像

图 7.104　生成的实景效果图

图 7.105　重绘效果

（8）如果需要用更高的精确度控制实景效果图，也就是严格按照线稿图来生成实景效果图，可以使用 ControlNet 功能里的 Canny 模型。首先，在步骤（5）中勾选"启用""完美像素模式"和"允许预览"复选框，在 Control Type 选项组中选中 Canny 单选按钮，其余选项保留默认设置，如图 7.106 所示。单击爆炸按钮 后，可以看到通过 Canny 模型生成的预览图。

图 7.106　设置 ControlNet 选项

（9）单击"生成"按钮，严格按照线稿图生成的厨房实景效果图如图 7.107 所示。

图 7.107　厨房实景效果图

如果对整体效果都满意，但想把图 7.107 中的时钟换一个款式，该怎么做呢？很简单，可以选择将生成的图像"局部重绘"。

（1）单击"局部重绘"选项卡右上角的画笔图标，将时钟的区域涂成黑色，使其成为一个蒙版，如图 7.108 所示。

（2）将前面生成厨房的提示词（interior design of a cozy kitchen）稍微改动一下，让 Stable Diffusion 生成一个时钟（a clock），如图 7.109 所示。

图 7.108　将时钟的区域涂成黑色

图 7.109　修改提示词

（3）在 Stable Diffusion 设置界面中，在"蒙版模式"选项组中选中"重绘蒙版内容"单选按钮；在"蒙版区域内容处理"选项组中选中 original 单选按钮；在"重绘区域"选项组中选中"仅蒙版区域"单选按钮；在"采样方法"下拉列表中选择 Euler a，"宽度"和"高度"与线稿图的尺寸保持一致；设置"重绘幅度"为 0.75，"蒙版边缘模糊度"为 4，如图 7.110 所示。

图 7.110　设置蒙版的参数

（4）单击"生成"按钮，结果如图 7.111 所示，可以看到时钟已经变成另一种风格了，可以通过多次生成来得到想要的效果。

图 7.111　变成另一种风格的时钟

当生成实景效果图后，可以查看生成的实景效果图是否符合预期。如果对生成的实景效果图不满意，可以回到参数调整界面，对参数进行调整后重新生成。如果对生成的实景效果图满意，可以选择保存功能，将实景效果图导出为图像文件。导出的图像可以用于展示、反馈、施工等后续工作。

7.4.2　使用 Stable Diffusion 将室内设计白模生成实景效果图

使用 Stable Diffusion 将室内设计白模生成实景效果图，具体操作步骤如下。

（1）使用 SketchUp 软件创建室内设计模型。注意，需要保证模型的比例和细节都符合设计要求。将创建好的室内设计模型导出为 PNG 或 SVG 等格式。在导出时，可以选择将模型导出为线稿图或白模图像，如图 7.112 所示。导出白模图像是为了能够在 Stable Diffusion 中将其作为参考图像使用。

图 7.112　导出创建好的室内设计模型

（2）打开 Stable Diffusion，选择真实系基础模型"majicMIX realistic 麦橘写实"生成更为逼真的实景效果图。这个模型可以通过一定的算法和技术来模拟真实的图像效果，使得生成的实景效果图更具有真实感和可信度。

（3）选择"文生图"选项卡，撰写提示词。本案例使用的提示词如图 7.113 所示，这些提示词可以帮助模型更好地理解用户需求并生成符合要求的实景效果图。

图 7.113　撰写提示词

本案例中使用的提示词及含义如下。

Prompt：a cozy living room,(high detailed skin:1.2), 8k uhd, dslr, soft lighting, high quality, film grain, Fujifilm XT3

正向提示词：一个舒适的客厅，（高细节皮肤：1.2），8K 超高清，单反相机，柔和的灯光，高质量，胶片颗粒，富士 XT3

Negative prompt：(deformed iris, deformed pupils, semi-realistic, cgi, 3d, render, sketch, cartoon, drawing, anime:1.4), text, close up, cropped, out of frame, worst quality, low quality, jpeg artifacts, ugly, duplicate, morbid, mutilated, extra fingers, mutated hands, poorly drawn hands, poorly drawn face, mutation, deformed, blurry, dehydrated, bad anatomy, bad proportions

反向提示词：（虹膜变形，瞳孔变形，半写实，CGI，3D，渲染，素描，卡通，绘画，动漫：1.4），文字，特写，裁剪，出画，最差质量，低质量，JPEG伪影，丑陋，重复，病态，残缺，多余的手指，变异的手，画得不好的手，画得不好的脸，变异，畸形，模糊，脱水，糟糕的解剖结构，糟糕的比例

（4）在 Stable Diffusion 操作界面的"采样方法"面板中设置参数，如图 7.114 所示。

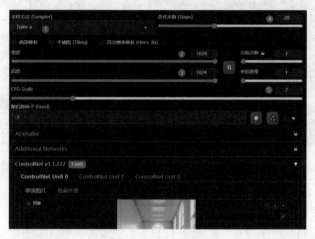

图 7.114　设置采样方法

（5）勾选"启用"复选框，并将步骤（1）导出的白模图像作为参考图像上传至 ControlNet 中。在 Control Type 选项组中选中 Scribble 单选按钮，并设置"控制权重"为 1，如图 7.115 所示。

（6）单击"生成"按钮生成实景效果图。在这个过程中，算法会根据所输入的提示词和参考图像来生成相应的实景效果图。等待时间取决于计算机的显卡和主机性能，以及生成图像的数量。完成后，可以将生成的实景效果图保存并导出为常用的图像格式，如 JPEG 或 PNG 等，如图 7.116 所示。

图 7.115　上传参考图像

图 7.116　生成的实景效果图

（7）可以更改采样方法，并通过高清修复功能，重新生成新的实景效果图。参数设置如图 7.117 所示，生成效果如图 7.118 所示。

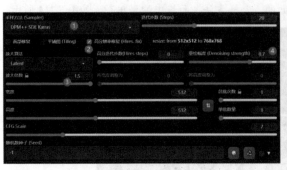

图 7.117　参数设置　　　　　　　　　　　　　图 7.118　生成效果

（8）修改 ControlNet 的"控制权重"（图 7.119），可以降低或提高生成的实景效果图与白模图像的相似度，不同权重生成的实景效果图如图 7.120 所示。

当修改"控制权重"为 0.9 时（图 7.121），生成的实景效果图如图 7.122 所示。

图 7.119　修改"控制权重"为 0.75　　　　　图 7.120　"控制权重"为 0.75 时
　　　　　　　　　　　　　　　　　　　　　　　　　　生成的实景效果图

（9）如果需要用更高的精确度控制实景效果图，可以使用 ControlNet 功能里的 Canny 模型和 Depth 模型的共同控制来达到想要的效果。基础模型选择"majicMIX realistic 麦橘写实"时，在"ControlNet 通道 0"中选择 Canny 模型，右侧则是 Canny 模型生成的预览图；在"ControlNet 通道 1"中选择 Depth 模型，右侧则是 Depth 模型生成的预览图，如图 7.123 所示。

（10）"宽度"和"高度"与原图尺寸保持一致，在"采样算法"下拉列表中选择 DPM++ 2M Karras，设置"迭代步数"为 30，"提示词引导系数"为 7，"随机数种子"为 -1，如图 7.124 所示。

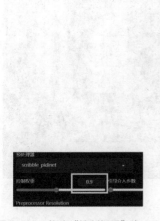

图 7.121　修改"控制权重"为 0.9　　　　图 7.122　"控制权重"为 0.9 时生成的实景效果图

图 7.123　选择不同的模型生成的预览图不同

图 7.124　参数设置

　　从图 7.125 所示的两张效果图中可以看到，通过这两种模型的共同控制，整体效果跟最初的白模图像效果非常接近。

图 7.125　生成效果对比

（11）还可以更换基础模型来观察效果（图 7.126），以寻求最想要的设计灵感，生成效果对比如图 7.127 所示。

图 7.126　更换基础模型

图 7.127　生成效果对比

（12）假设对整体效果比较满意，但想要更换地毯，这时可以继续选用"局部重绘"的方式。单击"发送到重绘"按钮，将需要局部重绘的图像发送至局部重绘功能板块。然后单击"局部重绘"选项卡右上角的画笔图标，将地毯的区域涂成黑色，使其成为一个蒙版，如图 7.128 所示。

（13）将提示词略作修改，让 Stable Diffusion 生成一个地毯，如图 7.129 所示。

图 7.128　将地毯的区域涂成黑色

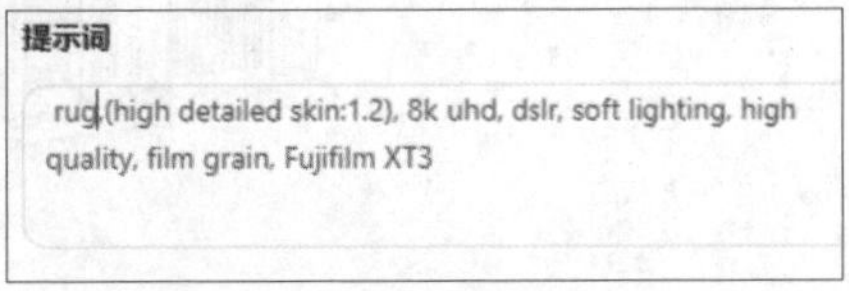

提示词

rug (high detailed skin:1.2), 8k uhd, dslr, soft lighting, high quality, film grain, Fujifilm XT3

图 7.129　修改提示词

（14）如图 7.130 所示，之前蒙版涂黑的地毯区域已经替换成了一款民族风的方形地毯。

图 7.130　替换地毯样式效果

7.4.3　使用 Stable Diffusion 将建筑物线稿图生成实景效果图

使用 Stable Diffusion 将建筑物线稿图生成实景效果图，具体操作步骤如下。

（1）需要准备一张建筑物线稿图，可以是手绘或者使用 SketchUp 软件创建的，但必须具备清晰的线条和明确的透视关系。然后将创建好的线稿图导出保存，如图 7.131 所示。

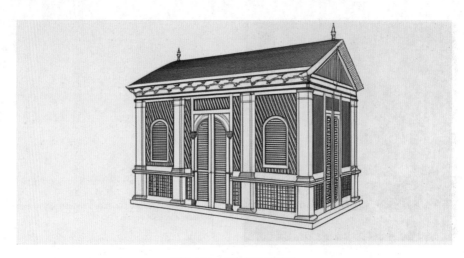

图 7.131　创建好的线稿图

（2）打开 Stable Diffusion，选择真实系基础模型"majicMIX realistic 麦橘写实"生成更为逼真的效果图。该模型可以通过一定的算法和技术模拟真实的图像效果，使生成的效果图更具有真实感和可信度。

（3）选择"文生图"选项卡，撰写提示词。本案例使用的提示词如图 7.132 所示，这些提示词可以帮助模型更好地理解用户需求并生成符合要求的效果图。

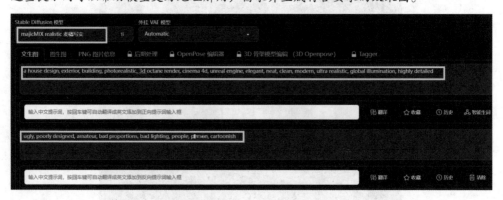

图 7.132　选择基础模型并撰写提示词

本案例中使用的提示词及含义如下。

Prompt：a house design, exterior, building, photorealistic, 3d octane render ,cinema 4d, unreal engine,elegant,neat,clean,modern,ultra realistic, global illumination,highly detailed

正向提示词：一个房屋设计，外观，建筑，照片级真实感，3D Octane 渲染，Cinema 4D，虚幻引擎，优雅，整洁，干净，现代，超真实感，全局光照，高度详细

Negative prompt：ugly,poorly designed, bad proportions,bad lighting,people, person, cartoonish

反向提示词：丑陋，设计不佳，比例不佳，光线不佳，人物，卡通形象

（4）在 Stable Diffusion 操作界面的"采样方法"面板中设置参数，如图 7.133 所示。

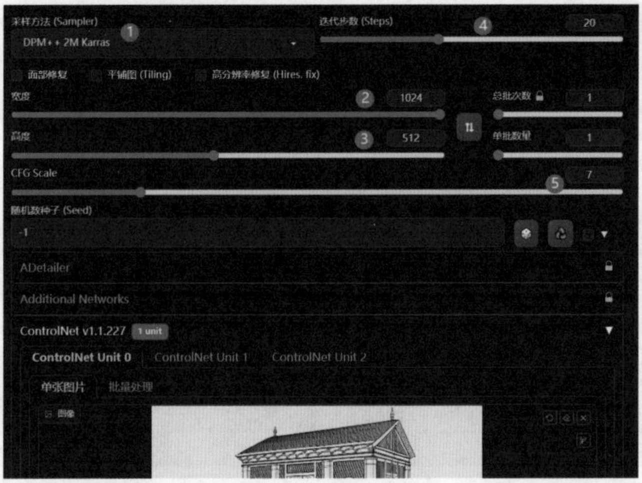

图 7.133　设置采样方法

（5）勾选"启用"复选框，并将步骤（1）导出的线稿图作为参考图像上传至
ControlNet 中。在 Control Type 选项组中选中 Canny 单选按钮，并设置"控制权重"为 1，
如图 7.134 所示。

图 7.134　上传参考图

（6）单击"生成"按钮生成实景效果图。在这个过程中，算法会根据所输入的
提示词和参考图像来生成相应的实景效果图。等待时间取决于计算机的显卡和主机性
能，以及生成图像的数量。完成后，可以将生成的实景效果图保存并导出为常用的图
像格式，如 JPEG 或 PNG 等，如图 7.135 所示。

图 7.135　生成的实景效果图（1）

（7）通过改变 ControlNet 的"控制权重"，可以降低或提高生成的实景效果图与线稿图的相似度。如图 7.136 所示，将 ControlNet 的"控制权重"修改为 0.8。

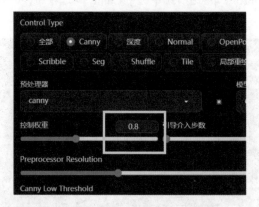

图 7.136　修改"控制权重"为 0.8

生成的实景效果图如图 7.137 所示。

图 7.137　生成的实景效果图（2）

（8）如果希望改变建筑物周围的环境，还可以增加环境提示词，如 in the forest，其余参数设置保持不变（图 7.138）。

图 7.138　增加环境提示词

如图 7.139 所示，可以看到再次生成的建筑物背后出现了一片小树林，建筑物与背景已完美融合。

Stable Diffusion 可以在使用 ControlNet 的同时，结合 LoRA 模型，将建筑物手绘图生成内部实景效果图。图 7.140 所示为一个现代化商场的内部手绘图。

图 7.139　再次生成的建筑物背后出现了一片小树林

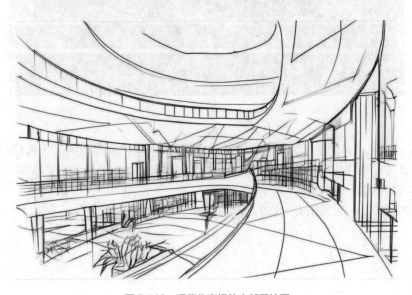

图 7.140　现代化商场的内部手绘图

（1）在"Stable Diffusion 模型"下拉列表中选择"majicMIX realistic 麦橘写实"，在"外挂 VAE"下拉列表中选择 vae-ft-mse-840000-ema-pruned.ckpt，如图 7.141所示。

图 7.141　选择模型

（2）输入正向提示词：A modern building,(high detailed skin:1.2),8k uhd,dslr,soft lighting,high quality,film grain,Fujifilm XT3 [现代建筑（高细节皮肤：1.2），8K 超高清，单反相机，柔和照明，高质量，胶片颗粒，富士 XT3]，如图 7.142 所示。

> A modern building, (high detailed skin:1.2), 8k uhd, dslr, soft lighting, high quality, film grain, Fujifilm XT3,

图 7.142　输入正向提示词

（3）在"采样方法"下拉列表中选择 DPM++ 2M Karras，设置"宽度"为 960，"高度"为 632，与手绘图尺寸保持一致；设置 CFG Scale 为 7，"随机数种子"为 –1，"迭代步数"为 20，其余选项保持默认设置，如图 7.143 所示。

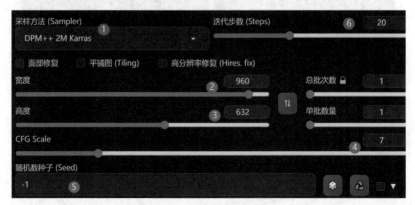

图 7.143　设置参数

（4）勾选"启用"复选框，并将准备好的手绘图作为参考图像上传至 ControlNet中。勾选"允许预览"复选框，在 Control Type 选项组中选中 Canny 单选按钮，然后单击爆炸按钮■，如图 7.144 所示。

更换主模型，选择想要的效果图即可，如图 7.145 所示。

图 7.144　上传参考图像

图 7.145　选择想要的效果图

7.4.4　使用 Stable Diffusion 为建筑物变换风格

下面以杭州亚运会标志场馆杭州奥林匹克体育中心"大莲花"来演示如何使用 Stable Diffusion 为建筑物变换风格。具体操作步骤如下。

（1）如图 7.146 所示，在"Stable Diffusion 模型"下拉列表中选择基础模型为"万能模型 | Deliberate"，在"外挂 VAE 模型"下拉列表中选择 vae-ft-mse-840000-ema-pruned.ckpt。

图 7.146 选择模型

（2）在"采样方法"下拉列表中选择 DPM++ 2M Karras，设置"宽度"为720，"高度"为512，与原图尺寸保持一致；设置 CFG Scale 为7，"随机数种子"为 –1，"迭代步数"为20，其余选项保持默认设置，如图 7.147 所示。

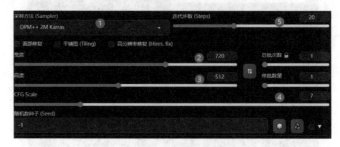

图 7.147 设置参数

（3）使用 ControlNet 功能里的 Canny 模型和 Depth 模型的共同控制来达到用户想要的效果。

在 ControlNet Unit 0 选项卡中选中 Canny 单选按钮后，在原图的右侧是 Canny 模型生成的预览图，如图 7.148 所示。

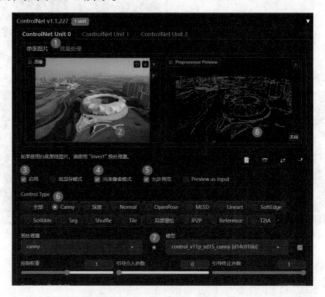

图 7.148 Canny 模型生成的预览图

在 ControlNet Unit 1 选项卡中选中"深度"单选按钮后，在原图的右侧是 Depth 模型生成的预览图，如图 7.149 所示。需要注意的是，如果深度预览图效果不够明显，可调节图 7.149 中标记 6 的数值，数值越小，深度细节越多。

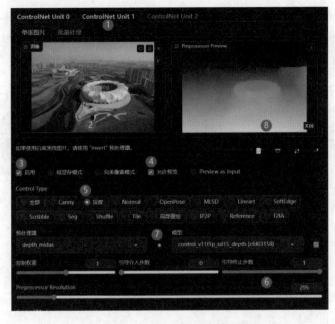

图 7.149 Depth 模型生成的预览图

（4）单击"生成"按钮，图 7.149 中"单张图片"选项卡下右侧的图就是在万能模型下通过 Canny 模型和 Depth 模型的共同控制得到的效果图。再更换一下基础模型，其他参数保持不变，生成的效果图如图 7.150 所示。

图 7.150 更换基础模型生成的效果图

还可以添加不同风格的 LoRA 模型，生成的效果图如图 7.151 所示。

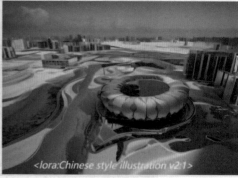

图 7.151　添加不同风格的 LoRA 模型生成的效果图

7.4.5　使用 Stable Diffusion 将直线型建筑物线稿图生成实景效果图

（1）手绘或用绘图软件创作一幢写字楼的线稿图，图中应包含基本的建筑线条和结构，如图 7.152 所示。

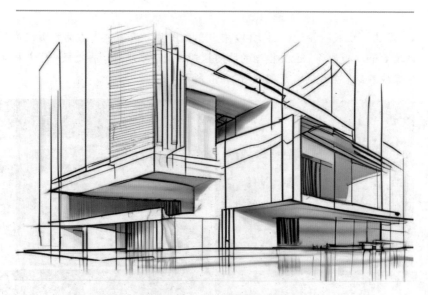

图 7.152　写字楼的线稿图

（2）根据需求选择不同风格的基础模型，撰写合适的提示词，并配置采样等参数：在"采样方法"下拉列表中选择 DPM++ 2M Karras，勾选"高分辨率修复"复选框；在"放大算法"下拉列表中选择 Latent，"放大倍数"为 1.2；设置"重绘幅度"为 0.7，"宽度"为 960，"高度"为 632，与线稿图尺寸保持一致；设置 CFG Scale 为 7，"随机数种子"为 -1，"迭代步数"为 20，其余选项保持默认设置，如图 7.153 所示。

（3）使用 ControlNet 功能里的 MLSD 模型和 Depth 模型的共同控制来达到用户想要的效果。

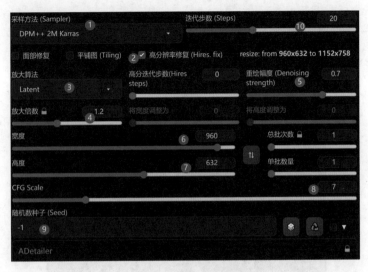

图 7.153 配置采样等参数

在 ControlNet Unit 0 选项卡中选中 MLSD 单选按钮，勾选"完美像素模式"和"允许预览"复选框，其余选项保留默认设置。单击爆炸按钮 ■ 后，可以看到原图右侧是 MLSD 模型生成的预览图，如图 7.154 所示。

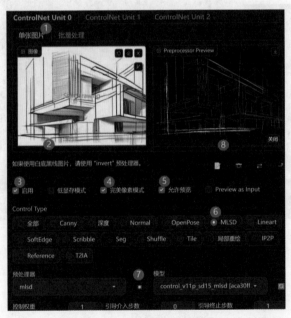

图 7.154 MLSD 模型生成的预览图

在 ControlNet Unit 1 选项卡中选中"深度"单选按钮后，在原图右侧是 Depth 模型生成的预览图，如图 7.155 所示。

（4）添加一个风格 LoRA 模型，这一步是可选操作，用于产生一些风格化的细节。本案例使用的是"城市万象 |RealisticUrbanMix"，如图 7.156 所示。

图 7.155　Depth 模型生成的预览图

（5）生成的效果图如图 7.157 所示。

图 7.156　选择 LoRA 模型　　　　　　　　　图 7.157　生成的效果图

7.5　服装展示人台变真人创意设计

　　电商行业的迅速发展带来了传统购物方式的变革，但因竞争加剧，需要更高效、便捷的商品展示方式。电商服装行业需要大量图片素材，如模特穿着不同款式的服装进行展示，但这样处理的成本高且周期长。问题包括：①招募和培训模特成本高，数量有限；②需拍摄大量不同款式和颜色的服装图片；③需要专业搭配设计师和大量时间成本来搭配服装；④用户对产品要求高，需要展示多个角度、多种颜色和不同场景的服装，且需要在短时间内完成。

本案例探索了一种结合使用 Stable Diffusion WebUI 和扩展插件的方案，以降低电商公司服装商品图片素材的生产成本和制作周期。该方案可快速生成 AI 模特适配服装产品的图片。以半身人台和全身人台两类应用场景为例，介绍 Stable Diffusion 出图的工作流程。

首先，需要选择一款写实模型。在国内外众多模型网站中，均可以找到很多摄影级写实模型，它们展现了各种不同的风格。这些模型以真实和细致的特点著称，力求在细节和质感上还原现实世界。

如需展示的服装在东方人脸模型融合方面表现优异，可选用图 7.158 所示的两款基础模型：麦橘和墨幽。

图 7.158　基础模型：麦橘和墨幽

7.5.1　将非全身人台转换为真人模特的工作流程

图 7.159 展示了一个用于展示上衣的半身人台模特。

图 7.159　半身人台模特

（1）打开 Stable Diffusion 操作界面，并选择基础模型为"majicMIX realistic 麦橘写实 _v7"，然后切换至"图生图"选项卡。输入提示词后，系统将根据输入的提示词生成相应的图像，如图 7.160 所示。

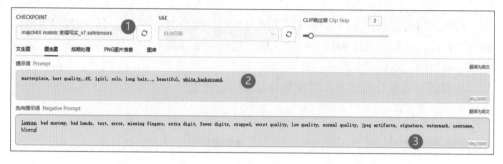

图 7.160　选择基础模型并输入提示词

Prompt：masterpiece, best quality, 4k, 1girl, solo, long hair, , beautiful, white_background
正向提示词：杰作，最佳质量，4K，1 个女孩，独自一人，长发，美丽，白色背景

Negative prompt：low-res, bad anatomy, bad hands, text, error, missing fingers, extra digit, fewer digits, cropped, worst quality, low quality, normal quality, jpeg artifacts, signature, watermark, username, blurry

反向提示词：低分辨率，糟糕的解剖结构，糟糕的手部，文本，错误，缺少手指，多余的数字，更少的数字，裁剪，最差的质量，低质量，正常质量，JPEG 伪影，签名，水印，用户名，模糊

（2）如图 7.161 所示，在"图生图"选项卡中切换到"重绘蒙版"选项卡，并上传人台原图及衣服的蒙版图。

图 7.161　上传人台原图及衣服的蒙版图

（3）在"采样方法"面板中按照图7.162所示设置参数。为了保持图像的原始比例，在"缩放模式"选项组中选中"拉伸"单选按钮；为了防止生成的衣服边缘出现模糊现象，将"蒙版模糊"设置为最小值1；在"蒙版模式"选项组中选中"重绘蒙版内容"单选按钮，以便黑色区域以外的部分被重新绘制。为避免生成与原图相似或完全不同的内容，在"蒙版蒙住的内容"选项组中选中"填充"单选按钮；在"重绘区域"选项组中选中"仅蒙版"单选按钮；设置"仅蒙版模式的边缘预留像素"为默认值32。在"采样方法"下拉列表中选择基础模型推荐的 Euler a；将"迭代步数"设置为20。为确保"宽度"和"高度"与原始图像的比例一致，本案例中均设置为1024。根据需求自行调整"提示词引导系数"，本案例中选择7.0；同样，根据需求自行调整"重绘幅度"，本案例中选择0.75；"随机数种子"不固定，此处使用默认值 –1。

（4）在 ControlNet 功能面板中打开 ControlNet Unit 0 选项卡，并勾选"启用"和"允许预览"复选框。接下来，需要上传人台模特图并在 ControlNet Type 选项组中选中 SoftEdge 单选按钮。单击"预处理器"右侧的爆炸按钮 ■ 后，原人台模特图的右侧窗格中将显示 SoftEdge 检测后的预览图。最后，将生成的黑底白线的预览图保存备用，如图7.163所示。

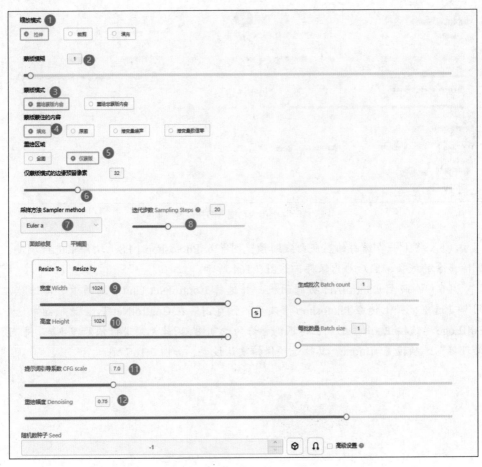

图 7.162　设置参数

设计师自救指南：Stable Diffusion 实用教程

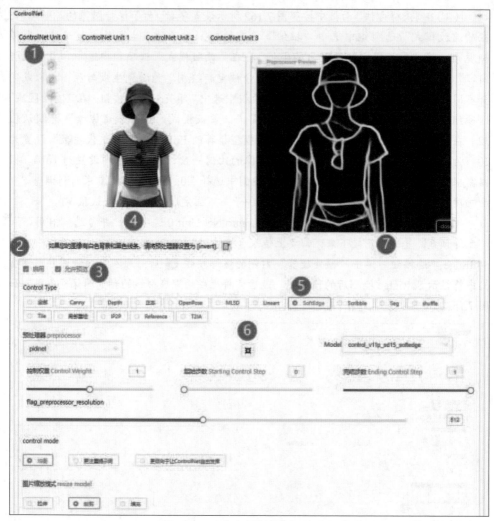

图 7.163　上传人台模特图并设置参数

（5）将上一步保存的黑底白线的预览图导入 Photoshop（PS）软件中进行调整，删除多余的线条，然后导出保存，如图 7.164 所示。

（6）返回至 ControlNet 功能面板，并选择 ControlNet Unit 0 选项卡。勾选"启用"复选框，并上传经 Photoshop 修改后的预览图。在 ControlNet Type 选项组中选中 SoftEdge 单选按钮。由于已经上传了调整好的预览图，因此无须进行预处理步骤，将"预处理器"选项设置为 none，其他选项保持默认设置，如图 7.165 所示。

 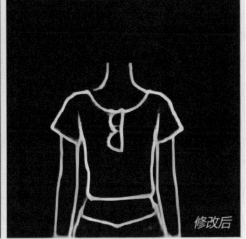

图 7.164 调整预览图

（7）单击"生成"按钮，如果面部效果未达到预期，可以在"采样方法"下方勾选"面部修复"复选框，重新生成几张图片，并挑选出最满意的效果。图 7.166 展示了半身人台转真人模特的工作流程示意图。

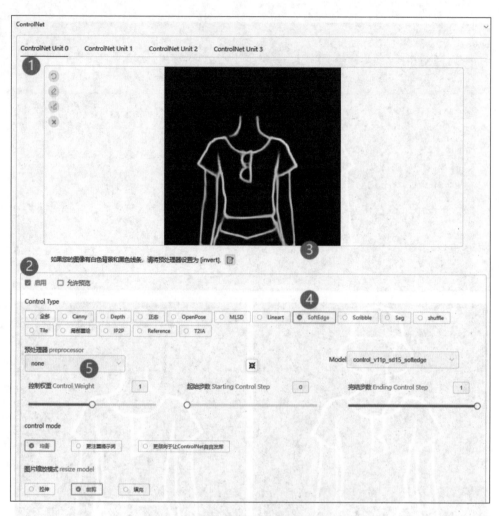

图 7.165　上传调整好的预览图并设置参数

图 7.166　半身人台转真人模特的工作流程示意图

图 7.167 展示了经过 4 倍高清放大后的真人模特效果图。以下为该效果图的全部生成信息，可直接用于还原图像。

Prompt：1girl,solo,long hair,very beautiful,white_background,masterpiece,best quality

正向提示词：1 个女孩，独自一人，长发，非常美丽，白色背景，杰作，最佳质量

Negative prompt：low-res,bad anatomy,bad hands,text,error,missing fingers,extra digit, fewer digits, cropped,worst quality,low quality,normal quality,jpeg artifacts,signature,watermark, username, blurry

反向提示词：低分辨率，解剖不良，手部不佳，文字，错误，缺指，额外数字，缺少数字，裁剪，最差质量，低质量，正常质量，JPEG伪影，签名，水印，用户名，模糊

Steps：20

Sampler：Euler a

CFG scale：7

Seed：2346732606

Size：1024x1024

Model hash：7c819b6d13

Model：majicmixRealistic_v7

Denoising strength：0.75

Clip skip：2

Mask blur：1

ControlNet 0："Module:none，Model: control_v11p_sd15_softedge [a8575a2a]，Weight: 1，Resize Mode: Crop and Resize，Low Vram:False，Guidance Start: 0，Guidance End: 1，Pixel Perfect: False，Control Mode: Balanced"

Version：v1.6.0-10-gc8f9fb12

图 7.167　经过 4 倍高清放大后的真人模特效果图

图 7.168 是将半身人台转换为在海滩吹着风的真人模特高清海报效果图，生成信息如下。

Prompt：1girl, solo, long hair, very beautiful, summer beach, masterpiece, best quality,masterpiece, best quality

正向提示词：1个女孩，独自一人，长发，非常美丽，夏日海滩，杰作，最佳质量

Negative prompt：low-res, bad anatomy, bad hands, text, error, missing fingers, extra digit, fewer digits, cropped, worst quality, low quality, normal quality, jpeg artifacts, signature, watermark, username, blurry

反向提示词：低分辨率，解剖不良，手部不佳，文字，错误，缺指，额外数字，缺少数字，裁剪，最差质量，低质量，正常质量，JPEG 伪影，签名，水印，用户名，模糊

Steps：20

Sampler：Euler a

CFG scale：7

Seed：2346732606

Size：1024 × 1024

Model hash：7c819b6d13

Model：majicmixRealistic_v7

Denoising strength：0.75

Clip skip：2

Mask blur：1

ControlNet 0："Module: none, Model: control_v11p_sd15_softedge[a8575a2a], Weight: 1, Resize Mode: Crop and Resize，Low Vram: False，Guidance Start:0，Guidance End: 1，Pixel Perfect: False，Control Mode: Balanced\"

Version：v1.6.0-10-gc8f9fb12

Postprocess upscale1 to：2048 × 2048

Postprocess crop1 to：2058 × 2048

Upscaler1：Lanczos

Face restoration1：codeformer

Face restoration2：GFPGAN

图 7.168　将半身人台转换为在海滩吹着风的真人模特高清海报效果图

7.5.2　将全身人台转换为真人模特的工作流程

（1）本案例使用的基础模型为"墨幽人造人 _v1060 修复"，如图 7.169 所示。

图 7.169　选择基础模型

（2）如图 7.170 所示，在 Stable Diffusion 的"图生图"选项卡中切换到"重绘蒙版"选项卡，上传人台模特实物图；在蒙版区域上传已经使用 Photoshop 进行预处理好的红色裙子的蒙版图，其中黑色为衣服部分。

图 7.170　上传图片

（3）在"蒙版重绘"选项卡中的"采样方法"面板中按图7.171所示设置参数。在"缩放模式"选项组中选中"拉伸"单选按钮；这里希望生成的裙摆边缘有适当过渡，所以将"蒙版模糊"设置为4；在"蒙版模式"选项组中选中"重绘蒙版内容"单选按钮，即黑色区域以外的部分。在"蒙版蒙住的内容"选项组中选中"填充"单选按钮，因为这里并不希望生成与原图相近的内容，也不希望出现与原图相差太远的内容；在"重绘区域"选项组中选中"全图"单选按钮；设置"仅蒙版模式的边缘预留像素"为默认值32。在"采样方法"下拉列表中选择基础模型推荐的DPM++ SDE Karras；设置"迭代步数"为20，勾选"面部修复"复选框。"宽度"和"高度"要跟原始图像的尺寸保持一致，在本案例中分别为768、1024。"提示词引导系数"可以根据需求自行调整，本案例设置为7.0；"重绘幅度"可以根据需求自行调整，本案例设置为0.75；"随机数种子"不固定，此处使用默认值-1。

（4）如图7.172所示，在ControlNet功能面板中打开ControlNet Unit 0选项卡，并勾选"启用"和"允许预览"复选框。上传人台模特图，在ControlNet Type选项组中选中OpenPose单选按钮，单击"预处理器"右侧的爆炸按钮 ▓ 后，原人台模特图的右侧窗格出现了OpenPose检测后的预览图。将"控制权重"设置为1，"起始步数"设置为0，"完结步数"设置为1，flag_preprocessor_resolution默认设置为512；在control mode选项组中选中"更倾向于让ControlNet自由发挥"单选按钮；在"图片缩放模式"选项组中选中"填充"单选按钮。

图 7.171 设置参数

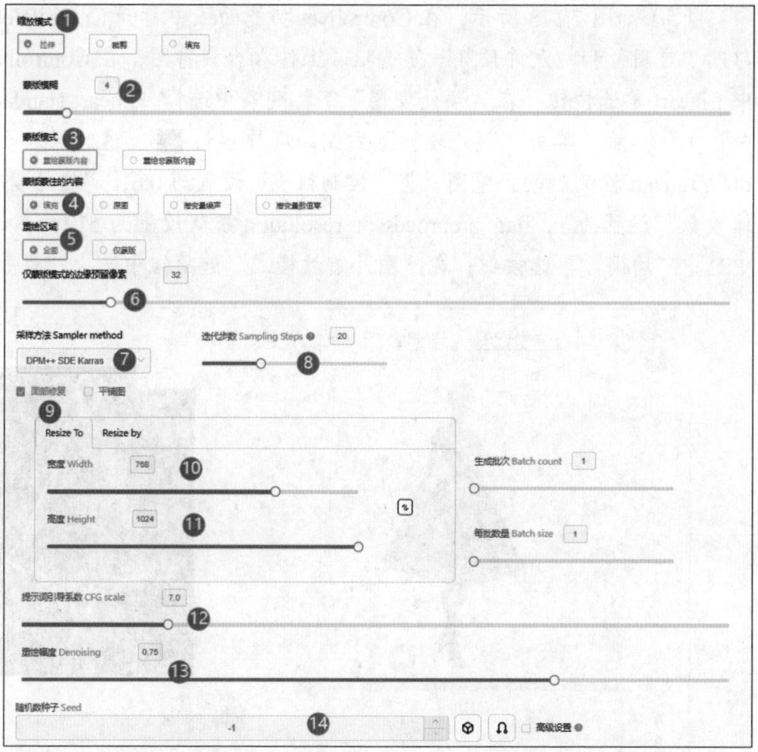

缩放模式 ❶
- ⊙ 拉伸 ○ 裁剪 ○ 填充

蒙版模糊 ❷
4

蒙版模式 ❸
- ⊙ 重绘蒙版内容 ○ 重绘非蒙版内容

蒙版蒙住的内容 ❹
- ⊙ 填充 ○ 原图 ○ 潜变量噪声 ○ 潜变量数值零

重绘区域 ❺
- ⊙ 全图 ○ 仅蒙版

仅蒙版模式的边缘预留像素 ❻
32

采样方法 Sampler method   迭代步数 Sampling Steps ❓ 20
DPM++ SDE Karras ❼   ❽

☑ 面部修复 ☐ 平铺图
❾

| Resize To | Resize by |

宽度 Width   708 ❿   生成批次 Batch count 1

高度 Height   1024 ⓫   每批数量 Batch size 1

提示词引导系数 CFG scale 7.0
❶❷

重绘幅度 Denoising 0.75
⓭

随机数种子 Seed
-1   ⓮   ❖ Ω ☐ 高级设置 ●

图 7.172 设置
ControlNet Unit 0
选项卡参数

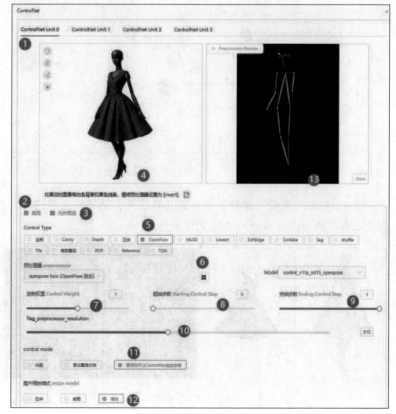

（5）如图 7.173 所示，在 ControlNet 功能面板中打开 ControlNet Unit 1 选项卡，并勾选"启用"和"允许预览"复选框。上传人台模特图，在 ControlNet Type 选项组中选中 Lineart 单选按钮。在"预处理器"下拉列表中选择"lineart standard（标准线稿提取 - 白模）"，然后单击"预处理器"右侧的爆炸按钮 ▓，这时原人台模特图的右侧窗格出现 Lineart 检测后的预览图。将"控制权重"设置为 0.6，"起始步数"设置为 0，"完结步数"设置为 1，flag_preprocessor_resolution 默认设置为 512；在 control mode 选项组中选中"均衡"单选按钮；在"图片缩放模式"选项组中选中"裁剪"单选按钮。

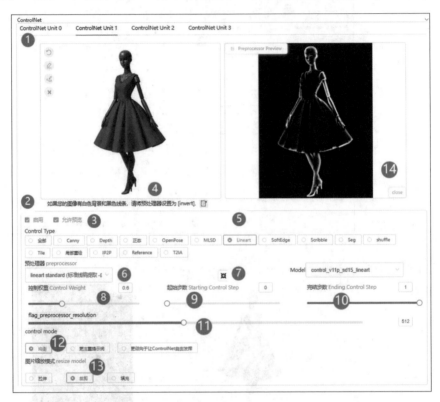

图 7.173　设置 ControlNet Unit 1 选项卡参数

（6）单击"生成"按钮，多生成几张图片，选择满意的图片。图 7.174 所示为将全身人台转换为真人模特的工作流程示意图。

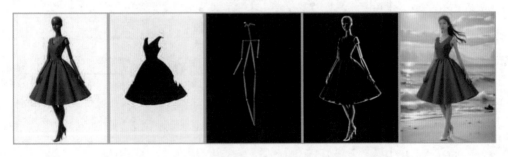

图 7.174　将全身人台转换为真人模特的工作流程示意图

（7）还可以通过 Stable Diffusion 快速更换背景。如图 7.175 所示，将生成的真人模特图片发送到重绘蒙版界面，再次上传红色裙子的蒙版图。

图 7.175　再次上传红色裙子的蒙版图

固定真人模特图片的随机数种子，如图 7.176 所示。

图 7.176　固定真人模特图片的随机数种子

（8）如图 7.177 所示，在 ControlNet 功能面板中打开 ControlNet Unit 0 选项卡，并勾选"启用"和"允许预览"复选框。上传前面生成的真人模特图片，在 ControlNet Type 选项组中选中 OpenPose 单选按钮，然后单击"预处理器"右侧的爆炸按钮 ▓，这时上传的真人模特图片的右侧窗格会出现 OpenPose 检测后的预览图。将"控制权重"设置为 0.75，"起始步数"设置为 0，"完结步数"设置为 1，flag_preprocessor_resolution 默认设置为 512；在 control mode 选项组中选中"更倾向于让 ControlNet 自由发挥"单选按钮；在"图片缩放模式"选项组中选中"填充"单选按钮。

（9）如图 7.178 所示，在 ControlNet 功能面板中打开 ControlNet Unit 1 选项卡，并勾选"启用"和"允许预览"复选框。上传前面生成的真人模特图片，在 ControlNet Type 选项组中选中 Depth 单选按钮，然后单击"预处理器"右侧的爆炸按钮 ▓，这时上传的真人模特图片的右侧窗格会出现 Depth 检测后的预览图。将"控制权重"设置为 0.7，"起始步数"设置为 0，"完结步数"设置为 1，flag_preprocessor_resolution 默认设置为 512；在 control mode 选项组中选中"更倾向于让 ControlNet 自由发挥"单选按钮；在"图片缩放模式"选项组中选中"填充"单选按钮。

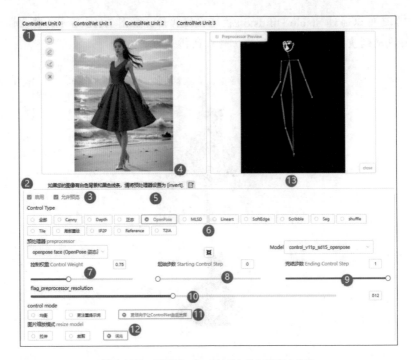

图 7.177　设置 ControlNet Unit 0 选项卡参数

图 7.178　设置 ControlNet Unit 1 选项卡参数

（10）更改背景提示词，单击"生成"按钮。模特身后的背景就可以快速改变，如图 7.179 所示。

图 7.179　快速改变模特身后的背景

（11）在选定背景后，发现海边模特的脸部和手部细节不太完美（图 7.180），可以对模特进行"美颜"。将需要美颜的图像发送到 Stable Diffusion 的"局部重绘"选项卡，将需要重绘的部分用黑色涂鸦笔涂黑，如图 7.181 所示。

图 7.180　海边模特的脸部和手部细节不太完美

图 7.181　将需要重绘的部分用黑色涂鸦笔涂黑

（12）在"局部重绘"模式下的"采样方法"面板中按照图7.182设置参数。在"缩放模式"选项组中选中"填充"单选按钮；这里希望生成的裙摆边缘有适当过渡，所以将"蒙版模糊"设置为6；在"蒙版模式"选项组中选中"重绘蒙版内容"单选按钮，即黑色涂鸦的部分。因为这里并不希望生成与原图相近的内容，也不希望出现与原图相差太远的内容，因此在"蒙版蒙住的内容"选项组中选中"填充"单选按钮；在"重绘区域"选项组中选中"全图"单选按钮；将"仅蒙版模式的边缘预留像素"保持默认设置32。在"采样方法"下拉列表中选择基础模型推荐的DPM++ 2M Karras；勾选"面部修复"复选框。"宽度"和"高度"要跟原始图像尺寸保持一致，本案例分别为768、1024；"提示词引导系数"可以根据需求自行调整，本案例设置为7.0；"重绘幅度"可以根据需求自行调整，本案例设置为0.80；"随机数种子"不固定，这里使用选定真人模特图片的固定随机种子值。

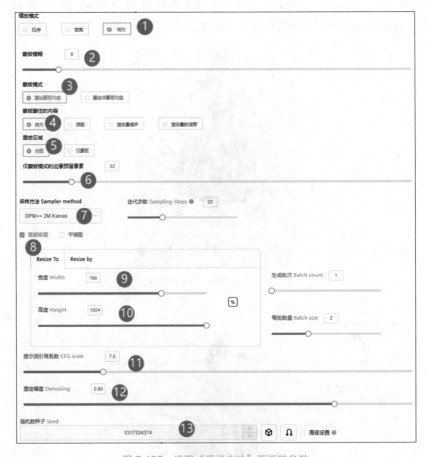

图 7.182　设置"采样方法"面板的参数

（13）在正向提示词输入框内增加以下提示词用于帮助 Stable Diffusion 重绘所需的风格。

Prompt：gentle smile, soft makeup focusing on aegyo sal, pure and youthful

正向提示词：温柔的微笑，淡妆聚焦于眼周，纯净年轻

（14）在反向提示词输入框内加入 2 个控制坏手的触发词书签，如图 7.183 所示。

图 7.183　加入触发词书签

（15）单击"生成"按钮，可以多生成几次，直到得到满意的图片。将图片发送到 Stable Diffusion 的"后期处理"选项卡中，将生成的图片进行高清修复放大，以便于制作易拉宝、广告海报等，如图 7.184 所示。

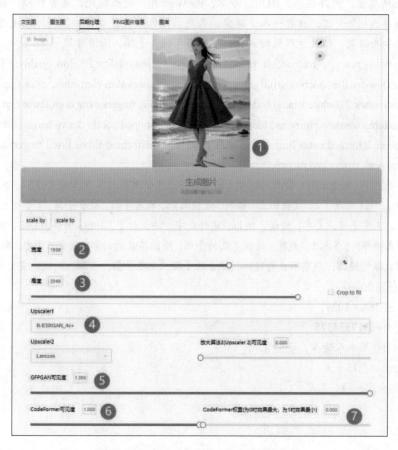

图 7.184　将生成的图片进行高清修复放大

图 7.185 所示为将全身人台更换为在海滩吹着风的真人模特高清海报效果图，生成信息如下。

Prompt：bracelet, full body, looking at viewer, Ultra-realistic 8k CG, masterpiece, best quality, photorealistic, HDR, Professional, RAW photo, lens flare, film grain, Depth of field, extreme detail description, 1girl,solo,jewelry,long hair,brown eyes,hair ornament,black hair,looking at viewer, collarbone, gentle smile, soft makeup focusing on aegyo sal, pure and youthful, bracelet, by the beach

图 7.185　将全身人台更换为在海滩吹着风的真人模特高清海报效果图

正向提示词：手镯，全身，注视着观众，超逼真的 8K CG，杰作，最佳质量，照片逼真，HDR，专业，RAW 照片，镜头眩光，电影颗粒，景深，极致细节描述，1 个女孩，独自一人，珠宝，长发，棕色眼睛，发饰，黑发，注视着观众，锁骨，柔和的微笑，聚焦于眼周的淡妆，纯净而年轻，手镯，海滩旁边

Negative prompt：badhandv4, paintings,sketches,(worst quality:2.5, low quality:2.5, normal quality:2.5),low-res,((monochrome)),((grayscale)),skin spots,acnes,skin blemishes, extra fingers,fewer fingers,(watermark:2),(white letters),bad hands,text,error,missing fingers,extra digit,fewer digits,jpeg artifacts,signature,username,blurry,bad feet,{Multiple people},cropped,poorly drawn hands,poorly drawn face,mutation,deformed,extra limbs,extra arms,extra legs,malformed limbs,fused fingers,too many fingers,long neck,cross-eyed,mutated hands

反向提示词：badhandv4，绘画，素描，（最差质量:2.5,低质量:2.5,正常质量:2.5），低分辨率，（（单色）），（（灰度）），皮肤斑点，粉刺，皮肤瑕疵，额外手指，缺少手指，（水印:2），（白色字母），不良手部，文字，错误，缺指，额外数字，缺少数字，JPEG 伪影，签名，用户名，模糊，不良脚部，{多人}，裁剪，绘画不良的手部，绘画不良的面部，突变，变形，额外肢体，额外手臂，额外腿部，形态不良的肢体，溶合的手指，太多手指，长颈，斜视，突变的手部

Steps：20

Size：768×1024

Seed：1317334375

Model：墨幽人造人，手部优化 _V0.9

Sampler：15

CFG scale：7

7.6　万圣节创意设计

7.6.1　选择基础模型（1）：幻想森林

选择如图 7.186 所示的基础模型。

LoRA 模型：CG 古风大场景类，权重：0.8。如图 7.187 所示。

图 7.186 选择基础模型

图 7.187 选择 LoRA 模型和权重

提示词如图 7.188 所示。

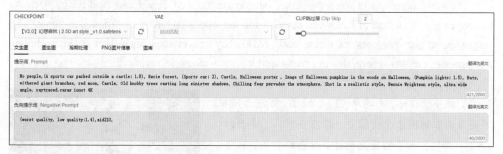

图 7.188 提示词

采样面板设置如图 7.189 所示。

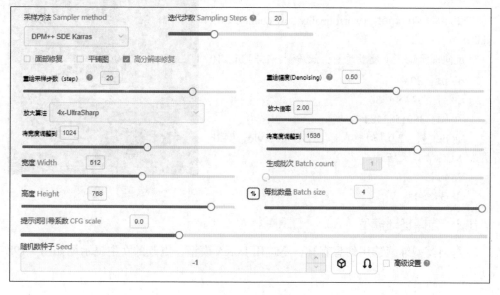

图 7.189 采样面板设置

生成效果如图 7.190 所示。

图 7.190　生成效果

单品高清图如图 7.191 所示，生成信息如下。

Prompt：no people,(a sports car parked outside a castle: 1.8), eerie forest, (sports car: 2), castle, halloween poster , image of halloween pumpkins in the woods on halloween, (pumpkin lights: 1.5), bats, withered giant branches, red moon, castle, old knobby trees casting long sinister shadows, chilling fear pervades the atmosphere, shot in a realistic style, ultra wide angle, raytraced

正向提示词：没有人，（一辆停在城堡外的跑车：1.8），诡异的森林，（跑车：2），城堡，万圣节海报，万圣节南瓜的图像在树林中，在万圣节，（南瓜灯：1.5），蝙蝠，枯萎的巨大树枝，红色的月亮，城堡，古老的粗糙树投下长长的险恶阴影，令人毛骨悚然的恐惧弥漫在空气中，以现实主义风格拍摄，超广角，光线追踪

Negative prompt：(worst quality, low quality: 1.4), aid210

反向提示词：（最差质量，低质量：1.4）aid210

Steps：20

Size：1024×1536

Seed：3891583483

Model：【V2.0】幻想森林 | 2.5D art style，（LIb 首发）CG 古风大场景类

Sampler：16

CFG scale：9

图 7.191　单品高清图

7.6.2　选择基础模型（2）：幻想森林

基础模型继续选用幻想森林，不选用 LoRA 模型，更改的女主提示词如图 7.192 所示。

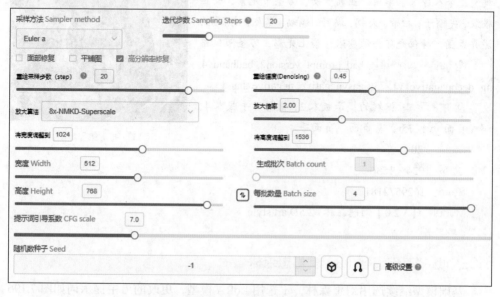

图 7.192　更改的女主提示词

采样面板设置如图 7.193 所示。

采样方法 Sampler method	迭代步数 Sampling Steps ❓ 20
Euler a ∨	
☐ 面部修复　☐ 平铺图　☑ 高分辨率修复	
重绘采样步数 (step) ❓ 20	重绘幅度 (Denoising) 0.45
放大算法 8x-NMKD-Superscale ∨	放大倍率 2.00
将宽度调整到 1024	将高度调整到 1536
宽度 Width 512	生成批次 Batch count 1
高度 Height 768	每批数量 Batch size 4
提示词引导系数 CFG scale 7.0	
随机数种子 Seed	
-1	⊙ Ω ☐ 高级设置

图 7.193　采样面板设置

生成效果如图 7.194 所示。

图 7.194　生成效果

单品高清图如图 7.195 所示，生成信息如下。

Prompt：masterpiece, best quality, ultra high res, beautiful, elegant, graceful, award-winning art, 1 girl, (abstract art:1.4), black hair, red eyes, fire, cloaked in flames, dark theme, visually stunning, gorgeous, Asian teen, Halloween elements, witch costume, pointed hat, broomstick, cauldron, full moon, bats, haunted house, Jack-o'-lantern, eerie atmosphere, mystical aura,qiuyinong, guangying on face, halloween style

正向提示词：杰作，最佳质量，超高分辨率，美丽，优雅，优美，屡获殊荣的艺术，1位女孩，（抽象艺术：1.4），黑发，红眼睛，火焰，被火焰包裹，黑暗主题，视觉上令人惊叹，华丽，亚洲少女，万圣节元素，女巫服装，尖帽子，扫帚，大锅，满月，蝙蝠，鬼屋，南瓜灯，诡异氛围，神秘光环，秋意浓，脸上光影，万圣节风格

Negative prompt：bad_prompt_version2, badhandv4, ng_deepnegative_v1_75t, easynegative, negative_hand

反向提示词：糟糕的提示版本2，糟糕的手版本4，深度负面_v1_75t，易负面，负面手

Steps：20

Size：1024×1536

Seed：1629572181

Model：【V2.0】幻想森林 | 2.5D art style

CFG scale：7

图 7.195　单品高清图

7.6.3　选择基础模型（3）：幻想森林

基础模型继续选用幻想森林，不选用 LoRA 模型，更改的男主提示词如图 7.196 所示。

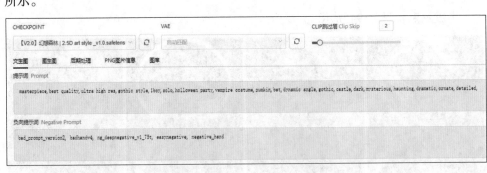

图 7.196　更改的男主提示词

采样面板设置如图 7.197 所示。

采样方法 Sampler method	迭代步数 Sampling Steps ❓	25

DPM++ 2M Karras ∨

☐ 面部修复　☐ 平铺图　☑ 高分辨率修复

重绘采样步数（step）❓　15

重绘幅度（Denoising）❓　0.50

放大算法　4x-UltraSharp ∨

放大倍率　2.00

将宽度调整到　1024

将高度调整到　1536

宽度 Width　512

生成批次 Batch count　1

高度 Height　768

每批数量 Batch size　4

提示词引导系数 CFG scale　7.0

随机数种子 Seed

-1 ⚙ 🎧 ☐ 高级设置 ●

图 7.197　采样面板设置

生成效果如图 7.198 所示。

图 7.198　生成效果

单品高清图如图 7.199 所示，生成信息如下。

Prompt：masterpiece, best quality, ultra high res, gothic style, 1boy, solo, holloween party, vampire costume, pumkin, bat, dynamic angle, gothic, castle, dark, mysterious, haunting, dramatic, ornate, detailed

正向提示词：杰作，最佳质量，超高分辨率，哥特风格，1 个男孩，独奏，万圣节派对，吸血鬼服装，南瓜，蝙蝠，动态角度，哥特式，城堡，黑暗，神秘，诡异，戏剧性，华丽，细节丰富

Negative prompt：bad_prompt_version2, badhandv4, ng_deepnegative_v1_75t, easynegative, negative_hand

反向提示词：糟糕的提示版本 2，糟糕的手版本 4，深度负面 _v1_75t，易负面，负面手

Steps：25

Size：1024×1536

Seed：3995090321

Model：【V2.0】幻想森林 | 2.5D art style

Sampler：15

CFG scale：7

图 7.199　单品高清图

7.7　将汽车白模生成真车实景创意设计

使用 Stable Diffusion 的 ControlNet 模型中的深度模型可以将汽车白模生成实物实景广告图，具有显著的商业价值。这种技术能够帮助汽车制造商或广告公司设计出逼真的广告图像，展示汽车的外观和特点。通过将汽车白模与实景相结合，可以生成具有高度现实感和吸引力的广告图像，可以更好地吸引潜在客户的注意力。此外，这种技术还可以用于汽车设计流程中，帮助设计师更好地评估设计方案并优化车辆设计，为汽车业和广告行业带来更多的创新和商业价值。

使用 Stable Diffusion 将汽车白模生成真车实景广告图，具体操作步骤如下。

（1）使用 SketchUp 软件创建汽车白模。注意，需要保证模型的比例和细节都符合设计要求。将创建好的模型导出为 PNG 或 SVG 等格式。在导出时，可以选择将模型导出为线稿图或白模。导出白模是为了能够在 Stable Diffusion 中将其作为参考图像使用，如图 7.200 所示。

（2）打开 Stable Diffusion，选择基础模型 "majicMIX realistic 麦橘写实" 生成更为逼真的效果图。这个模型可以通过一定的算法和技术来模拟真实的图像效果，使得生成的效果图更具真实感和可信度。

（3）选择"文生图"选项卡，撰写提示词。本案例使用的提示词如图 7.201 所示，这些提示词可以帮助模型更好地理解用户需求并生成符合要求的效果图。

图 7.200　创建汽车白模

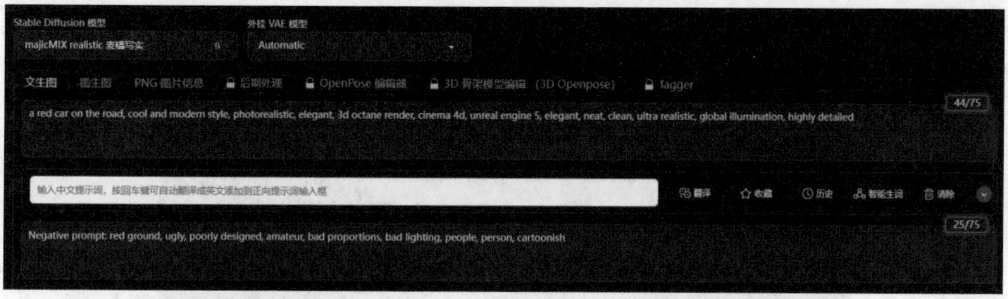

Stable Diffusion 模型　　　　　　　　　外挂 VAE 模型

majicMIX realistic 麦橘写实　　Ⅱ　　Automatic　　　　·

文生图　图生图　PNG 图片信息　后期处理　OpenPose 编辑器　3D 骨架模型编辑（3D Openpose）　Tagger

a red car on the road, cool and modern style, photorealistic, elegant, 3d octane render, cinema 4d, unreal engine 5, elegant, neat, clean, ultra realistic, global illumination, highly detailed　　44/75

输入中文提示词，按回车键可自动翻译成英文添加到正向提示词输入框　　　　翻译　☆收藏　历史　智能生词　清除

Negative prompt: red ground, ugly, poorly designed, amateur, bad proportions, bad lighting, people, person, cartoonish　　25/75

图 7.201　撰写提示词

本案例中使用的提示词及含义如下。

Prompt：a red car on the road, cool and modern style, photorealistic, elegant, 3d octane render, cinema 4d, unreal engine 5, neat, clean, ultra realistic, global illumination, highly detailed

正向提示词：在道路上的红色汽车，时尚现代的风格，超现实逼真，优雅，3D Octane 渲染，Cinema 4D，虚幻引擎5，整洁，干净利落，超现实主义，全局照明，高度详细

Negative prompt：red ground, ugly, poorly designed, bad proportions, bad lighting, people, person, cartoonish

反向提示词：红色地面，丑陋，设计不佳，比例不佳，照明不佳，人物，卡通形象

（4）在 Stable Diffusion 操作界面的"采样方法"面板中设置参数，如图 7.202 所示。

图 7.202　设置采样方法

（5）勾选"启用"复选框，并将步骤（1）中准备好的白模作为参考图像上传至 ControlNet 中。在 Control Type 选项组中选中"深度"单选按钮，如图 7.203 所示。

图 7.203　上传参考图像

（6）单击"生成"按钮生成真车实景效果图。在这个过程中，算法会根据所输入的提示词和参考图像来生成相应的实景效果图。等待时间取决于计算机的显卡和主机性能，以及生成图像的数量。完成后，可以将生成的实景效果图保存并导出为常用的图像格式，如 JPEG 或 PNG 等，如图 7.204 所示。

（7）修改 ControlNet 的"控制权重"，可以降低或提高生成的实景效果图与白模图片的相似度。当修改"控制权重"为 0.85 时（图 7.205），生成的效果图如图 7.206 和图 7.207 所示。

图 7.204　生成的真车实景效果图　　　　图 7.205　修改"控制权重"为 0.85

图 7.206　生成的效果图（1）

（8）如果希望改变建筑物周围的环境，可以增加环境提示词，如 in the forest（图 7.208），其余选项设置保持不变，效果如图 7.209 所示。

图 7.207　生成的效果图（2）

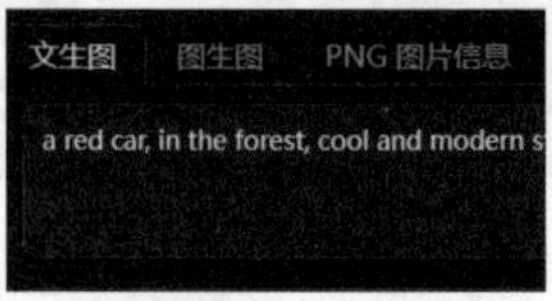

文生图　图生图　PNG 图片信息

a red car, in the forest, cool and modern s

图 7.208　增加环境提示词

图 7.209　改变建筑物周围环境的效果

　　可以看到再次生成的红色小汽车背后就出现了一片小树林，汽车与背景完美融合。在使用 Stable Diffusion 的 ControlNet 模型生成汽车白模的实物实景广告图时，需要注意以下几点：首先，要准备好汽车白模的相关数据，包括车辆的形状、颜色、材质等，并需提供实景图像或视频等数据以便合成。其次，在 ControlNet 模型中，可以选择 U-Net、IP2P 等深度模型，选择合适的模型对生成高质量广告图至关重要。另外，调整模型的参数也是关键步骤，如光照条件、合成方法等，这些参数会影响广告图的细节和质感。生成的广告图分辨率要足够高，以便在各种媒体上展示，同时也要考虑生成时间和计算资源的消耗，避免浪费。

总之，要关注数据准备、模型选择、参数调整、图像分辨率、合法性和道德问题，以及安全性等方面，并严格遵守相关规定，才能生成高质量的广告图并实现其商业价值。

7.8 产品包装创意设计

使用 Stable Diffusion 的 ControlNet 模型中的深度模型进行产品包装设计具有显著的商业价值。它可以帮助设计师和商家快速生成逼真的产品包装设计图，展示产品外观和特点，吸引潜在客户的注意力，提高销售业绩。此外，使用深度模型可以降低制作成本，加快设计速度，创新设计方式，根据客户需求定制设计，减少对环境的影响，并具有可扩展性。随着技术的不断发展，这种应用模式将会越来越普及，为产品包装设计行业带来更多创新和商业价值。

使用 Stable Diffusion 进行产品包装设计，具体操作步骤如下。

（1）使用 SketchUp 软件创建一个咖啡包装袋的白模，并将其导出为 PNG 或 SVG 等格式，以便在 Stable Diffusion 中将其作为参考图像使用，如图 7.210 所示。

图 7.210　创建一个咖啡包装袋的白模

（2）打开 Stable Diffusion，选择基础模型"majicMIX realistic 麦橘写实"生成更为逼真的效果图。这个模型可以通过一定的算法和技术来模拟真实的图像效果，使得生成的效果图更加具有真实感和可信度。

（3）选择"文生图"选项卡，撰写提示词。本案例使用的提示词如图 7.211 所示，这些提示词可以帮助模型更好地理解用户需求并生成符合要求的效果图。

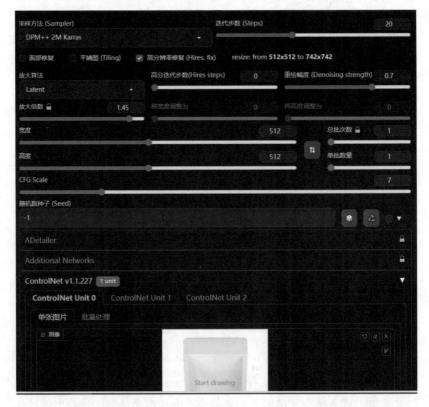

图 7.211　撰写提示词

本案例中使用的提示词及含义如下。

Prompt：a package design for coffee,front view,masterpiece, highly detailed

正向提示词：咖啡包装设计，正面视图，杰作，高度详细

Negative prompt：bad quality, worst quality

反向提示词：低质量，最差质量

（4）在 Stable Diffusion 操作界面的"采样方法"面板中设置参数，如图 7.212 所示。

图 7.212　设置采样方法

（5）勾选"启用"复选框，并将步骤（1）中准备好的白模作为参考图像上传至 ControlNet 中。在 Control Type 选项组中选中"深度"单选按钮，如图 7.213 所示。

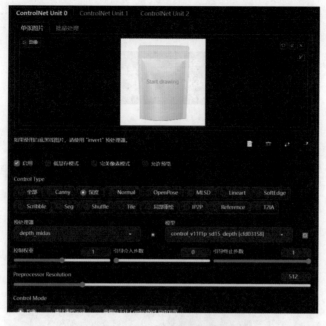

图 7.213　上传参考图像

（6）单击"生成"按钮生成实景效果图。在这个过程中，算法会根据所输入的提示词和参考图像来生成相应的实景效果图。等待时间取决于计算机的显卡和主机性能，以及生成图像的数量。完成后，可以将生成的实景效果图保存并导出为常用的图像格式，如 JPEG 或 PNG 等，如图 7.214 所示。

图 7.214　生成的实景效果图

（7）更换基础模型为"万能模型｜Deliberate"（图7.215），其他参数保持不变，可得到另一种包装设计效果图，如图7.216所示。

图 7.215　更换基础模型

图 7.216　另一种包装设计效果图

第 8 章　SDXL 90 种风格提示词宝典

输入不同的提示词可以生成相应风格的图像，只需要修改提示词 {prompt} 部分为绘画内容，即可生成对应风格的内容。例如：

{prompt}：a young and beautiful girl is in the park, smiling, brown hair, a pink top, flowers, green leaves, bright sunshine.

一位年轻美丽的女孩在公园里，微笑，棕色头发，粉色上衣，鲜花，绿叶，阳光明媚。

8.1　3D 模型

正向提示词（Prompt）
professional 3d model {prompt} . octane render, highly detailed, volumetric, dramatic lighting
专业的 3D 模型 {prompt}：使用 Octane 渲染，具有高度详细的、体积性的、戏剧性的照明
反向提示词（Negative prompt）
ugly, deformed, noisy, low poly, blurry, painting
丑陋的，畸形的，嘈杂的，低多面的，模糊的，绘画作品

8.2　胶片照片

正向提示词（Prompt）
analog film photo {prompt} . faded film, desaturated, 35mm photo, grainy, vignette, vintage, Kodachrome, Lomography, stained, highly detailed, found footage
模拟胶片照片 {prompt}：褪色的胶片，色彩降低，35 毫米照片，颗粒感，暗角，复古，柯达胶卷，乐魔胶卷，染色，高度详细的，收集的片段
反向提示词（Negative prompt）
painting, drawing, illustration, glitch, deformed, mutated, cross-eyed, ugly, disfigured
绘画，素描，插图，格子，变形，变异，斜视，丑陋，毁容

8.3 动漫

正向提示词（Prompt）
anime artwork {prompt} . anime style, key visual, vibrant, studio anime, highly detailed
动漫艺术作品 {prompt}：动漫风格，关键视觉，充满活力，工作室动漫，高度详细的

反向提示词（Negative prompt）
photo, deformed, black and white, realism, disfigured, low contrast
照片，变形，黑白，写实，残缺，对比度低

8.4 电影效果

正向提示词（Prompt）
cinematic film still {prompt} . shallow depth of field, vignette, highly detailed, high budget, bokeh, cinemascope, moody, epic, gorgeous, film grain, grainy
电影静帧 {prompt}：浅景深，暗角，高度详细的，高预算，背景虚化，宽银幕，情绪化，史诗，华丽，胶片颗粒，颗粒感

反向提示词（Negative prompt）
anime, cartoon, graphic, text, painting, crayon, graphite, abstract, glitch, deformed, mutated, ugly, disfigured
动漫，卡通，图形，文字，绘画，蜡笔，石墨，抽象，故障，变形，变异，丑陋，毁容

8.5 漫画

正向提示词（Prompt）
comic {prompt} . graphic illustration, comic art, graphic novel art, vibrant, highly detailed
漫画 {prompt}：插图说明，漫画艺术，插画小说艺术，充满活力，高度详细的

反向提示词（Negative prompt）
photograph, deformed, glitch, noisy, realistic, stock photo
照片，变形，故障，嘈杂，真实，标准照片

8.6 粘土（彩泥）艺术品

正向提示词（Prompt）
play-doh style {prompt} . sculpture, clay art, centered composition, Claymation
培乐多粘土风格 {prompt}：雕塑，陶艺，中心构图，粘土定格动画
反向提示词（Negative prompt）
sloppy, messy, grainy, highly detailed, ultra textured, photo
邋遢的，杂乱的，颗粒状的，高度详细的，超有纹理的，照片质感

8.7 概念艺术

正向提示词（Prompt）
concept art {prompt} . digital artwork, illustrative, painterly, matte painting, highly detailed
概念艺术 {prompt}：数字艺术品，插图，绘画风格，绒毛涂层绘画，高度详细的
反向提示词（Negative prompt）
photo, photorealistic, realism, ugly
照片，照片写实主义的，现实主义，丑陋的

8.8 惊艳效果

正向提示词（Prompt）
breathtaking {prompt} . award-winning, professional, highly detailed
令人惊叹的（出色的）{prompt}：获奖的，专业的，高度详细的
反向提示词（Negative prompt）
ugly, deformed, noisy, blurry, distorted, grainy
丑陋的，畸形的，嘈杂的，模糊的，扭曲的，颗粒状的

设计师自救指南 :: Stable Diffusion 实用教程

8.9 奇幻画派

正向提示词（Prompt）
ethereal fantasy concept art of {prompt} . magnificent, celestial, ethereal, painterly, epic, majestic, magical, fantasy art, cover art, dreamy
缥缈幻想概念艺术 {prompt}：壮丽的，天上的，缥缈的，绘画风格的，史诗般的，雄伟的，魔幻的，幻想艺术，封面艺术，梦幻般的

反向提示词（Negative prompt）
photographic, realistic, realism, 35mm film, dslr, cropped, frame, text, deformed, glitch, noise, noisy, off-center, cross-eyed, closed eyes, bad anatomy, ugly, disfigured, sloppy, duplicate, mutated, black and white
摄影的，写实的，现实主义，35 毫米胶片，单反相机，裁剪过的，画幅，文字，畸形的，故障，噪声，嘈杂的，偏离中心的，斜视的，闭着的眼睛，糟糕的解剖学，丑陋的，毁容的，邋遢的，复制的，变异的，黑白的

8.10 等距风格

正向提示词（Prompt）
isometric style {prompt} . vibrant, beautiful, crisp, detailed, ultra detailed, intricate
等距风格 {prompt}：鲜艳的，美丽的，清晰的，详细的，极其详细的，复杂的

反向提示词（Negative prompt）
deformed, mutated, ugly, disfigured, blur, blurry, noise, noisy, realistic, photographic
畸形的，变异的，丑陋的，毁容的，模糊，模糊不清的，噪声，嘈杂的，逼真的，摄影的

8.11 线条艺术

正向提示词（Prompt）
line art drawing {prompt} . professional, sleek, modern, minimalist, graphic, line art, vector graphics
线条艺术绘画 {prompt}：专业的，光滑的，现代的，极简主义的，图形的，线条艺术，矢量图形

反向提示词（Negative prompt）
anime, photorealistic, 35mm film, deformed, glitch, blurry, noisy, off-center, cross-eyed, closed eyes, bad anatomy, ugly, disfigured, mutated, realism, realistic, impressionism, expressionism, oil, acrylic
动漫，照片写实主义的，35 毫米胶片，畸形的，故障，模糊的，嘈杂的，偏离中心的，斜视的，闭眼，解剖不正确，丑陋的，毁容的，变异的，现实主义，逼真的，印象主义，表现主义，油画，丙烯画

8.12 低维建模

正向提示词（Prompt）
low-poly style {prompt} . low-poly game art, polygon mesh, jagged, blocky, wireframe edges, centered composition
低多边形风格 {prompt}：低多边形游戏艺术，多边形网格，锯齿状的，块状的，线框边缘，居中构图

反向提示词（Negative prompt）
noisy, sloppy, messy, grainy, highly detailed, ultra textured, photo
嘈杂的，马虎的，混乱的，颗粒状的，高度详细的，超级质感的，照片

8.13 霓虹朋克

正向提示词（Prompt）
neonpunk style {prompt} . cyberpunk, vaporwave, neon, vibes, vibrant, stunningly beautiful, crisp, detailed, sleek, ultramodern, magenta highlights, dark purple shadows, high contrast, cinematic, ultra detailed, intricate, professional
霓虹朋克风格 {prompt}：赛博朋克，蒸汽波，霓虹，氛围，鲜艳的，惊艳美丽，清晰的，详细的，光滑的，超现代的，紫红色高光，深紫色阴影，高对比度，电影级，极其详细的，复杂的，专业的
反向提示词（Negative prompt）
painting, drawing, illustration, glitch, deformed, mutated, cross-eyed, ugly, disfigured
绘画，绘图，插图，故障，畸形的，变异的，斜视的，丑陋的，毁容的

8.14 折纸

正向提示词（Prompt）
origami style {prompt} . paper art, pleated paper, folded, origami art, pleats, cut and fold, centered composition
折纸风格 {prompt}：纸艺作品，褶皱纸，折叠的，折纸艺术，褶皱，剪切和折叠，居中构图
反向提示词（Negative prompt）
noisy, sloppy, messy, grainy, highly detailed, ultra textured, photo
嘈杂的，马虎的，混乱的，颗粒状的，高度详细的，超级质感的，照片

8.15 电影风格照片

正向提示词（Prompt）
cinematic photo {prompt} . 35mm photograph, film, bokeh, professional, 4k, highly detailed
电影风格照片 {prompt}：35 毫米照片，胶片，背景虚化，专业的，4K 分辨率，高度详细的
反向提示词（Negative prompt）
drawing, painting, crayon, sketch, graphite, impressionist, noisy, blurry, soft, deformed, ugly
绘图，绘画，蜡笔，素描，石墨，印象派，嘈杂的，模糊的，柔和的，畸形的，丑陋的

8.16 像素风格

正向提示词（Prompt）
pixel-art {prompt} . low-res, blocky, pixel art style, 8-bit graphics
像素艺术 {prompt}：低分辨率，块状的，像素艺术风格，8 位图形

反向提示词（Negative prompt）
sloppy, messy, blurry, noisy, highly detailed, ultra textured, photo, realistic
马虎的，混乱的，模糊的，嘈杂的，高度详细的，超级质感的，照片，逼真的

8.17 纹理结构（特征）

正向提示词（Prompt）
texture {prompt} top down close-up
纹理 {prompt}：自上而下的特写

反向提示词（Negative prompt）
ugly, deformed, noisy, blurry
丑陋的，畸形的，嘈杂的，模糊的

8.18 广告海报风格

正向提示词（Prompt）
advertising poster style {prompt} . Professional, modern, product-focused, commercial, eye-catching, highly detailed
广告海报风格 {prompt}：专业的，现代的，以产品为中心的，商业的，引人注目的，高度详细的

反向提示词（Negative prompt）
noisy, blurry, sloppy, unattractive
嘈杂的，模糊的，马虎的，不吸引人的

8.19 汽车广告风格

正向提示词（Prompt）
automotive advertisement style {prompt} . sleek, dynamic, professional, commercial, vehicle-focused, high-resolution, highly detailed
汽车广告风格 {prompt}：光滑的，动态的，专业的，商业的，以车辆为中心的，高分辨率的，高度详细的
反向提示词（Negative prompt）
noisy, blurry, unattractive, sloppy, unprofessional
嘈杂的，模糊的，不吸引人的，马虎的，不专业的

8.20 企业品牌风格

正向提示词（Prompt）
corporate branding style {prompt} . professional, clean, modern, sleek, minimalist, business-oriented, highly detailed
企业品牌风格 {prompt}：专业的，干净的，现代的，光滑的，极简主义的，以商业为导向的，高度详细的
反向提示词（Negative prompt）
noisy, blurry, grungy, sloppy, cluttered, disorganized
嘈杂的，模糊的，肮脏的，马虎的，杂乱的，无序的

8.21 时尚编辑风格

正向提示词（Prompt）
fashion editorial style {prompt} . high fashion, trendy, stylish, editorial, magazine style, professional, highly detailed
时尚编辑风格 {prompt}：高级时装，时髦的，有风格的，编辑的，杂志风格，专业的，高度详细的
反向提示词（Negative prompt）
outdated, blurry, noisy, unattractive, sloppy
过时的，模糊的，嘈杂的，不吸引人的，马虎的

8.22　食物摄影风格

正向提示词（Prompt）
food photography style {prompt} . appetizing,professional, culinary, high-resolution, commercial, highly detailed
食物摄影风格 {prompt}：开胃的，专业的，烹饪的，高分辨率的，商业的，高度详细的
反向提示词（Negative prompt）
unappetizing, sloppy, unprofessional, noisy, blurry
令人倒胃口的，马虎的，不专业的，嘈杂的，模糊的

{prompt}：noodles

8.23　美食摄影风格

正向提示词（Prompt）
gourmet food photo of {prompt} . soft natural lighting, macro details, vibrant colors, fresh ingredients, glistening textures, bokeh background, styled plating, wooden tabletop, garnished, tantalizing, editorial quality
诱人的食物照片 {prompt}：柔和的自然光，微距细节，鲜艳的颜色，新鲜的食材，闪耀的质感，背景虚化，摆盘风格，木质桌面，装饰的，诱人的，编辑质量
反向提示词（Negative prompt）
cartoon, anime, sketch, grayscale, dull, overexposed, cluttered, messy plate, deformed
卡通，动漫，素描，灰度，暗淡的，过度曝光，杂乱的，凌乱的盘子，畸形的

prompt：steak

8.24 奢侈品摄影风格

正向提示词（Prompt）
luxury product style {prompt} . elegant, sophisticated, high-end, luxurious, professional, highly detailed
奢侈品风格 {prompt}：优雅的，精致的，高端的，奢华的，专业的，高度详细的
反向提示词（Negative prompt）
cheap, noisy, blurry, unattractive
便宜的，嘈杂的，模糊的，不吸引人的

（Prompt）：lady bag

8.25 房地产摄影风格

正向提示词（Prompt）
real estate photography style {prompt} . professional, inviting, well-lit, high-resolution, property-focused, commercial, highly detailed
房地产摄影风格 {prompt}：专业的，引人入胜的，光线充足的，高分辨率的，以房产为中心的，商业的，高度详细的
反向提示词（Negative prompt）
dark, blurry, unappealing, noisy, unprofessional
暗淡的，模糊的，不吸引人的，嘈杂的，不专业的

8.26 零售包装风格

正向提示词（Prompt）
retail packaging style {prompt} . vibrant, enticing, commercial, product-focused, eye-catching, professional, highly detailed
零售包装风格 {prompt}：鲜艳的，引人入胜的，商业的，以产品为中心的，引人注目的，专业的，高度详细的
反向提示词（Negative prompt）
noisy, blurry, sloppy, unattractive
嘈杂的，模糊的，马虎的，不吸引人的

{prompt}：perfume

8.27 抽象风格

正向提示词（Prompt）
abstract style {prompt} . non-representational, colors and shapes, expression of feelings, imaginative, highly detailed
抽象风格 {prompt}：非具象的，颜色和形状，情感表达，富有想象力的，高度详细的

反向提示词（Negative prompt）
realistic, photographic, figurative, concrete
写实的，摄影的，具象的，具体的

8.28 抽象表现

正向提示词（Prompt）
abstract expressionist painting {prompt} . energetic brushwork, bold colors, abstract forms, expressive, emotional
抽象表现主义绘画 {prompt}：充满活力的笔触，大胆的颜色，抽象形式，富有表现力的，情感的

反向提示词（Negative prompt）
realistic, photorealistic, low contrast, plain, simple, monochrome
写实的，照片写实主义的，低对比度，朴素的，简单的，单色的

8.29 装饰艺术风格

正向提示词（Prompt）
art deco style {prompt} . geometric shapes, bold colors, luxurious, elegant, decorative, symmetrical, ornate, detailed
装饰艺术风格 {prompt}：几何形状，鲜艳的颜色，奢华的，优雅的，装饰性的，对称的，华丽的，详细的

反向提示词（Negative prompt）
ugly, deformed, noisy, blurry, low contrast, realism, photorealistic, modernist, minimalist
丑陋的，畸形的，嘈杂的，模糊的，低对比度，现实主义，照片写实主义的，现代主义的，极简主义的

8.30 新艺术派

正向提示词（Prompt）
art nouveau style {prompt} . elegant, decorative, curvilinear forms, nature-inspired, ornate, detailed
新艺术风格 {prompt}：优雅的，装饰性的，曲线形式，受自然启发的，华丽的，详细的
反向提示词（Negative prompt）
ugly, deformed, noisy, blurry, low contrast, realism, photorealistic, modernist, minimalist
丑陋的，畸形的，嘈杂的，模糊的，低对比度，现实主义，照片写实主义的，现代主义的，极简主义的

8.31 构成艺术

正向提示词（Prompt）
constructivist style {prompt} . geometric shapes, bold colors, dynamic composition, propaganda art style
构成主义风格 {prompt}：几何形状，鲜艳的颜色，动态构图，宣传艺术风格
反向提示词（Negative prompt）
realistic, photorealistic, low contrast, plain, simple, abstract expressionism
写实的，照片写实主义的，低对比度，朴素的，简单的，抽象表现主义

8.32 立体派艺术

正向提示词（Prompt）
cubist artwork {prompt} . geometric shapes, abstract, innovative, revolutionary
立体主义作品 {prompt}：几何形状，抽象的，创新的，革命性的
反向提示词（Negative prompt）
anime, photorealistic, 35mm film, deformed, glitch, low contrast, noisy
动漫，照片写实主义的，35毫米胶片，畸形的，故障，低对比度，嘈杂的

8.33 表现主义艺术

正向提示词（Prompt）
expressionist {prompt} . raw, emotional, dynamic, distortion for emotional effect, vibrant, use of unusual colors, detailed
表现主义 {prompt}：原始的，情感的，动态的，为了情感效果的扭曲，鲜艳的，使用不寻常的颜色，详细的

反向提示词（Negative prompt）
realism, symmetry, quiet, calm, photo
现实主义，对称，安静，平静，照片

8.34 涂鸦艺术

正向提示词（Prompt）
graffiti style {prompt} . street art, vibrant, urban, detailed, tag, mural
涂鸦风格 {prompt}：街头艺术，鲜艳的，城市的，详细的，标签，壁画

反向提示词（Negative prompt）
ugly, deformed, noisy, blurry, low contrast, realism, photorealistic
丑陋的，畸形的，嘈杂的，模糊的，低对比度，现实主义，照片写实主义的

8.35 超现实艺术

正向提示词（Prompt）
hyperrealistic art {prompt} . extremely high-resolution details, photographic, realism pushed to extreme, fine texture, incredibly lifelike
超现实艺术 {prompt}：极高分辨率的细节，摄影的，现实主义推向极致，细腻的质感，难以置信的真实感

反向提示词（Negative prompt）
simplified, abstract, unrealistic, impressionistic, low resolution
简化的，抽象的，不现实的，印象派，低分辨率的

8.36 印象派艺术

正向提示词（Prompt）
impressionist painting {prompt} . loose brushwork, vibrant color, light and shadow play, captures feeling over form
印象派绘画 {prompt}：松散的笔触，鲜艳的色彩，光影游戏，捕捉情感多于形式

反向提示词（Negative prompt）
anime, photorealistic, 35mm film, deformed, glitch, low contrast, noisy
动漫，照片写实主义的，35 毫米胶片，畸形的，故障，低对比度，嘈杂的

8.37 点彩画风格

正向提示词（Prompt）
pointillism style {prompt} . composed entirely of small, distinct dots of color, vibrant, highly detailed
点彩画风格 {prompt}：完全由小而清晰的彩色斑点组成，鲜艳的，高度详细的

反向提示词（Negative prompt）
line drawing, smooth shading, large color fields, simplistic
线条绘画，平滑阴影，大色块，过于简单的

8.38 波普艺术

正向提示词（Prompt）
pop Art style {prompt} . bright colors, bold outlines, popular culture themes, ironic or kitsch
波普艺术风格 {promot}：鲜艳的颜色，醒目的轮廓，流行文化主题，讽刺或俗气的

反向提示词（Negative prompt）
ugly, deformed, noisy, blurry, low contrast, realism, photorealistic, minimalist
丑陋的，畸形的，嘈杂的，模糊的，低对比度，现实主义，照片写实主义的，极简主义的

8.39 迷幻艺术

正向提示词（Prompt）
psychedelic style {prompt} . vibrant colors, swirling patterns, abstract forms, surreal, trippy
迷幻风格 {prompt}：鲜艳的颜色，旋转的图案，抽象形式，超现实的，迷幻的

反向提示词（Negative prompt）
monochrome, black and white, low contrast, realistic, photorealistic, plain, simple
单色的，黑白的，低对比度，写实的，照片写实主义的，朴素的，简单的

8.40 文艺复兴

正向提示词（Prompt）
renaissance style {prompt} . realistic, perspective, light and shadow, religious or mythological themes, highly detailed
文艺复兴风格 {prompt}：写实的，透视，光与影，宗教或神话主题，高度详细的

反向提示词（Negative prompt）
ugly, deformed, noisy, blurry, low contrast, modernist, minimalist, abstract
丑陋的，畸形的，嘈杂的，模糊的，低对比度，现代主义的，极简主义的，抽象的

8.41 蒸汽朋克风格

正向提示词（Prompt）
steampunk style {prompt} . antique, mechanical, brass and copper tones, gears, intricate, detailed
蒸汽朋克风格 {prompt}：古董的，机械的，黄铜和铜色调，齿轮，复杂的，详细的

反向提示词（Negative prompt）
deformed, glitch, noisy, low contrast, anime, photorealistic
畸形的，故障，嘈杂的，低对比度，动漫，照片写实主义的

8.42 超现实主义艺术

正向提示词（Prompt）
surrealist art {prompt} . dreamlike, mysterious, provocative, symbolic, intricate, detailed
超现实主义艺术 {prompt}：梦幻般的，神秘的，挑衅的，象征性的，复杂的，详细的
反向提示词（Negative prompt）
anime, photorealistic, realistic, deformed, glitch, noisy, low contrast
动漫，照片写实主义的，逼真的，畸形的，故障，嘈杂的，低对比度

8.43 印刷艺术

正向提示词（Prompt）
typographic art {prompt} . stylized, intricate, detailed, artistic, text-based
印刷艺术 {prompt}：风格化的，复杂的，详细的，艺术的，基于文字的
反向提示词（Negative prompt）
ugly, deformed, noisy, blurry, low contrast, realism, photorealistic
丑陋的，畸形的，嘈杂的，模糊的，低对比度，现实主义，照片写实主义的

8.44 水彩画风格

正向提示词（Prompt）
watercolor painting {prompt} . vibrant, beautiful, painterly, detailed, textural, artistic
水彩画 {prompt}：鲜艳的，美丽的，绘画风格的，详细的，质感的，艺术的
反向提示词（Negative prompt）
anime, photorealistic, 35mm film, deformed, glitch, low contrast, noisy
动漫，照片写实主义的，35 毫米胶片，畸形的，故障，低对比度，嘈杂的

8.45 未来科技

正向提示词（Prompt）
biomechanical style {prompt} . blend of organic and mechanical elements, futuristic, cybernetic, detailed, intricate
生物机械风格 {prompt}：有机和机械元素的混合，未来主义的，赛博的，详细的，复杂的

反向提示词（Negative prompt）
natural, rustic, primitive, organic, simplistic
自然的，朴素的，原始的，有机的，简化的

8.46 未来科技 + 赛博朋克

正向提示词（Prompt）
biomechanical cyberpunk {prompt} . cybernetics, human-machine fusion, dystopian, organic meets artificial, dark, intricate, highly detailed
机械未来主义 {prompt}：控制论，人机融合，反乌托邦的，有机遇到人造，黑暗的，复杂的，高度详细的

反向提示词（Negative prompt）
natural, colorful, deformed, sketch, low contrast, watercolor
自然的，多彩的，畸形的，素描，低对比度，水彩

8.47 未来控制

正向提示词（Prompt）
cybernetic style {prompt} . futuristic, technological, cybernetic enhancements, robotics, artificial intelligence themes
网络控制风格 {prompt}：未来主义的，技术的，控制论增强，机器人技术，人工智能主题

反向提示词（Negative prompt）
ugly, deformed, noisy, blurry, low contrast, realism, photorealistic, historical, medieval
丑陋的，畸形的，嘈杂的，模糊的，低对比度，现实主义，照片写实主义的，历史的，中世纪的

8.48　未来控制机器人

正向提示词（Prompt）
cybernetic robot {prompt} . android, AI, machine, metal, wires, tech, futuristic, highly detailed
机械仿生机器人 {prompt}：安卓系统，人工智能，机械，金属，电线，科技，未来主义的，高度详细的

反向提示词（Negative prompt）
organic, natural, human, sketch, watercolor, low contrast
有机的，自然的，人类的，素描，水彩，低对比度

8.49　未来城市景观 + 赛博朋克

正向提示词（Prompt）
cyberpunk cityscape {prompt} . neon lights, dark alleys, skyscrapers, futuristic, vibrant colors, high contrast, highly detailed
赛博朋克城市景观 {prompt}：霓虹灯，黑暗的小巷，摩天大楼，未来主义的，鲜艳的颜色，高对比度，高度详细的

反向提示词（Negative prompt）
natural, rural, deformed, low contrast, black and white, sketch, watercolor
自然的，乡村的，畸形的，低对比度，黑白的，素描，水彩

8.50　幻想未来

正向提示词（Prompt）
futuristic style {prompt} . sleek, modern, ultramodern, high tech, detailed
未来主义风格 {prompt}：光滑的，现代的，超现代的，高科技的，详细的

反向提示词（Negative prompt）
ugly, deformed, noisy, blurry, low contrast, realism, photorealistic, vintage, antique
丑陋的，畸形的，嘈杂的，模糊的，低对比度，现实主义，照片写实主义的，复古的，古老的

8.51 未来 + 复古 + 赛博朋克

正向提示词（Prompt）
retro cyberpunk {prompt} . 80's inspired, synthwave, neon, vibrant, detailed, retro futurism
复古赛博朋克 {prompt}：80 年代风格启发，合成器浪潮，霓虹，充满活力的，详细的，复古未来主义

反向提示词（Negative prompt）
modern, desaturated, black and white, realism, low contrast
现代的，去饱和度的，黑白的，现实主义，低对比度

8.52 未来 + 复古

正向提示词（Prompt）
retro-futuristic {prompt} . vintage sci-fi, 50s and 60s style, atomic age, vibrant, highly detailed
复古未来主义 {prompt}：复古科幻，50 年代和 60 年代的风格，原子时代，充满活力的，高度详细的

反向提示词（Negative prompt）
contemporary, realistic, rustic, primitive
当代的，写实的，乡村的，原始的

8.53 未来 + 科幻

正向提示词（Prompt）
sci-fi style {prompt} . futuristic, technological, alien worlds, space themes, advanced civilizations
科幻风格 {prompt}：未来主义的，技术的，外星世界，太空主题，先进文明

反向提示词（Negative prompt）
ugly, deformed, noisy, blurry, low contrast, realism, photorealistic, historical, medieval
丑陋的，畸形的，嘈杂的，模糊的，低对比度，现实主义，照片写实主义的，历史的，中世纪的

8.54 未来蒸汽波

正向提示词（Prompt）
vaporwave style {prompt} . retro aesthetic, cyberpunk, vibrant, neon colors, vintage 80s and 90s style, highly detailed
蒸汽波风格 {prompt}：复古美学，赛博朋克，充满活力的，霓虹色，复古的 80 年代和 90 年代风格，高度详细的
反向提示词（Negative prompt）
monochrome, muted colors, realism, rustic, minimalist, dark
单色的，柔和的颜色，现实主义，乡村风格的，极简主义的，暗淡的

8.55 迪斯科主题

正向提示词（Prompt）
disco-themed {prompt} . vibrant, groovy, retro 70s style, shiny disco balls, neon lights, dance floor, highly detailed
迪斯科主题 {prompt}：充满活力的，时髦的，复古的 70 年代风格，闪亮的迪斯科球，霓虹灯，舞池，高度详细的
反向提示词（Negative prompt）
minimalist, rustic, monochrome, contemporary, simplistic
极简主义的，乡村风格的，单色的，当代的，简单化的

8.56 梦境

正向提示词（Prompt）
dreamscape {prompt} . surreal, ethereal, dreamy, mysterious, fantasy, highly detailed
梦境 {prompt}：超现实的，缥缈的，梦幻的，神秘的，幻想的，高度详细的
反向提示词（Negative prompt）
realistic, concrete, ordinary, mundane
写实的，具体的，普通的，平凡的

8.57 反乌托邦

正向提示词（Prompt）
dystopian style {prompt} . bleak, post-apocalyptic, somber, dramatic, highly detailed
反乌托邦风格 {prompt}：荒凉的，后启示录的，忧郁的，戏剧性的，高度详细的

反向提示词（Negative prompt）
ugly, deformed, noisy, blurry, low contrast, cheerful, optimistic, vibrant, colorful
丑陋的，畸形的，嘈杂的，模糊的，低对比度，快乐的，乐观的，充满活力的，多彩的

8.58 童话故事

正向提示词（Prompt）
fairy tale {prompt} . magical, fantastical, enchanting, storybook style, highly detailed
童话故事 {prompt}：神奇的，奇幻的，迷人的，故事书风格的，高度详细的

反向提示词（Negative prompt）
realistic, modern, ordinary, mundane
写实的，现代的，普通的，平凡的

8.59 哥特风格

正向提示词（Prompt）
gothic style {prompt} . dark, mysterious, haunting, dramatic, ornate, detailed
哥特风格 {prompt}：黑暗的，神秘的，萦绕于心的，戏剧性的，华丽的，详细的

反向提示词（Negative prompt）
ugly, deformed, noisy, blurry, low contrast, realism, photorealistic, cheerful, optimistic
丑陋的，畸形的，嘈杂的，模糊的，低对比度，现实主义，照片写实主义的，愉快的，乐观的

8.60 颓废文化

正向提示词（Prompt）
grunge style {prompt} . textured, distressed, vintage, edgy, punk rock vibe, dirty, noisy
颓废风格 {prompt}：有质感的，破旧的，复古的，前卫的，朋克摇滚氛围，肮脏的，嘈杂的
反向提示词（Negative prompt）
smooth, clean, minimalist, sleek, modern, photorealistic
光滑的，清洁的，极简主义的，流畅的，现代的，照片写实主义的

8.61 可爱风格

正向提示词（Prompt）
kawaii style {prompt} . cute, adorable, brightly colored, cheerful, anime influence, highly detailed
卡哇伊风格 {prompt}：可爱的，迷人的，色彩明亮的，快乐的，动漫影响，高度详细的
反向提示词（Negative prompt）
dark, scary, realistic, monochrome, abstract
黑暗的，可怕的，写实的，单色的，抽象的

8.62 毛骨悚然

正向提示词（Prompt）
macabre style {prompt} . dark, gothic, grim, haunting, highly detailed
骇人风格 {prompt}：黑暗的，哥特式的，严肃的，萦绕于心的，高度详细的
反向提示词（Negative prompt）
bright, cheerful, light-hearted, cartoonish, cute
明亮的，快乐的，轻松愉快的，卡通般的，可爱的

8.63 日本漫画

正向提示词（Prompt）
manga style {prompt} . vibrant, high-energy, detailed, iconic, Japanese comic style
漫画风格 {prompt}：充满活力的，高能量的，详细，代表性的，日本漫画风格

反向提示词（Negative prompt）
ugly, deformed, noisy, blurry, low contrast, realism, photorealistic, Western comic style
丑陋的，畸形的，嘈杂的，模糊的，低对比度，现实主义，照片写实主义的，西方漫画风格

8.64 大都会

正向提示词（Prompt）
metropolis-themed {prompt} . urban, cityscape, skyscrapers, modern, futuristic, highly detailed
都市主题 {prompt}：城市的，城市景观，摩天大楼，现代的，未来主义的，高度详细的

反向提示词（Negative prompt）
rural, natural, rustic, historical, simple
乡村的，自然的，乡村风格的，历史的，简单的

8.65 极简主义

正向提示词（Prompt）
minimalist style {prompt} . simple, clean, uncluttered, modern, elegant
极简风格 {prompt}：简单的，清洁的，不杂乱的，现代的，优雅的

反向提示词（Negative prompt）
ornate, complicated, highly detailed, cluttered, disordered, messy, noisy
华丽的，复杂的，高度详细的，杂乱的，无序的，凌乱的，嘈杂的

8.66 黑白照片

正向提示词（Prompt）
monochrome {prompt} . black and white, contrast, tone, texture, detailed
单色 {prompt}：黑白的，对比，色调，质感，详细的
反向提示词（Negative prompt）
colorful, vibrant, noisy, blurry, deformed
丰富多彩的，充满活力的，嘈杂的，模糊的，畸形的

8.67 航海风格

正向提示词（Prompt）
nautical-themed {prompt} . sea, ocean, ships, maritime, beach, marine life, highly detailed
航海主题 {prompt}：海洋，海洋，船只，海事，海滩，海洋生物，高度详细的
反向提示词（Negative prompt）
landlocked, desert, mountains, urban, rustic
内陆的，沙漠，山脉，城市的，乡村风格的

8.68 宇宙空间

正向提示词（Prompt）
space-themed {prompt} . cosmic, celestial, stars, galaxies, nebulas, planets, science fiction, highly detailed
太空主题 {prompt}：宇宙的，天体的，星星，星系，星云，行星，科幻小说，高度详细的
反向提示词（Negative prompt）
earthly, mundane, ground-based, realism
世俗的，平凡的，基于地面的，现实主义

8.69 彩色玻璃风格

正向提示词（Prompt）
stained glass style {prompt} . vibrant, beautiful, translucent, intricate, detailed
彩色玻璃风格 {prompt}：充满活力的，美丽的，半透明的，复杂的，详细的

反向提示词（Negative prompt）
ugly, deformed, noisy, blurry, low contrast, realism, photorealistic
丑陋的，畸形的，嘈杂的，模糊的，低对比度，现实主义，照片写实主义的

8.70 机能服饰

正向提示词（Prompt）
techwear fashion {prompt} . futuristic, cyberpunk, urban, tactical, sleek, dark, highly detailed
科技感服饰时尚 {prompt}：未来主义的，赛博朋克的，城市的，战术的，光滑的，黑暗的，高度详细的

反向提示词（Negative prompt）
vintage, rural, colorful, low contrast, realism, sketch, watercolor
复古的，乡村的，多彩的，低对比度，现实主义，素描，水彩

8.71 部落风格

正向提示词（Prompt）
tribal style {prompt} . indigenous, ethnic, traditional patterns, bold, natural colors, highly detailed
部落风格 {prompt}：土著的，民族的，传统图案，大胆的，自然色彩，高度详细的

反向提示词（Negative prompt）
modern, futuristic, minimalist, pastel
现代的，未来主义的，极简主义，柔和色调

8.72 禅绕画风格

正向提示词（Prompt）
zentangle {prompt} . intricate, abstract, monochrome, patterns, meditative, highly detailed
禅绕画 {prompt}：错综复杂的，抽象的，单色的，图案化的，具有冥想性的，高度详细的
反向提示词（Negative prompt）
colorful, representative, simplistic, large fields of color
丰富多彩的，具有代表性的，简化的，大面积的色块

8.73 手工拼贴风格

正向提示词（Prompt）
collage style {prompt} . mixed media, layered, textural, detailed, artistic
拼贴风格 {prompt}：混合媒介，分层，质感，详细的，艺术性
反向提示词（Negative prompt）
ugly, deformed, noisy, blurry, low contrast, realism, photorealistic
丑陋的，畸形的，嘈杂的，模糊的，低对比度，现实主义，照片写实主义的

8.74 扁平剪纸风格

正向提示词（Prompt）
flat papercut style {prompt} . silhouette, clean cuts, paper, sharp edges, minimalist, color block
扁平剪纸风格 {prompt}：剪影，整洁的剪裁，纸张，锐利的边缘，极简主义，色块
反向提示词（Negative prompt）
3D, high detail, noise, grainy, blurry, painting, drawing, photo, disfigured
3D，高度详细的，噪点，颗粒状的，模糊的，绘画，素描，照片，变形

8.75　剪纸艺术

正向提示词（Prompt）
kirigami representation of {prompt} . 3D, paper folding, paper cutting, Japanese, intricate, symmetrical, precision, clean lines
剪纸表现形式 {prompt}：3D，折纸，剪纸，日本的，复杂精细的，对称的，精确，干净利落的线条
反向提示词（Negative prompt）
painting, drawing, 2D, noisy, blurry, deformed
绘画，素描，2D，嘈杂的，模糊的，畸形的

8.76　纸工艺品

正向提示词（Prompt）
paper mache representation of {prompt} . 3D, sculptural, textured, handmade, vibrant, fun
纸粘土表现形式 {prompt}：3D，雕塑的，有质感的，手工制作的，充满活力的，有趣的
反向提示词（Negative prompt）
2D, flat, photo, sketch, digital art, deformed, noisy, blurry
2D，扁平的，照片，素描，数字艺术，畸形的，嘈杂的，模糊的

8.77　卷纸艺术

正向提示词（Prompt）
paper quilling art of {prompt} . intricate, delicate, curling, rolling, shaping, coiling, loops, 3D, dimensional, ornamental
纸卷艺术 {prompt}：复杂的，精致的，卷曲，滚动，塑造，扭结，3D，立体，装饰性的
反向提示词（Negative prompt）
photo, painting, drawing, 2D, flat, deformed, noisy, blurry
照片，绘画，素描，2D，扁平的，畸形的，嘈杂的，模糊的

设计师自救指南 :: Stable Diffusion 实用教程

8.78 剪纸 + 拼贴

正向提示词（Prompt）
papercut collage of {prompt} . mixed media, textured paper, overlapping, asymmetrical, abstract, vibrant
剪纸拼贴 {prompt}：混合媒介，纹理纸，重叠，不对称，抽象，充满活力的

反向提示词（Negative prompt）
photo, 3D, realistic, drawing, painting, high detail, disfigured
照片，3D，写实的，绘图，绘画，高细节，变形

8.79 剪纸暗盒

正向提示词（Prompt）
3D papercut shadow box of {prompt} . layered, dimensional, depth, silhouette, shadow, papercut, handmade, high contrast
3D 剪纸暗盒 {prompt}：分层的，有维度的，深度，剪影，阴影，剪纸，手工制作的，高对比度

反向提示词（Negative prompt）
painting, drawing, photo, 2D, flat, high detail, blurry, noisy, disfigured
绘画，素描，照片，2D，扁平的，高度详细的，模糊的，嘈杂的，变形

8.80 剪纸组合

正向提示词（Prompt）
stacked papercut art of {prompt} . 3D, layered, dimensional, depth, precision cut, stacked layers, papercut, high contrast
堆叠剪纸艺术 {prompt}：3D，分层的，立体的，深度，精确切割，堆叠层次，剪纸，高对比度

反向提示词（Negative prompt）
2D, flat, noisy, blurry, painting, drawing, photo, deformed
2D，扁平的，杂乱的，模糊的，绘画，素描，照片，畸形的

8.81 多层剪纸组合

正向提示词（Prompt）
thick layered papercut art of {prompt} . deep 3D, volumetric, dimensional, depth, thick paper, high stack, heavy texture, tangible layers
厚层次剪纸艺术 {prompt}：深 3D，体积的，多维的，深度，厚纸张，高堆叠，重纹理，有实质层次的

反向提示词（Negative prompt）
2D, flat, thin paper, low stack, smooth texture, painting, drawing, photo, deformed
2D, 扁平的，薄纸，低叠层，平滑纹理，绘画，素描，照片，畸形的

8.82 外星主题

正向提示词（Prompt）
alien-themed {prompt} . extraterrestrial, cosmic, otherworldly, mysterious, sci-fi, highly detailed
外星主题 {prompt}：外星人，宇宙的，异世界的，神秘的，科幻的，高度详细的

反向提示词（Negative prompt）
earthly, mundane, common, realistic, simple
尘世的，平凡的，普通的，写实的，简单的

8.83 悲观色彩影片

正向提示词（Prompt）
film noir style {prompt} . monochrome, high contrast, dramatic shadows, 1940s style, mysterious, cinematic
暗黑风格 {prompt}：单色，高对比度，戏剧性阴影，1940 年代风格，神秘，电影感

反向提示词（Negative prompt）
ugly, deformed, noisy, blurry, low contrast, realism, photorealistic, vibrant, colorful
丑陋的，畸形的，嘈杂的，模糊的，低对比度，现实主义，照片写实主义的，生动的，多彩的

8.84 魅力

正向提示词（Prompt）
glamorous photo {prompt} . high fashion, luxurious, extravagant, stylish, opulent, elegance, stunning beauty, professional, high contrast, detailed
华丽照片 {prompt}：高雅时尚，豪华，奢侈，时尚，丰富，优雅，绝美，专业，高对比度，详细的
反向提示词（Negative prompt）
ugly, deformed, noisy, blurry, distorted, grainy, sketch, low contrast, dull, plain, modest
丑陋的，畸形的，嘈杂的，模糊的，扭曲的，颗粒状的，素描般的，低对比度，暗淡的，朴素的，适度的

8.85 HDR

正向提示词（Prompt）
HDR photo of {prompt} . High dynamic range, vivid, rich details, clear shadows and highlights, realistic, intense, enhanced contrast, highly detailed
高动态范围照片 {prompt}：高动态范围，生动逼真，细节丰富，清晰的阴影和亮点，逼真，强烈，增强对比度，高度详细的
反向提示词（Negative prompt）
flat, low contrast, oversaturated, underexposed, overexposed, blurred, noisy
扁平的，低对比度，饱和过度，曝光不足，曝光过度，模糊的，嘈杂的

8.86 苹果手机风格

正向提示词（Prompt）

iphone photo {prompt} . large depth of field, deep depth of field, highly detailed

iPhone 照片 {prompt}：具有大景深、深景深和高细节的特点

反向提示词（Negative prompt）

drawing, painting, crayon, sketch, graphite, impressionist, noisy, blurry, soft, deformed, ugly, shallow depth of field, bokeh

素描，绘画，蜡笔，素描，石墨，印象派，嘈杂的，模糊的，柔和的，畸形的，丑陋的，浅景深，背景虚化

8.87 长曝光照片

正向提示词（Prompt）

long exposure photo of {prompt} . Blurred motion, streaks of light, surreal, dreamy, ghosting effect, highly detailed

长时间曝光照片 {prompt}：模糊的运动，光条，超现实，梦幻，鬼影效果，高度详细的

反向提示词（Negative prompt）

static, noisy, deformed, shaky, abrupt, flat, low contrast

静态的，嘈杂的，畸形的，摇晃的，突然的，扁平的，低对比度

8.88 霓虹灯

正向提示词（Prompt）

neon noir {prompt} . cyberpunk, dark, rainy streets, neon signs, high contrast, low light, vibrant, highly detailed

霓虹黑色风格 {prompt}：赛博朋克，黑暗，雨夜街道，霓虹灯牌，高对比度，低光照，充满活力，高度详细的

反向提示词（Negative prompt）

bright, sunny, daytime, low contrast, black and white, sketch, watercolor

明亮的，晴朗的，白天，低对比度，黑白，素描，水彩

8.89 侧影照片

正向提示词（Prompt）
silhouette style {prompt} . high contrast, minimalistic, black and white, stark, dramatic
轮廓风格 {prompt}：高对比度，极简主义，黑白，鲜明，戏剧性
反向提示词（Negative prompt）
ugly, deformed, noisy, blurry, low contrast, color, realism, photorealistic
丑陋的，畸形的，嘈杂的，模糊的，低对比度，彩色的，现实主义，照片写实主义的

8.90 移轴镜头

正向提示词（Prompt）
tilt-shift photo of {prompt} . selective focus, miniature effect, blurred background, highly detailed, vibrant, perspective control
移轴照片 {prompt}：选择性对焦，微型效果，背景模糊，高度详细的，充满活力，透视控制
反向提示词（Negative prompt）
blurry, noisy, deformed, flat, low contrast, unrealistic, oversaturated, underexposed
模糊的，嘈杂的，畸形的，扁平的，低对比度，不真实的，过度饱和的，曝光不足的

附录　共享模型清单

感谢以下为本书无偿共享模型的创作者。

模　型	作　者
majicMIX realistic	麦橘 MERJIC
墨幽人造人 _v1060 修复 .safetensors	墨幽
AWPortrait	DynamicWang
GhostMix 鬼混 _V2.0.safetensors	GhostInShell
【V2.0】幻想森林 |2.5D art style	远
ChilloutRealistic_v2.1	RainMonster
XXMix_9realistic_v4.0	展夜枭
黑格写实大模型	黑格
3D 角色 IP 迪士尼风格	热干面警告
LoRA：Q 版角色 -niji 风格卡哇伊	热干面警告
BDicon_SDXL_ 三维图标大模型	SD 炼丹师忠忠
jewelry 黄金钻石珠宝水晶翡翠饰品	SD 炼丹师忠忠
Magic book architecture style| 魔法书风格	ArienTOP
DunhuangMix- 敦煌大模型	ArienTOP
Interior Design| 室内设计通用模型	建筑 dog
HS-SDXL- 写实 Real	虎舍
NORFLEET 写实风格 2.5D	norfleetzzc
LoRA：圣诞节水晶球	norfleetzzc
LoRA：国风连衣裙	滋滋
LoRA：发光真实光泽机甲 V2	帅全国
LoRA：机甲 - 未来科技机甲面罩	H 鹤 H
LoRA：bagxl	四爷骑河马
LoRA：翠玉白菜| 玉雕风格	熊叁 Gaikan
LoRA：ICON 尝新 test	张博文
LoRA：首发推荐 _ 艺术铜像	无无明
LoRA：电商商品展示台	出埃及记
LoRA：高跟鞋展品	ys
LoRA：游戏角色三视图（二次元）	神秘的东方力量

模　型	作　者
LoRA：古风武侠立绘（游戏角色）	神秘的东方力量
LoRA：游戏场景（横版）V2	神秘的东方力量
LoRA：3D rendering style	黑眼圈
MR 3DQ_SDXLV0.2	猴人 MONK.REN
LoRA：全网首发 | 鞋子广告摄影 运动鞋	小皮小皮
LoRA：疯狂的色彩 crazy colors- 马丁	家叔马丁 Mr_M
LoRA：剪纸风格 Chinese_paper_cut	NovDesign
LoRA：Relief 浮雕画风 XL- 三绘	三绘
LoRA：Wool felt v1.0_ 毛毡	MeiYatx
LoRA：blindbox/ 大概是盲盒	木人又
LoRA：美食视觉设计	东
其他	没有翅膀的小鸟、十一、哩布哩布 AI 官网